高职高专电子类专业工学结合规划教材

电子 CAD 技术项目化教程

主 编 蒋水秀 何 俊
副主编 秦 青 龚大墉 任玉升
参 编 沈孟锋 徐观生 汪盛凡 等

浙江大学出版社
ZHEJIANG UNIVERSITY PRESS

图书在版编目（CIP）数据

电子CAD技术项目化教程 / 蒋水秀,何俊主编. ——杭州：浙江大学出版社，2017.9(2024.7重印)
ISBN 978-7-308-17275-2

Ⅰ.①电… Ⅱ.①蒋… ②何… Ⅲ.①印刷电路—计算机辅助设计—应用软件—高等职业教育—教材 Ⅳ.①TN410.2

中国版本图书馆CIP数据核字(2017)第197048号

电子CAD技术项目化教程

蒋水秀　何　俊　主　编

责任编辑	王　波
文字编辑	陈静毅
责任校对	沈巧华　候鉴峰
封面设计	周　灵
出版发行	浙江大学出版社
	（杭州市天目山路148号　邮政编码310007）
	（网址:http://www.zjupress.com）
排　　版	杭州青翊图文设计有限公司
印　　刷	浙江新华数码印务有限公司
开　　本	787mm×1092mm　1/16
印　　张	28.5
字　　数	693千
版 印 次	2017年9月第1版　2024年7月第6次印刷
书　　号	ISBN 978-7-308-17275-2
定　　价	58.00元

版权所有　侵权必究　印装差错　负责调换

浙江大学出版社市场运营中心联系方式　(0571)88925591;http://zjdxcbs.tmall.com

内容提要

本教材详细介绍了 Altium Designer 13 的基本功能、使用方法和实际应用技巧。本教材集作者 20 多年印制电路板(PCB)设计的工作经验和对该课程多年教学的深刻体会于一体,从实际应用出发,源自生活、用于生活,以典型单片机系统、PCB 设计全流程 8 个步骤、Altium Designer 13 软件各大菜单这三条主线为重,深入浅出地介绍了 Altium Designer 13 软件平台下原理图设计以及 PCB 设计的具体方法。

本教材涵盖原理图设计、PCB 设计、层次原理图设计、PCB 规则约束及校验、三维 PCB 设计、布局与布线、集成库和原理图库与 PCB 库的创建、电路仿真等相关技术内容,图文并茂、结构清晰、实用性强,可以作为高职高专电子、电气、自动化技术等专业的教材,也可以作为从事电子线路设计的科技工作人员的学习宝典。

前　　言

电路设计自动化（electronic design automation，EDA）指的就是将电路设计中各种工作交由计算机来协助完成，如电路原理图（schematic）的绘制、印刷电路板（printed-circuit board，PCB）文件的制作、执行电路仿真（simulation）等设计工作。随着电子科技的蓬勃发展，新型元器件层出不穷，电子线路变得越来越复杂，电路的设计工作已经无法单纯依靠手工来完成，电子线路计算机辅助设计（computer aided design，CAD）已经成为必然趋势，越来越多的设计人员使用快捷、高效的 CAD 设计软件来进行辅助电路原理图、印制电路板的设计，打印各种报表。

EDA 软件 Protel 是 Altium 公司在 20 世纪 80 年代末推出的电路行业的 CAD 软件，它在国内使用时间较长，是国内电路设计者的首选软件。

OrCAD 是由 OrCAD 公司于 20 世纪 80 年代末推出的 EDA 软件，在世界上使用较广泛。相对于其他 EDA 软件而言，它的功能较强大，但是它在国内并不普及，知名度也比不上 Protel，只有少数的电路设计者使用它。

Proteus 软件是英国 Labcenter Electronics 公司推出的 EDA 工具软件。它不仅具有其他 EDA 工具软件的仿真功能，还能仿真单片机及外围器件，受到单片机爱好者、从事单片机教学的教师、致力于单片机开发应用的科技工作者的青睐。

Multisim 是美国国家仪器（NI）有限公司推出的以 Windows 系统为基础的仿真工具，适用于板级的模拟/数字电路板的设计工作。它包含电路原理图的图形输入、电路硬件描述语言输入方式，具有丰富的仿真分析功能。

Quartus Ⅱ 是 Altera 公司推出的综合性 PLD/FPGA 开发软件，支持原理图、VHDL、Verilog HDL 以及 AHDL（Altera Hardware Description Language）等多种设计输入形式，内嵌自有的综合器以及仿真器，可以完成从设计输入到硬件配置的完整 PLD 设计流程。

EWB（Electronics Workbench）是加拿大 Interactive Image Technologies 公司在 20 世纪 90 年代初推出的一款非常优秀的电路仿真软件，专门用于电子电路的设计与仿真。

Allegro 是 Cadence 公司推出的先进的 PCB 设计布线工具。Allegro 提供了良好且交互的工作接口和强大完善的功能，它与前端产品 Cadence、OrCAD、Capture 的结合，为当前高速、高密度、多层的复杂 PCB 设计布线提供了完美的解决方案。

PowerPCB 前身叫 PadsPCB，现在也改叫 PadsPCB，是一款用于设计及制作印制电路板底片的软件，与 PowerLogic 配合使用，支援多款电子零件，如电阻、电容、多款 IC chip 等。PowerPCB 与 PSpice 不同，后者可模拟线路特性，而前者则不能。

株式会社图研公司（Zuken Inc.）的 Zuken 软件，是日本在 EDA 行业唯一一款专注于

PCB/MCM/Hybrid 和 IC 封装设计的软件。

从开始的众多厂商在自己擅长的领域里发展,到后期不断地修改和完善,或优存劣汰,或收购兼并,或强强联合,现在在国内被人们熟知的 EDA 软件厂商屈指可数:Altium(收购 Protel)、Cadence(收购 OrCad)、Mentor(收购 PowerPCB)、Zuken 等。其中 Cadence 和 Zuken 的软件甚至被应用于芯片级设计。

Altium Designer 是原 Protel 软件开发商 Altium 公司推出的一体化的电子产品开发系统,主要在 Windows 操作系统中运行。这套软件通过对原理图设计、电路仿真、PCB 绘制编辑、拓扑逻辑自动布线、信号完整性分析和设计输出等技术的完美融合,为设计者提供了全新的设计解决方案,使设计者可以轻松进行设计,熟练使用这一软件必将使电路设计的质量和效率大大提高。

Altium Designer 除了全面继承了包括 Protel 99SE、Protel DXP 在内的先前一系列版本的功能和优点外,还增加了许多改进和高端功能。该平台拓宽了板级设计的传统界面,全面集成了 FPGA 设计功能和 SOPC 设计功能,从而允许工程设计人员能将系统设计中的 FPGA 与 PCB 设计及嵌入式设计集成在一起。Altium Designer 由于在继承先前 Protel 软件功能的基础上,综合了 FPGA 设计和嵌入式系统软件设计功能,因为对计算机系统的版本需求比先前要高一些。

在充分调研的基础上,本教材立足于 Altium Designer 13 展开讲解。因为该版本软件使用较为稳定,市面上用户量较大,使用时间较长。

本教材以源自生活的典型单片机系统、PCB 设计全流程 8 个步骤、Altium Designer 13 软件各大菜单为主线,深入浅出地介绍了 Altium Designer 13 软件平台下原理图设计以及 PCB 设计的具体方法。全书共有 13 个项目。

项目 1 为 Altium Designer 13 软件安装与认识,描述了硬件环境需求和如何安装 Altium Designer 13,讲述了 Altium Designer 13 软件界面设置以及系统主菜单 DXP 操作及软件参数设置。

项目 2 为 LED 彩虹小夜灯电路制作,以彩虹小夜灯的 PCB 设计为任务载体,描述了从原理图设计到 PCB 设计的全流程,共 8 个步骤:①新建一个工程项目;②新建一个原理图并添加到工程;③绘制原理图;④编译工程与电气检查;⑤新建一个 PCB 文件并添加到工程;⑥导入设计到 PCB 文件;⑦布局与布线;⑧运行设计规则检查验证设计。

项目 3 为原理图元器件库的创建,以本教材所指单片机系统在默认库的未知元件为载体,阐述如何创建新的库文件和原理图库,如何创建新的原理图元件和多部件原理图元件,直至完成元件报表和库报表,对于库界面的菜单介绍,只做必要的讲解。

项目 4 为元器件封装库的创建,以本教材所指单片机系统在默认库的未知元件为载体,阐述如何创建新的元器件封装库,如何创建与元件关联的新封装,直至生成报表,对于库界面的菜单介绍,只做必要的讲解。

项目 5 到项目 8,以 PCB 设计全流程 8 个步骤的前 4 个步骤为主线,分别以心形灯驱动电路原理图绘制、单片机最小系统电路原理图绘制、LCD1602 显示电路原理图绘制、层次电路设计为任务载体,阐述原理图界面下各菜单的使用方法。

项目 9 为电路仿真分析,介绍仿真元件库以及仿真器的设置,包括一般设置、静态工作点分析、瞬态分析、交流小信号分析,以光控液晶屏亮度的电路、整流电路、典型单管放大电路三个典型电路来阐述软件的仿真功能,对于仿真界面的菜单介绍,只做必要的讲解。

项目10到项目13,以PCB设计全流程8个步骤的后4个步骤为主线,分别以心形灯驱动电路PCB设计、单片机最小系统电路PCB设计、LCD1602显示电路PCB设计、层次电路PCB设计为任务载体,阐述PCB设计界面下各菜单的使用方法。

本教材忽略了涉及FPGA/ARM等类型器件的EDA设计功能,主要围绕原理图设计和板级设计功能进行介绍,浅显易懂,针对任务介绍详细步骤,读者在阅读的同时如果能完成实例中的步骤,可以很快掌握PCB板图设计的方法,成为一个能独立完成电路设计、PCB设计任务的电路设计工程人员。

本教材由蒋水秀、何俊主编,秦青、龚大墉、任玉升为副主编,其他参加编写的人员有沈孟锋、徐观生、汪盛凡等。本教材的编著得到了Altium中国分公司聚物腾云物联网(上海)有限公司的华文龙经理和Altium资深教育技术顾问马熙飞先生的大力支持;得到了工业和信息化部人才交流中心、全国软件和信息技术专业人才大赛组委会、北京国信长天科技有限公司的大力支持;得到了工信部国家信息化计算机教育认证(CEAC)信息化培训认证管理办公室、万维凯旋教育集团的大力支持;也得到了杭州科技职业技术学院部分学生的协助。在编写过程中,编者参阅了许多同行专家的著作和文献,在此一并真诚致谢。

限于编者水平,疏误之处在所难免,请通过电子邮箱469407569@qq.com提出宝贵意见。

编者

2017年1月

目　　录

项目 1　Altium Designer 13 软件安装与认识 ………………………………………… 1
　1.1　Altium Designer 13 软件的特点 ………………………………………………… 1
　1.2　Altium Designer 13 软件的安装条件与步骤 …………………………………… 2
　1.3　软件界面设置 ……………………………………………………………………… 15
　1.4　软件参数设置 ……………………………………………………………………… 22
　习　题 …………………………………………………………………………………… 26

项目 2　LED 彩虹小夜灯电路制作 …………………………………………………… 27
　2.1　新建一个工程 ……………………………………………………………………… 29
　2.2　创建一个新的原理图 ……………………………………………………………… 31
　2.3　原理图绘制 ………………………………………………………………………… 32
　2.4　编译工程与电气检查 ……………………………………………………………… 40
　2.5　新建一个 PCB 文件 ……………………………………………………………… 43
　2.6　导入设计到 PCB …………………………………………………………………… 46
　2.7　PCB 设计 …………………………………………………………………………… 48
　2.8　验证用户的板设计 ………………………………………………………………… 54
　2.9　小　结 ……………………………………………………………………………… 58
　习　题 …………………………………………………………………………………… 58

项目 3　原理图元器件库的创建 ……………………………………………………… 59
　3.1　原理图库、模型和集成库 ………………………………………………………… 60
　3.2　创建新的库文件和原理图库 ……………………………………………………… 61
　3.3　创建新的原理图元件 ……………………………………………………………… 62
　3.4　设置原理图元件属性 ……………………………………………………………… 67
　3.5　为原理图元件添加模型 …………………………………………………………… 67
　3.6　从其他库中复制元件 ……………………………………………………………… 71
　3.7　创建多部件原理图元件 …………………………………………………………… 75
　3.8　检查元件并生成报表 ……………………………………………………………… 78
　3.9　小　结 ……………………………………………………………………………… 81
　习　题 …………………………………………………………………………………… 81

项目 4 元器件封装库的创建 ·············· 82
4.1 建立 PCB 元器件封装 ·············· 84
4.2 添加元器件的三维模型信息 ·············· 94
4.3 建立 3D PCB 模型库 ·············· 103
4.4 集成库创建与维护 ·············· 104
4.5 小 结 ·············· 106
习 题 ·············· 107

项目 5 心形灯驱动电路原理图绘制 ·············· 108
5.1 新建一个工程 ·············· 109
5.2 库文件的加载 ·············· 110
5.3 原理图绘制 ·············· 113
5.4 从原理图生成元件库 ·············· 128
5.5 用封装管理器检查所有元件的封装 ·············· 130
5.6 原理图编译与电气规则检查 ·············· 130
5.7 报表生成及输出 ·············· 133
5.8 原理图输出 ·············· 133
5.9 小 结 ·············· 135
习 题 ·············· 136

项目 6 单片机最小系统电路原理图绘制 ·············· 137
6.1 新建一个工程和原理图文件 ·············· 138
6.2 原理图编辑器操作界面设置 ·············· 139
6.3 原理图图纸设置 ·············· 140
6.4 原理图绘制 ·············· 147
6.5 原理图首选项设置 ·············· 152
6.6 检查所有元件的封装 ·············· 171
6.7 检查原理图电气规则 ·············· 172
6.8 小 结 ·············· 172
习 题 ·············· 173

项目 7 LCD1602 显示电路原理图绘制 ·············· 174
7.1 新建一个工程 ·············· 175
7.2 导线的连接方法 ·············· 176
7.3 线路节点的放置方法 ·············· 180
7.4 网络标号的放置方法 ·············· 181
7.5 总线的放置方法 ·············· 182
7.6 圆弧的放置方法 ·············· 182
7.7 放置注释文字 ·············· 183

7.8 放置文本框 …… 185
7.9 对象属性整体编辑 …… 186
7.10 完成原理图绘制 …… 189
7.11 用封装管理器检查所有元件的封装 …… 190
7.12 小　结 …… 191
习　题 …… 191

项目 8　层次电路设计 …… 192
8.1 自上而下的层次电路设计方法 …… 193
8.2 自下而上的层次电路设计方法 …… 201
8.3 多通道电路设计方法 …… 204
习　题 …… 208

项目 9　电路仿真分析 …… 209
9.1 仿真元件库 …… 210
9.2 仿真器的设置 …… 214
9.3 光控液晶屏亮度电路仿真 …… 217
9.4 整流电路仿真 …… 222
9.5 典型单管放大电路仿真 …… 225
习　题 …… 229

项目 10　心形灯驱动电路 PCB 设计 …… 230
10.1 PCB 设计步骤 …… 231
10.2 新建工程，导入原理图并添加封装 …… 231
10.3 创建一个新的 PCB 文件 …… 236
10.4 导入网络表 …… 239
10.5 PCB 设计环境 …… 241
10.6 PCB 编辑器环境参数设置 …… 246
10.7 PCB 设计基本常识和基本原则 …… 251
10.8 PCB 设计 …… 260
10.9 小　结 …… 275
习　题 …… 275

项目 11　单片机最小系统电路 PCB 设计 …… 277
11.1 新建工程，导入原理图并添加封装 …… 278
11.2 创建一个新的 PCB 文件并设计导入 …… 280
11.3 PCB 编辑器首选项设置 …… 284
11.4 元件布局 …… 301
11.5 设计规则向导 …… 306
11.6 手动布线 …… 310

11.7 验证 PCB 设计 ……………………………………………………………………… 323
11.8 小 结 ………………………………………………………………………………… 324
习 题 …………………………………………………………………………………… 324

项目 12　LCD1602 显示电路 PCB 设计 …………………………………………… 326
12.1 新建工程，导入原理图并添加封装 …………………………………………… 327
12.2 创建一个新的 PCB 文件并设计导入 ………………………………………… 328
12.3 PCB 设计规则介绍 ……………………………………………………………… 332
12.4 PCB 设计 …………………………………………………………………………… 347
12.5 PCB 的设计技巧 ………………………………………………………………… 354
12.6 小 结 ……………………………………………………………………………… 366
习 题 …………………………………………………………………………………… 367

项目 13　层次电路 PCB 设计 ………………………………………………………… 368
13.1 新建 PCB 文件并设计导入 …………………………………………………… 368
13.2 PCB 设计 …………………………………………………………………………… 373
13.3 DRC 检查 ………………………………………………………………………… 394
13.4 PCB 的 3D 显示 ………………………………………………………………… 402
13.5 输出文件 …………………………………………………………………………… 403
13.6 小 结 ……………………………………………………………………………… 416
习 题 …………………………………………………………………………………… 416

参考文献 ………………………………………………………………………………………… 417

附录 1　全国电子专业人才考试简介 ……………………………………………………… 418

附录 2　CEAC PCB 设计工程师考试（认证） …………………………………………… 423

附录 3　Altium 应用电子设计认证项目 …………………………………………………… 427

附录 4　Altium Designer 典型元件符号及封装形式 …………………………………… 434

附录 5　Altium Designer 快捷键大全 ……………………………………………………… 439

项目 1

Altium Designer 13 软件安装与认识

项目引入

前言中介绍的多款 EDA 软件,如 Protel、Proteus、Multisim、Quartus Ⅱ、OrCAD、EWB、Allegro、PowerPCB、Zuken、Altium Designer 等,各有特色与优势,本教材以电子 CAD 技术为主题,立足于 Altium Designer 13 软件进行讲解。本项目介绍 Altium Designer 13 软件的特点、安装条件与步骤、界面设置、参数设置。

1.1 Altium Designer 13 软件的特点

2013 年 2 月,Altium 有限公司宣布推出 Altium Designer 13 软件。作为 Altium 发展史上的一个重要转折点,Altium Designer 13 不仅添加和升级了软件功能,同时还面向主要合作伙伴开放了 Altium 的设计平台。它为使用者、合作伙伴以及系统集成商带来了一系列机遇,代表了电子线路设计行业一次质的飞跃。

作为 Altium 持续内容交付模式的一部分,Altium Designer 12 的许多增强功能已使 Altium Subscription(Altium 年度客户服务计划)的客户从中受益。在此基础上,Altium Designer 13 在其核心电路原理图及 PCB 设计中增添了多项新工具,从而进一步为用户改善了设计环境。与此同时,Altium AppsBuilder 也支持客户应用开发,并进一步扩充了 Altium DXP 设计环境。

Altium Designer 13 的特性包括:

- PCB 对象与层透明度(layer transparency)设置:新的 PCB 对象与层透明度设置中增添了视图配置(view configurations)对话。
- 丝印层至阻焊层设计规则:为裸露的铜焊料和阻焊层开口添加新检测模式的新规划。
- 用于 PCB 多边形填充的外形顶点编辑器:新的外形顶点编辑器,可用于多边形填充、多边形抠除和覆铜区域对象。
- 多边形覆盖区:添加了可定义多边形覆盖区的命令。
- 原理图引脚名称/指示器位置,字体与颜色的个性设置:接口类型、指示器位置、字体、颜色等均可进行个性化设置。
- 端口高度与字体控制：端口高度、宽度以及文本字体都能根据个人需求进行控制。
- 原理图超链接：原理图文件中的文本对象支持超链接。
- 智能 PDF 文件包含组件参数：在 Smart PDF 生成的 PDF 文件中点击组件即显示其参数。
- Microchip Touch Controls 支持：增添了对 Microchip mTouch 电容触摸控制的支持功能。
- 升级的 DXP 平台：升级的 DXP 平台提供完善且开放的开发环境。

Altium Designer 13 的推出具有里程碑式的意义，它开放的设计平台不仅面向 Altium 的用户社区，还面向业界合作伙伴社区。除此之外，相较于 Altium Designer 12，Altium Designer 13 的增强功能包括：
- 新的 Via Stitching 功能，为 RF 和高速设计提供支持。
- 对于 PCB 设计中重新编排的更高灵活性。
- 其他 PCB 产能增强特性，包括加强的交叉选择模式、改进的选择控制以及更易操作的多边形填充管理（polygon pour management）。
- Mentor PADS PCB、PADS Logic、Expedition 的输入以及 Ansoft、Hyperlynx 的输出的加强。
- 支持 ARM Cortex-M3 离散处理器、SEGGER J-Link 与 Altera Arria2GX FPGA 软件 License 选项。

Altium Designer 13 有以下软件许可选项：
- Altium Designer 13：该 License 可为用户提供全面的定制板设计及制造功能，同时为板级和可编程逻辑设计及 3D PCB 设计和编辑功能提供完整的前端工程设计和验证系统。
- Altium Designer 13 SE：这是可供用户在板级和可编程逻辑设计中完成全部前端原理图设计及设计捕获的系统工程版本。它包含模拟/数字仿真、验证与 FPGA 嵌入式系统实施。

1.2 Altium Designer 13 软件的安装条件与步骤

1.2.1 硬件环境需求

达到最佳性能的推荐系统配置：
- Windows 7（或更高版本）；
- 英特尔酷睿 2 双核/四核 2.66GHz 或更快的或同等速度的处理器；
- 4G 内存；
- 10G 硬盘空间（系统安装＋用户文件）；
- 双显示器，至少 1680×1050（宽屏）或 1600×1200（4：3）屏幕分辨率；
- NVIDIA 公司的 GeForce 8000 系列，使用 256MB（或更高）的显卡或同级别的显卡；
- 并行端口（如果连接 NanoBoard-NB1）；
- USB 2.0 的端口（如果连接 NanoBoard-NB2）；

- Adobe Reader 8 或更高版本；
- DVD 驱动器；
- Internet 连接，以接收更新和在线技术支持；
- IE 9.0 浏览器或同类型浏览器及以上；
- 微软的 Excel 或金山的 WPS 等（产生元器件的材料清单需要）。

可以接受的性能所要求的最低系统配置：
- Windows XP SP2 的 Professional 版本；
- 英特尔奔腾 1.8GHz 处理器或相同等级处理器；
- 2G 内存；
- 3.5G 硬盘空间（系统安装＋用户文件）；
- 主显示器 1280×1024 屏幕分辨率，强烈建议再装配一个最低屏幕分辨率为 1024×768 的显示器；
- NVIDIA 公司的 GeForce 6000/7000 系列，128MB 显卡或相同级别的显卡；
- 并行端口（如果连接 NanoBoard-NB1）；
- USB 2.0 的端口（如果连接 NanoBoard-NB2）；
- Adobe Reader 7 或更高版本；
- DVD 驱动器。

1.2.2 Altium Designer 13 软件的安装步骤

（1）在安装 Altium Designer 13 软件之前，请再一次确认电脑的硬件环境达到前文所述的最低要求。

（2）建议先通过 http://live.altium.com/activate 网站激活 AltiumLive 账号。部分安装过程需要使用 AltiumLive 账号登录，请确保自己的账号拥有访问软件全模块的权限。AltiumLive 账号注册界面如图 1-1 所示，请按提示完成账号注册。

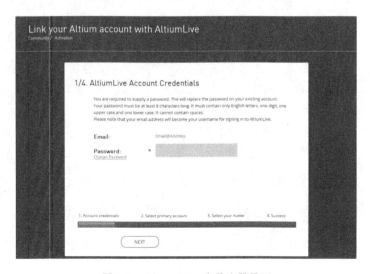

图 1-1　AltiumLive 账号注册界面

（3）在安装前，可以通过 AltiumLive 软件专区 http://altium.com/en/products/downloads 或其他资源网站下载 Altium Designer 13 软件安装程序。AltiumLive 软件专区界面如图1-2所示。

图1-2　AltiumLive 软件专区界面

（4）下载完成后，执行 Altium Installer 安装文件，在显示器上出现如图1-3所示的安装界面。

图1-3　安装向导欢迎窗口

(5)点击安装向导欢迎窗口的 Next 按钮,弹出如图 1-4 所示的 License Agreement(许可证协议)窗口。

图 1-4　License Agreement 窗口

(6)在 License Agreement 窗口的 Select language 选项框中,可以在下拉列表中选择所用的语言,在此使用了默认语言英语(English)。然后点选 I accept the agreement 单选项,同意该协议,点击 Next 按钮,进入如图 1-5 所示的 Platform Repository and Version(安装文件所在目录及版本)窗口。

图 1-5　Platform Repository and Version 窗口

(7)如图 1-5 所示窗口的 Repository Location 区域可显示安装文件所在的位置,如果你的安装文件是网络安装文件,则该处显示的是网络地址 http://installation.altium.com,表示需要在该网站下载安装文件,单击该地址,输入你的 AltiumLive 账号及密码,单击 Login,以支持下载验证。Platform Repository 显示的数字是版本号,继续点击 Next 按钮,弹出如图 1-6 所示的 Select Design Functionality(设计功能选择)窗口。

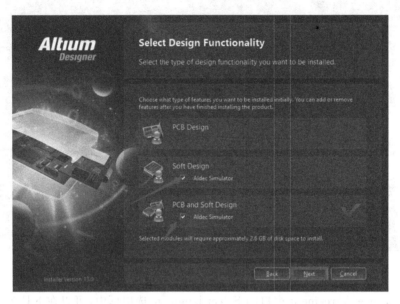

图 1-6　Select Design Functionality 窗口

(8)在图 1-6 中选择需要安装的设计功能,分别是 PCB Design、Soft Design、PCB and Soft Design。这里我们选第三项,继续点击 Next 按钮,进入如图 1-7 所示的 Destination Folders(安装路径选择)窗口。

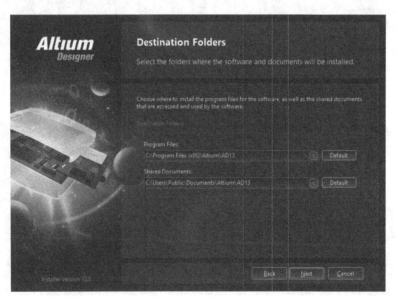

图 1-7　Destination Folders 窗口

(9)在如图1-7所示的Program Files窗口中选择Altium Designer 13软件的安装目录,在Shared Documents窗口中选择分享文件目录。继续点击Next按钮,进入如图1-8所示的Ready to Install(开始安装)窗口。

图1-8　Ready to Install窗口

(10)在Ready to Install窗口中点击Next按钮开始安装。图1-9为Installing Altium Designer(安装进行)界面。

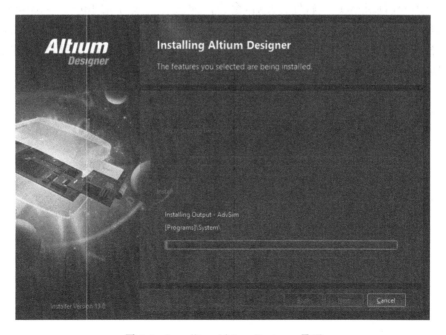

图1-9　Installing Altium Designer界面

(11)大约10min后,安装完成,界面如图1-10所示。点击Finish按钮,完成安装过程,并自动打开新安装的Altium Designer 13软件。

图1-10 Installation Complete界面

(12)Altium Designer 13软件打开后,会弹出如图1-11所示的Import settings(导入设置)对话框,该对话框提示用户导入需要的配置,该配置可能从用户的安装文件中导入(Altium公司提供了一些常用配套软件),也可能像图1-11中那样从用户先前安装过的Altium Designer的早期版本中导入。部分32位机系统可能会直接跳过该步骤。

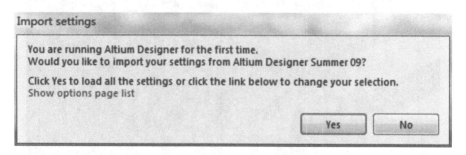

图1-11 Import settings对话框

(13)点击图1-11中的Yes按钮,导入所有配套软件;或者单击Show options page list 显示所有可以导入的配套软件,如图1-12所示。在这里可以更改需要导入的软件。

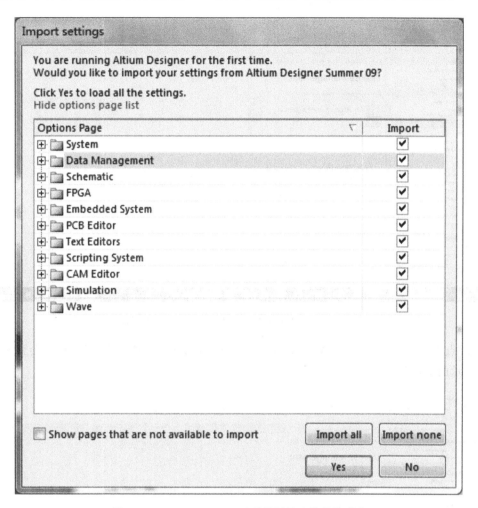

图1-12　Import settings显示需要导入的软件列表

1.2.3　激活Altium Designer 13软件

Altium Designer 13软件许可证系统有3种类型,分别是On-Demand(请求响应)式、Standalone(单机运行)模式和Private Server(私人服务器)工作模式。其中,On-demand授权许可是不断增加的请求式功能或请求式服务中的一种,它需要通过安全的Altium入口登入Altium账户,并且"允许"Altium Designer通过此入口与Altium进行连接之后,Altium Designer才可访问及使用这些服务,因此在网络情况不佳的条件下使用该模式可能会存在瑕疵。Private Server工作模式一般用在大型公司中,一般学习者对于此可以不做考虑。本书主要介绍国内常使用的Standalone模式。

(1)Altium Designer 13软件在没有注册的情况下,启动后会自动打开Home下的Admin菜单,在该菜单下的License Management(许可证管理)窗口会显示"You are not using a valid license. Click Sign in to retrieve the list of available licenses."（你没有使用有效的许可，单击 Sign in 获得有效的许可证），如图 1-13 所示。

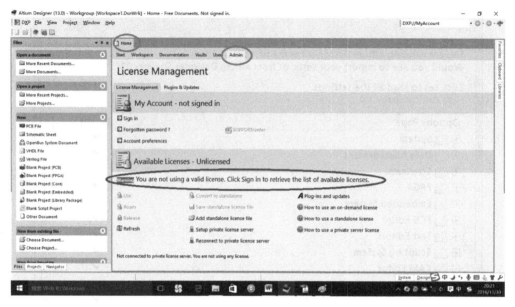

图 1-13　未注册的 Altium Designer 13 软件界面

（2）点击图 1-14 中框出的 Add standalone license file 添加独立运行许可证，会弹出如图 1-15 所示的文件浏览窗口。

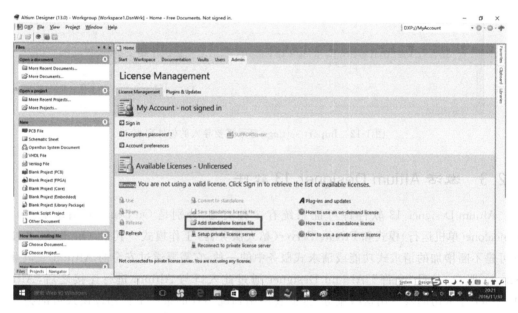

图 1-14　在 License Management 窗口添加独立运行许可证

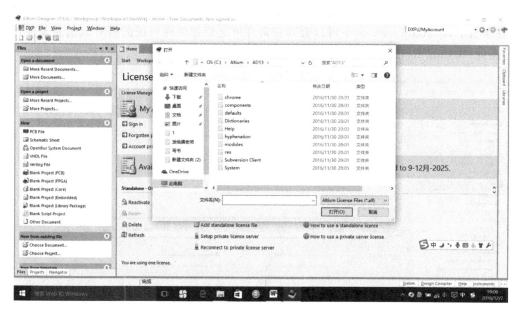

图 1-15 弹出的文件浏览窗口

(3)在如图 1-15 所示的文件浏览窗口中选中你通过供应商或网络申请得到的许可证文件,比如图 1-16 中,许可证文件被放置在 C 盘下的 Licenses 文件夹中,双击添加你的许可证文件。需要指出的是,如果你的许可证文件路径中含有非英文字符,可能会造成误读或错误。

图 1-16 双击添加许可证文件

（4）图 1-17 是添加了许可证文件后的 License Management 窗口，原先的警告标语已消失，在条目 Available Licenses 下可以看到获得许可之后你的许可证的所有人信息及使用期限。至此，Altium Designer 13 激活完成，软件可以使用了。

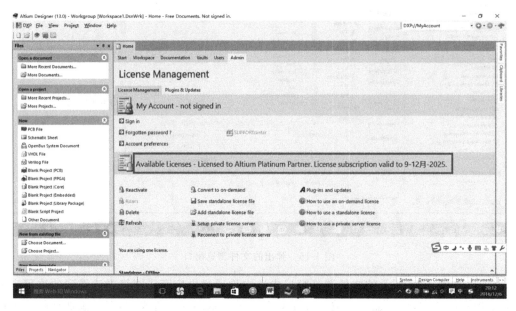

图 1-17　注册完成后的 License Management 窗口

（5）需要注意的是，Standalone 模式不支持 Altium Designer 13 的一些网络升级功能。如果你之前已经注册了 AltiumLive 账号，可以点击图 1-18 中的 Sign in 登录 Altium 服务器，以获得更多的帮助。

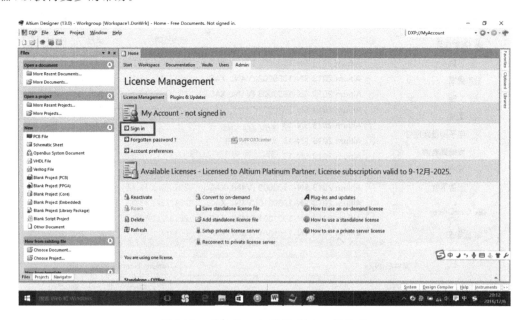

图 1-18　点击 Sign in 登录 Altium 服务器

1.2.4 文件保存路径

在安装过程的第 9 步,系统会提示你选择 Altium Designer 13 软件的安装位置。如果你使用了默认的安装路径,那么:

(1)对 Windows 7 (或 Windows Vista)操作系统
- Altium Designer 13 软件默认的安装文件夹为 C:\Program Files(x86)\Altium\AD13。
- 库或例子默认的安装文件夹为 C:\Users\Public\Documents\Altium\AD13。
- 系统的应用数据(缓存、更新等)和安全文件(许可证)可以在以下两个目录中找到:

C:\ProgramData\Altium\AD<GUID>

C:\ProgramData\Altium\AD<GUID>_Security

(2)对 Windows XP 操作系统
- Altium Designer 13 软件默认的安装文件夹为 C:\Program Files\Altium\AD13。
- 库或例子默认的安装文件夹为 C:\Documents and Settings\All Users\Documents\Altium\AD13。
- 系统的应用数据(缓存、更新等)和安全文件(许可证)可以在以下两个目录中找到:

C:\Documents and Settings\All Users\Application Data\Altium\AD <GUID>

C:\Documents and Settings\All Users\Application Data\Altium\AD <GUID>_Security

提示:Altium Designer 13 软件安装后,C:\Documents and Settings\All Users \Documents\Altium\AD13\Library 文件夹下安装的库文件不是很多,可以从网站:http://wiki.altium.com/display/ADOH/Download+Libraries 下载库文件,解压到该文件夹内即可。

为了熟悉 Altium Designer 13 软件的功能,可以从如图 1-19 所示窗口中的主菜单中选择 Help→Knowledge Center,获得帮助信息。

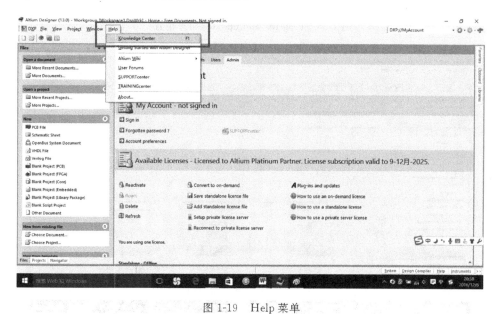

图 1-19 Help 菜单

1.2.5 安装后管理

在主菜单上点击 DXP→Plug-ins and updates 菜单,如图 1-20 所示,弹出如图 1-21 所示的 Plugins & Updates(插件与升级)窗口。在图 1-21 中点击 Install All 按钮,即可安装所有插件及更新 Altium Designer 13 软件。

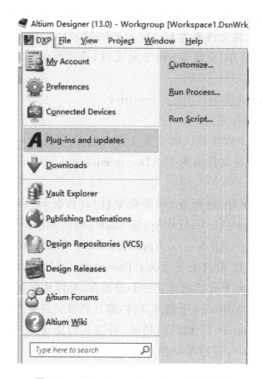

图 1-20 Plug-ins and updates 菜单位置

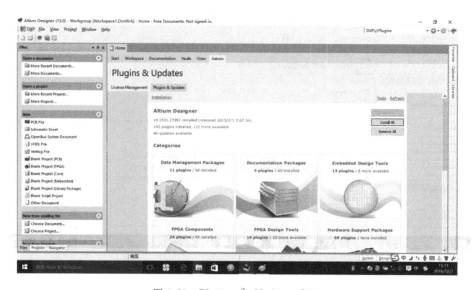

图 1-21 Plugins & Updates 窗口

1.3 软件界面设置

Altium Designer 13 启动画面如图 1-22 所示。

图 1-22 Altium Designer 13 启动画面

Altium Designer 13 启动后,进入主界面,如图 1-23 所示,用户可以在其中进行工程文件的操作,如创建新工程、打开文件、配置等。

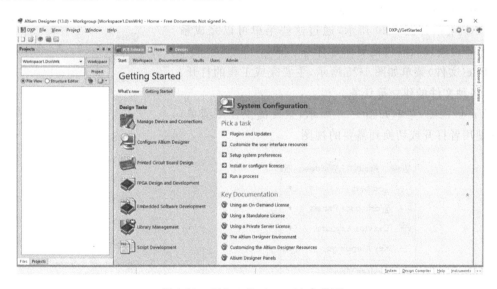

图 1-23 Altium Designer 13 主界面

Altium Designer 13 主界面由系统主菜单、系统工具栏、浏览器工具栏、工作区面板、工作区和工作区菜单栏这 6 部分组成,如图 1-24 所示。

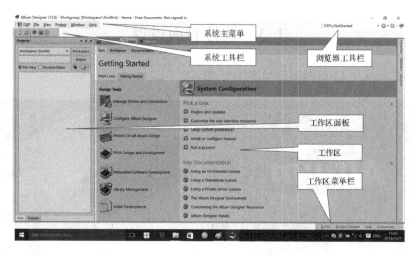

图 1-24 Altium Designer 13 主界面组成分布

1.3.1 系统主菜单(system menu)

启动 Altium Designer 13 之后，在没有打开工程文件之前，系统主菜单主要包括 DXP、File、View、Project、Window、Help 等基本操作功能。

DXP 菜单如图 1-20 所示，通过这些菜单可以完成系统的基本设置以及软件的更新等任务。

File(文件)菜单如图 1-25 所示，主要完成工程的打开、保存，各种文件的建立等任务。

View(视图)菜单如图 1-26 所示，主要提供视图清单，帮助使用者打开或切换到需要的视图。

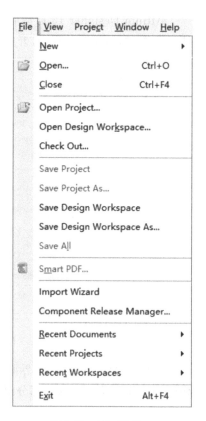

图 1-25 File 菜单

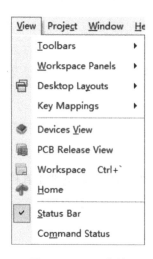

图 1-26 View 菜单

Project(工程)菜单如图 1-27 所示,主要完成工程编译、工程的打开及添加任务。

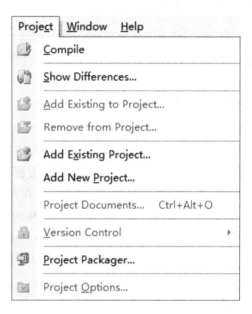

图 1-27　Project 菜单

Window(窗口)菜单如图 1-28 所示,主要完成设置窗口的排列方式等任务。

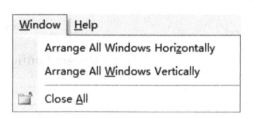

图 1-28　Window 菜单

Help(帮助)菜单如图 1-29 所示,主要为用户提供帮助。

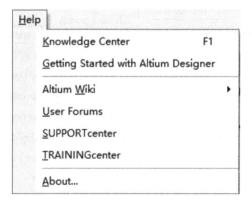

图 1-29　Help 菜单

1.3.2 系统工具栏(system toolbars)

系统工具栏位置如图1-24所示,它由快捷工具按钮组成,完成打开文件、打开文件夹、打开PCB发布信息等任务。注意:打开新的编辑器后,系统工具栏所包含的快捷工具按钮会增加。

1.3.3 浏览器工具栏(navigation toolbars)

软件主界面右上角提供了访问应用文件编辑器的浏览器工具栏,具体位置如图1-24所示。用户通过浏览器工具栏可以完成显示、访问因特网和本地存储的文件的任务。其中,浏览器地址编辑框用于显示当前工作区文件的地址;点击 ● 或 ● 按钮可以根据浏览的次序后退或前进,点击下拉列表按钮还可打开浏览次序列表,显示用户在此之前浏览过的页面;点击Home(主页)按钮,回到系统默认主页,系统默认主页上有Start(开始)、Workspace(工作区)、Documentation(记录)、Vaults(数据库)、Users(用户)、Admin(访问者)6个任务图标,单击任何一种任务图标均可打开下一级菜单,图1-30为选择Home→Start→System Configuration(系统配置)后显示的界面。

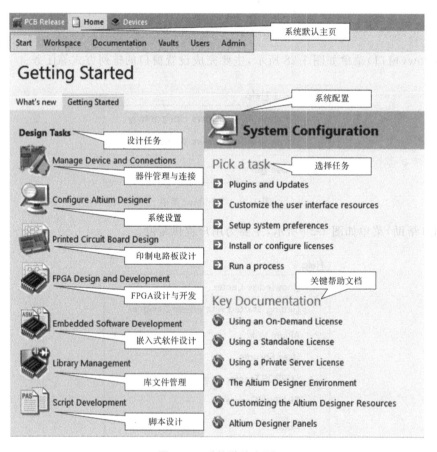

图1-30 系统默认主页

单击其他任务图标,软件连接到对应页面执行任务,并可查看相关文档。比如单击默认主页上的 FPGA Design and Development(FPGA 设计与开发)任务图标后,页面如图 1-31 所示。

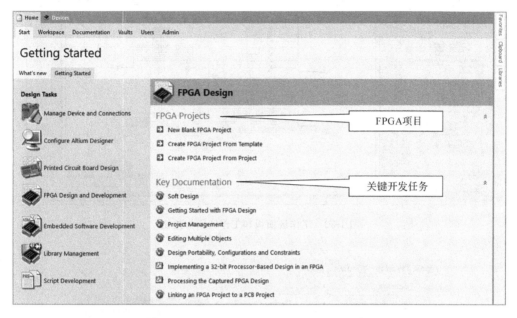

图 1-31 FPGA Design and Development 页面

1.3.4 工作区面板(workspace panel)

工作区面板是 Altium Designer 软件的主要组成部分,无论是在特殊的文件编辑器下还是在更高水平的文件编辑器下,工作区面板的使用都提高了设计效率和速度。它包括 System(系统)、Design Complier(设计编译)、Help(帮助)、Instruments(工具)4 种面板,其中每种类型的面板又包含了多种管理面板。

(1)面板的访问

软件初次启动后,一些面板已经打开,比如 Files 和 Projects 控制面板以面板组合的形式出现在应用窗口的左边,Libraries 控制面板以按钮的方式出现在应用窗口的右侧边缘处。另外,在应用窗口的右下端有 System、Design Complier、Help、Instruments 4 个按钮,分别代表 4 种类型,点击每个按钮,弹出的菜单中包括各类型下的面板,从而选择访问各种面板,如图 1-32 所示。除了直接在应用窗口上选择相应的面板,也可以通过主菜单 View 中的 Workspace Panels 下的选项选择相应的面板,如图 1-33 所示。

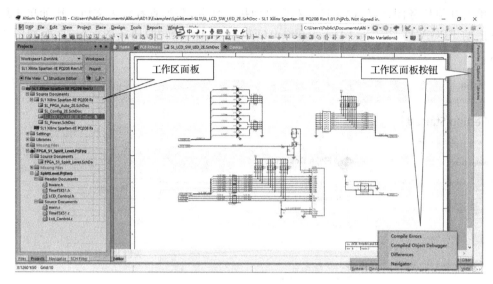

图 1-32　工作区面板和工作区面板按钮

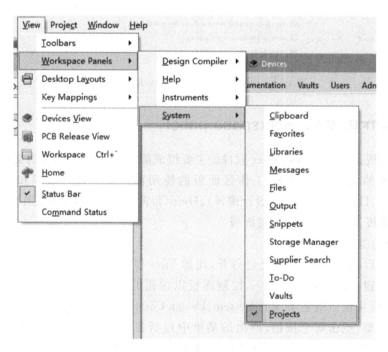

图 1-33　主菜单面板选项

(2) 面板的管理

为了在工作空间更好地管理组织多个面板,下面简单介绍各种不同的面板显示模式和管理技巧。

面板显示模式有 3 种,分别是 docked mode(面板停靠模式)、pop-out mode(面板弹出模式)、floating mode(面板悬浮模式)。面板停靠模式指的是面板以纵向或横向的方式停靠在设计窗口的一侧,按住停靠面板的标题框可以拖动该面板到需要的位置。面板弹出模式指的是面板以弹出隐藏的方式出现在设计窗口,当用鼠标点击位于设计窗口边缘的按钮时,隐藏的面板弹出,当鼠标光标移开后,弹出的面板窗口又隐藏回去。这两种不同的面板显示模式可以通过面板上的图钉按钮互相切换,请注意图钉的方向,纵向表示停靠模式,横向表示弹出模式,如图 1-34 所示。面板悬浮模式指的是面板可以放置在显示屏的任意位置,并且悬浮在其他窗口之上,如图 1-35 所示。该方式的面板会挡住其他窗口,第 1.4.3 节会介绍调节悬浮窗口透明度的方法,从而使用户更方便地看到底层的窗口。

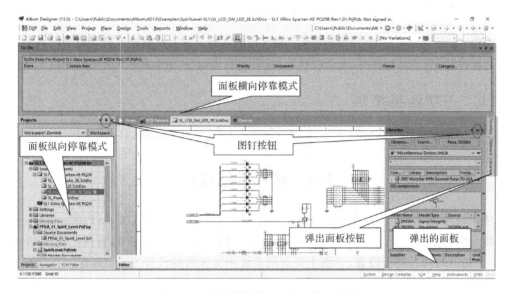

图 1-34　面板停靠模式与弹出模式示例

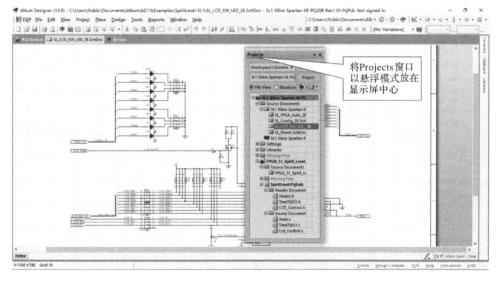

图 1-35　面板悬浮模式示例

面板分组管理可以分为标准标签分组和不规则分组。标准标签分组里的面板以标签的形式组织在一起,在任何时候,面板组中只能有一个面板显示。向一个面板组中添加新的面板或者从面板组中删除一个面板的方法,就是将新的面板选中后拖向面板组,或者将面板组中的某个面板拖出。而不规则分组指的是将多个面板同时显示在设计面板上，这种模式可以任意地使用纵向/横向方式排列窗口，或使用拖动面板的方式有效地排列它们。使用该方式时，建议使用双显示器。

移动面板时，只需单击面板内相应的标签或面板顶部的标题栏即可拖动面板到一个新的位置。点击面板右上角的关闭按钮即可关闭面板。

1.3.5 工作区（main design window）

工作区位于界面的中间，是用户编辑各种文档的区域。在无编辑对象打开的情况下，工作区将自动显示为系统默认的主页，主页内列出了常用的任务命令，单击即可快速启动相应工具模块。

1.3.6 工作区菜单栏

工作区菜单栏在界面的右下角，包括 System、Design Compiler、Help 和 Instruments。

1.4 软件参数设置

使用软件前，对软件参数进行设置是一个重要的环节。选择 DXP→Preferences 命令，系统将弹出如图 1-36 所示的 Preference 对话框。Preference 对话框具有树状导航结构，可对 11 个选项的内容进行设置，下面主要介绍系统相关参数的设置方法。

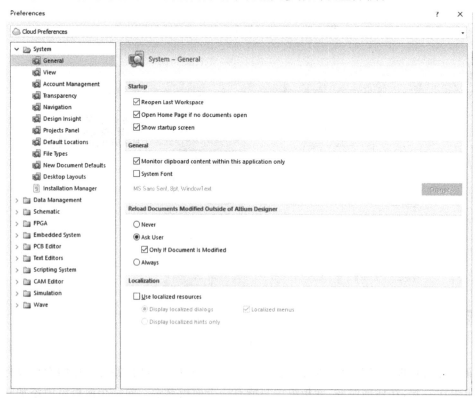

图 1-36　Preferences 对话框

1.4.1 切换英文编辑环境到中文编辑环境

展开 Preferences 对话框树状导航结构中的 System-General 选项,如图 1-36 所示,该选项包含 4 个设置区域,分别是 Startup、General、Reload Documents Modified Outside of Altium Designer 和 Localization 区域。

在 Localization 区域中,选中 Use localized resources 复选框,系统弹出警告信息提示框,如图 1-37 所示,提示需要重启 Altium Designer 13 才能使设置生效,点击 OK 按钮,然后在 System-General 设置界面中点击 OK 按钮,退出设置界面。关闭 Altium Designer 13 然后重新启动,即可进入中文编辑环境,如图 1-38 所示。

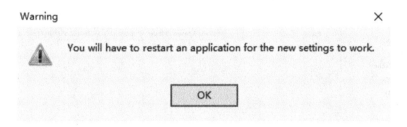

图 1-37 系统重启提示框

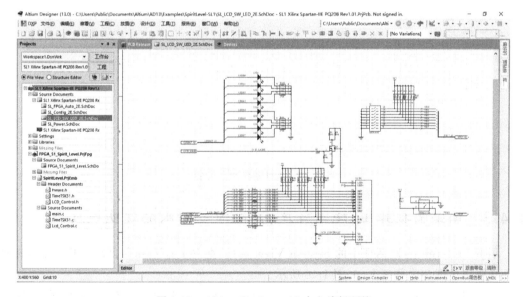

图 1-38 Altium Designer 13 中文编辑环境

在 System-General 设置界面中,还可以设置系统的字体以及实现在本应用程序中查看剪切板等功能。

1.4.2 系统备份设置

展开 Preferences 对话框左侧导航窗口中的 Data Management-Backup 选项,弹出如图 1-39 所示的设置界面。

Auto Save 自动保存区域主要用来设置自动保存的一些参数。选中"Auto save every："复选框，可以在时间编辑框中设置自动保存文件的时间间隔，最长时间间隔为 120min。Number of versions to keep 设置框用来设置自动保存文档的版本数，最多可保存 10 个版本。Path 设置框用来设置自动保存文件的路径，可根据自己的需要进行设置。

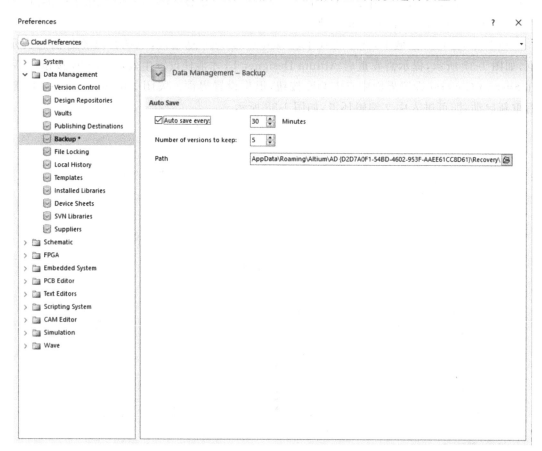

图 1-39　文件备份参数设置

1.4.3　调整面板弹出、隐藏速度，调整浮动面板的透明程度

展开 Preferences 对话框中的 System-View 选项，在 Popup Panels 区域中拖动滑块来调整面板弹出速度和隐藏速度，如图 1-40 所示。

展开 Preferences 对话框中的 System-Transparency 选项，如图 1-41 所示。勾选 Transparency 区域的 Transparent floating windows 复选框，即选择在操作面板的过程中，使悬浮面板透明化；勾选 Dynamic transparency 复选框，即在操作底层面板的过程中，根据光标与悬浮窗口间的距离自动计算出悬浮面板的透明化程度，此时可以通过下面的滑块来调整浮动面板的透明化程度，可对比图 1-35 看透明效果，如图 1-42 所示，注意此时鼠标位置离悬浮窗口的距离影响透明度。

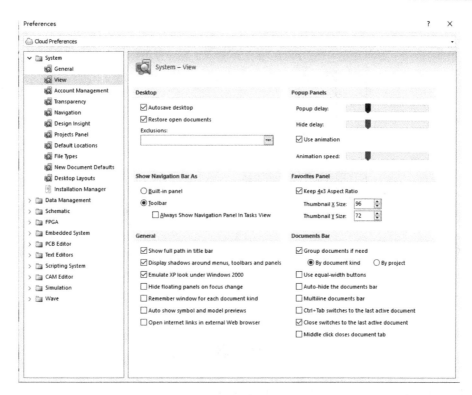

图 1-40 面板弹出速度和隐藏速度调整

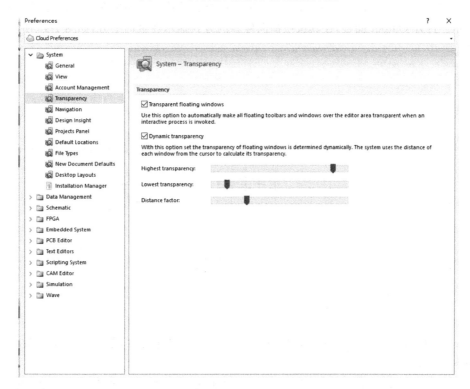

图 1-41 浮动面板透明化程度调整

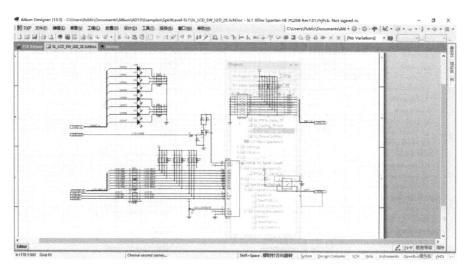

图 1-42 透明的悬浮面板

习 题

1-1 完成 Altium Designer 13 的安装及注册。

1-2 打开 Projects、Messages、Files、Clipboard 面板,并让其按照标准标签分组、纵向停靠的方式显示。打开 Output 面板,让其按照横向停靠的方式显示在页面上方,如图 1-43 所示。

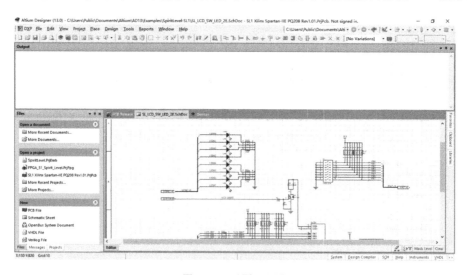

图 1-43 习题 1-2 图

1-3 在 Preferences 对话框中设置每隔 15min 自动保存文件,最大保存文件数为 5 个,保存路径在桌面。

1-4 在 Preferences 对话框中设置,使浮动面板在交互式的操作过程(如放置元件)中透明化。

项目 2

LED 彩虹小夜灯电路制作

项目引入

　　LED 灯因节能环保而成为新一代固体冷光源，其光色柔和、艳丽、丰富多彩、使用简易而被广泛应用，也是台灯、手电筒灯源的最佳选择。LED 彩虹小夜灯可以由电脑的 USB 接口或独立电源供电，将小夜灯靠近墙壁或放置在房间的不同角落可以装饰房间。图 2-1 为小夜灯摆放在靠近墙壁处，图 2-2 为黑暗背景下的彩虹小夜灯。

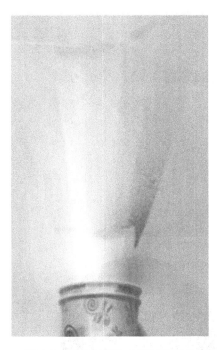
图 2-1　小夜灯摆放在靠近墙壁处

图 2-2　黑暗背景下的彩虹小夜灯

　　电子爱好者制作这样的小夜灯时，使用的原材料有：草帽型高亮 LED 灯 3 个、100Ω 电阻 3 个、一次性纸杯 2 个，外加 1 根 USB 线。简单制作步骤（见图 2-3(a)～(e)）如下：

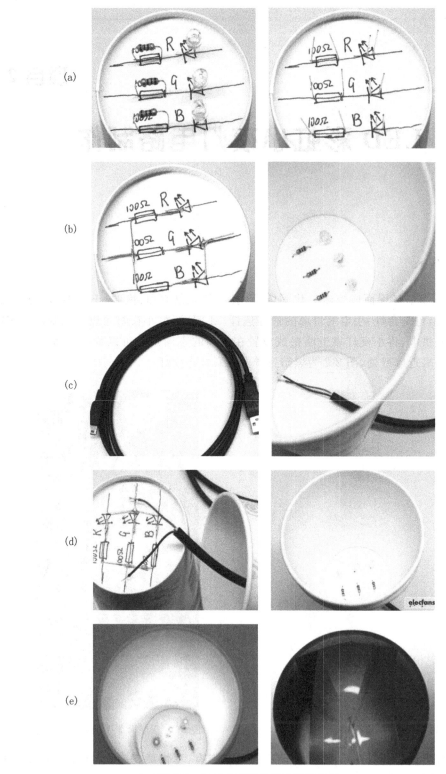

图 2-3 彩虹小夜灯的简单制作步骤

(1) 先在其中一个纸杯底面画出电路图,并将相应的电阻和 LED 灯插在纸杯底面上(穿透底面),然后再将所有元器件从正面插回到底面。

(2) 将元器件的引脚按电路原理图连接并焊接,正面的 LED 灯应高出杯底一段距离。

(3) 取 1 条 USB-A 转 mini USB 线,剪去 mini USB 一端的接头,剪去 2 条数据线,只留 +5V 和 GND,在另一个纸杯的侧面钻一个孔,把 USB 线穿入纸杯上的孔。

(4) 将 USB 线焊接在 LED 灯的电路上,将 2 个纸杯套合在一起。

(5) 插上 USB 电源适配器,把 3 张名片插在纸杯里,隔开 3 色 LED 灯,可以根据自己的喜好来调整名片的角度,夏天可多一些蓝色(冷色),冬天可多一些红色(暖色)。

但是,通过以上方法制作的小夜灯的可靠性不高,非常容易损坏,造成一定浪费。本项目使用 Altium Designer 软件绘制电路图、设计印制板、焊接元器件,制作的 LED 小夜灯牢固可靠,使用寿命长。设计效果如图 2-4 所示。

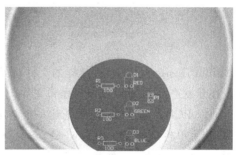

(a) 印制板设计使用前　　　　　　　(b) 印制板设计使用后

图 2-4　印制板设计使用前后效果

2.1　新建一个工程

Altium Designer 13 启动后会自动新建一个工作空间,默认名为 Workspace1.DsnWrk,用户可以直接在默认工作空间下创建工程,也可以自己新建工作空间,用来存放工程的目录。

工程(project)是每项电子产品设计的基础,一个工程(或称项目)包含所有文件之间的关联和设计的相关设置。工程类型有 PCB 工程、FPGA 工程、内核工程、脚本工程、集成库工程等。一个工程可能嵌套另一个工程,几个工程也可以是平行关系。一个工程文件,比如 PCB 工程文件(*.PrjPCB),就是用来包含完成目标的所有文件,包括原理图、PCB、原理图库、PCB 库等文件,完美地实现每个文件之后就输出 PCB 项目相关文件。Altium Designer 系统中各类文件、各类工程、工作空间之间的关系如图 2-5 所示。

工程还能存储选项设置,例如错误检查设置、多层链接模式等。当工程被编译时,设计、校验、同步和对比都将同时进行,任何原理图或 PCB 图的改变都将在编译时被更新。工程文件相当于一个"文件夹",对所辖文件起到管理作用,工程中的各个文件是以单个文件的形式保存的。

那些与工程没有关联的文件被称作自由文件,被自动保存在 Free Documents 文件

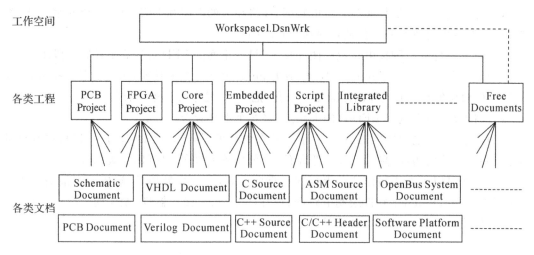

图 2-5　Altium Designer 13 文件构架

夹下。

Altium Designer 13 通过这样的文件构架，让用户通过 Workspace 和 Project 轻松访问目前正在开发产品相关的所有工程和文件。

下面以 PCB 工程为例，说明创建一个新工程的步骤。

（1）在菜单栏选择 File→New→Project→PCB Project。

用户也可以在 Files 面板（点击工作区面板底部、左下角的 Files 标签）的 New 单元点击 Blank Project(PCB)选项，如图 2-6 所示。

（2）界面出现 Projects 面板，新的工程文件 PCB_Project1.PrjPCB 和文件夹 No Documents Added，如图 2-7 所示。

（3）重新命名工程文件。选择 File→Save Project As，指定文件保存位置，在文件名文本框中输入文件名称 LEDpettylight.PrjPCB，点击保存。

图 2-6　新建 PCB 工程

图 2-7　新建的工程文件

2.2 创建一个新的原理图

2.2.1 创建一个新的原理图的步骤

(1) 在菜单栏选择 File→New→Schematic，也可以在 Files 面板（点击工作区面板底部、左下角的 Files 标签）的 New 单元选择 Schematic Sheet 选项，自动生成一个空白原理图（Sheet1.SchDoc 文档），如图 2-8 所示。该原理图自动添加在工程中，在文件夹 Source Documents 下。

(2) 点击 File→Save As，指定文件保存位置，在文件名文本框中输入文件名称 LEDpettylight.SchDoc，点击保存。

(3) 系统出现在原理图编辑器中，观察原理图打开状态下工作区的变化、新出现的工具栏，以及新出现的菜单。

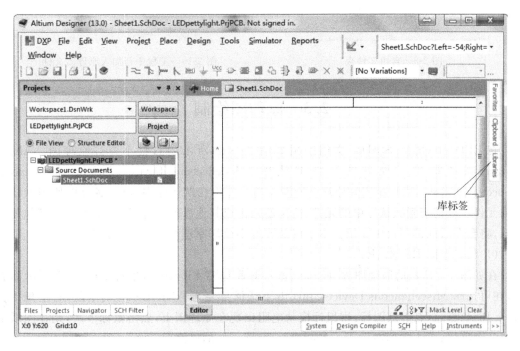

图 2-8 新建的原理图文件

2.2.2 将原理图添加到工程

对于已经设计好的独立原理图文件，用户如果想把它加入工程中，可以选择 File→Open…，选择需要添加的文件，选择的文件出现在 Free Documents 文件夹下，用鼠标将 Free Documents 文件夹下的文件拖到 LEDpettylight.PrjPCB 工程文件中即可，如图 2-9 所示；也可以直接选择 Projects→Add Existing to Project…，选择需要添加的文件，如图 2-10 所示。用户甚至可以用鼠标拖出 LEDpettylight.SchDoc 文件，直接使用后来加入的原理图文件。

图 2-9 自由文件夹　　　　　　　　　　图 2-10 工程中新加入原理图文件

2.3 原理图绘制

在 LEDpettylight.SchDoc 文档绘制如图 2-3(d)所示的彩虹小夜灯原理图。Altium Designer 系统提供了原理图元件默认库(Miscellaneous Devices.IntLib、Miscellaneous Connectors.IntLib),彩虹小夜灯原理图所涉及的元件均在默认库中,设计者可以使用默认库中的元件。如何搜索默认库中的元件、使用新元件或其他库的元件,以及实现许多其他复杂功能,将会在后面的项目中介绍。本节仅就彩虹小夜灯原理图的绘制进行介绍。

(1) 放置电阻 R1、R2、R3

在如图 2-8 所示的原理图界面下,点击右侧库标签 Libraries,出现如图 2-11 所示的界面,在可选库 Miscellaneous Devices.IntLib 下选择封装为 AXIAL-0.4 的电阻,右上角出现 Place Res2 图标,点击该图标,用鼠标拖动电阻出现在原理图上,点击鼠标 3 次,则在图纸上放置 3 个电阻;点击鼠标右键或按 Esc 键,放弃该元件的放置。

可以在原理图放置元件前,在元件悬浮光标出现时按下 Tab 键,打开元件属性对话框(见图 2-12),首先编辑其属性,左上角元件名称 Designator 处修改 R? 为 R1,则余下元件自动按顺序以 R2、R3 出现。也可以在元件放置后双击元件编辑其属性,一一修改元件名、电阻值、封装等。

选用 Res2,也可以在元件过滤器中直接输入"*res*",则列出所有含 res 的元件,选择 Res2。

如果不需再用 Libraries 面板,直接在图纸空白处点击,面板自动隐藏至右侧。如果不慎关闭了 Libraries 面板,丢失了库标签,可以选择 View→Workspace Panels→System→Libraries 找回。

移动元器件时,用鼠标点击不松开并拖动,在此过程中按空格键旋转,确保英文状态下

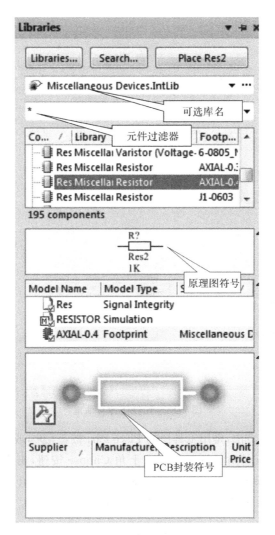

图 2-11 Libraries 面板

按 X 键则 X 方向镜像翻转、按 Y 键则 Y 方向镜像翻转。

移动元器件过程中,可以用 PgUp 放大或用 PgDn 缩小,或按住 Ctrl 键同时滚动鼠标滚轮进行放大或缩小,以选择合适的分辨率使元器件更清晰。

删除元器件可以用菜单 Edit→Delete,出现十字架,移动鼠标选中目标即可;也可以先用工具栏的选择框 选中目标,再用工具栏的剪刀 剪掉,此功能也可以用相应的菜单操作实现:Edit→Select→Inside Area,然后选择 Edit→Cut。

撤销刚才的操作,可以用菜单 Edit→Undo,也可以用工具栏的 Undo 键 。

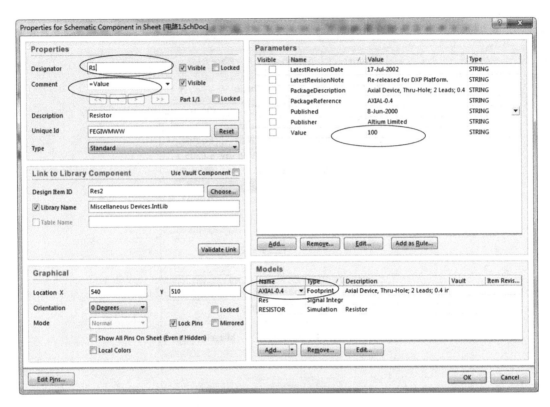

图 2-12 元件属性对话框

放置元器件的另一个方法,是用工具栏的 Place Part 按钮 ,或用菜单 Place→Part,弹出如图 2-13(a)所示的放置元件对话框。点击右上角 Choose 按钮,出现图 2-14 的元件库浏览对话框,选择元件 Res2,则放置元件对话框界面如图 2-13(b)所示,元件名称 Designator 处修改 R? 为 R1,则余下元件自动按顺序以 R2、R3 出现。

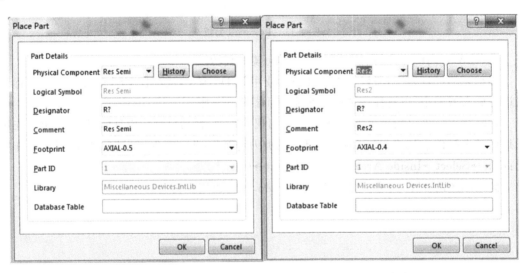

(a)   (b)

图 2-13 放置元件对话框

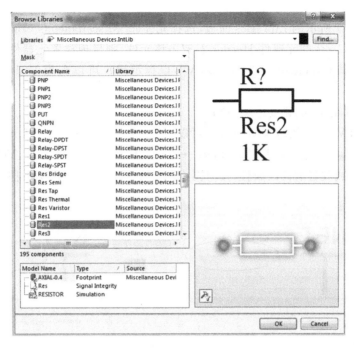

图 2-14 元件库浏览对话框

(2)放置发光二极管 D1、D2、D3

在 Libraries 面板的元件过滤器中直接输入 LED,选择 LED1,放置 3 个发光二极管。在元件属性对话框(见图 2-15)中,分别将 D1、D2、D3 设为 RED、GREEN、BLUE 3 种颜色。

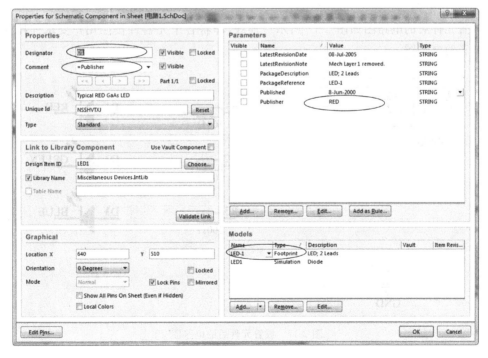

图 2-15 发光二极管元件属性对话框

(3)放置接插件 P1

打开如图 2-11 所示的 Libraries 面板,选择元件库"Miscellaneous Connectors.IntLib",选择封装为 HDR1×2 的元器件 Header 2,双击该元件,则呈现放置元器件的界面。元件名设为 P1,可以将其 Comment 设为"USB 5V",以提示用户可以利用 USB 接口的 5V 电源供电。

(4)放置电源端 VCC 和接地端 GND

放置电源端 VCC 和接地端 GND 时,可以直接使用工具栏的 VCC Power Port 和 GND Power Port 按钮,也可以用菜单 Place→Power Port,系统默认放置 VCC,可以在放置过程中按 Tab 键或放置后修改属性,按意愿将其修改为 VCC 或 GND,如图 2-16 所示。

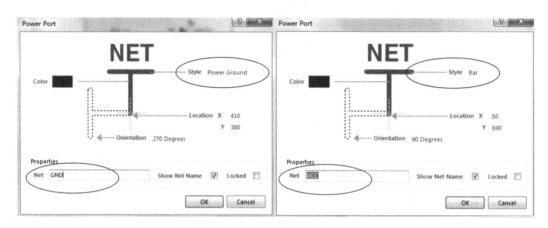

图 2-16　电源端属性对话框

(5)连接电路

放置元件后的电路图如图 2-17 所示。连线,即将各个元器件按照用户要求连接起来,成为真正的电路图。

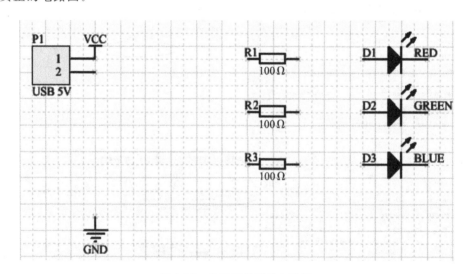

图 2-17　放置元件后的电路图

连线时可以点击连线工具栏按钮，也可以用菜单 Place→Wire(热键 P→W)，光标变成十字×，如图 2-18(a)所示；光标移至元器件管脚电气端点时，×变大并变成红色，如图 2-18(b)所示。点击鼠标，开始连线，光标移至用户所需位置再点击鼠标，完成 1 条连线。

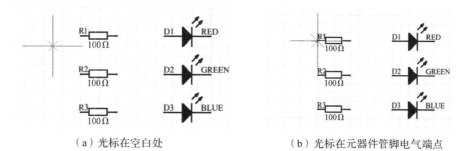

(a) 光标在空白处　　　　　　　　(b) 光标在元器件管脚电气端点

图 2-18　连线时光标的变化

若要终止连线，可以点击鼠标右键，或按 Esc 键，重新出现初见的十字×放置连线模式；再点击鼠标右键或按 Esc 键，完全退出放置连线模式，光标恢复箭头状。

删除导线方法同删除元件方法。拉伸导线时，可以先点中导线，再点住导线端点进行拉伸。

全部连线完成，如图 2-19 所示，LED 彩虹小夜灯电路图就完成了。

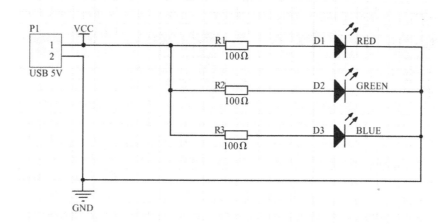

图 2-19　LED 彩虹小夜灯电路图

(6) 元件自动编号

用户可能在放置元件的时候没有设置元件编号，还是原始的 R?、D? 等，软件系统具有给予一个自动编号的功能，执行菜单 Tool→Annotate Schematic… 命令，图 2-20 为元件自动编号对话框。

在元件自动编号对话框中，点击 Reset All 按钮，然后点击出现的信息对话框的 OK 按钮。请注意对话框中的建议标号列，位号符上有一个 ? 的作为其批注索引。

点击图 2-20 的 Update Changes List，可以给每一个元器件分配一个唯一的位号，元器件根据顶部设置对话框选择的方向位置顺序标注。更改方向选项的过程，可以按个人喜欢的方向选项完成。提交更改并更新元器件，点击此时变亮的 Accept Changes(Create ECO) 按钮生成

ECO(工程变更命令 Engineering Change Orders)。在如图 2-21 所示的 ECO 对话框中,分别点击 Validate Changes、Execute Changes,完成所有元件的自动编号,然后关闭 ECO 对话框。

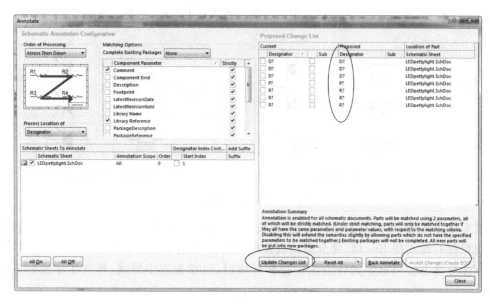

图 2-20　元件自动编号对话框

图 2-21　EOC 对话框

请注意,接受过更改的每个文档在其窗口顶部的文档选项卡上的名称旁边都有一个 *,保存项目中的所有文件。

(7)放置网络标记

连接在一起的一组引脚称为网络(Net),如图 2-22 所示,一个网络包括 P1 的 1 脚、R1 的一个引脚、R2 的一个引脚、R3 的一个引脚。对于重要的网络,或者图上相距较远不方便画出连线的网络,可以添加网络标记(Net Lable),只要网络名称相同,即使断开,也属于同一网络,相当于连在同一个网络里。如图 2-22 所示,R3 的一个引脚和 D3 的正极都添加了网络名 blue,即使连线断开,也属于一个网络。

项目 2　LED 彩虹小夜灯电路制作

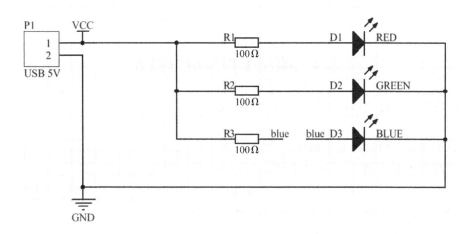

图 2-22　带网络标记 blue 的电路图

放置网络标记时，可以使用工具栏的 ![Net] 键，也可以使用菜单 Place→Net Lable。光标变成十字灰色×，光标第一象限出现网络名 NetLable1；光标移至连线 Wire 上时，×变成红色；光标移至元器件管脚电气端点时，×变大并变成红色，情况与图 2-18 相似。将光标移至 R3 右侧的一个引脚上，光标变大并变成红色时点击鼠标，放置网络名。双击网络名，直接修改名称，也可以在放置过程中按 Tab 键，出现网络属性对话框，如图 2-23 所示，将网络名称 NetLable1 修改为 blue。同理，放置网络至 D3 左侧连线上，完成带网络标记 blue 的电路图，如图 2-22。注意，网络 NetLable 一定要放在连线上或元件管脚电气端点处。

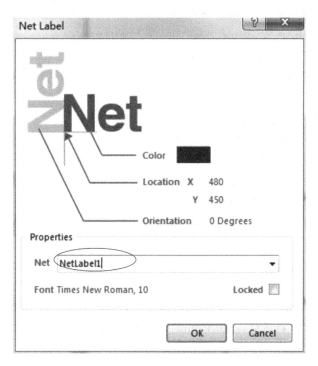

图 2-23　网络属性对话框

至此，一张完整的电路图就完成了，在绘制 PCB 印制板之前，还需要进行一些检查与设置。

2.4 编译工程与电气检查

下面我们将进行简单的编译工程，并进行电气检查。

要确保所运行的编译是正确的，因为在工程菜单中有两个编译文件。一个编译的是现行的原理图文件，另一个编译的是整个工程。此时需要的是编译整个工程。编译这个工程，选择 Project→Compile PCB Project LEDpettylight.PrjPCB，并保存工程（在 Project 面板上右击这个工程→Save Project）。

工程编译后，如果有错误，则会有 Messages 界面出现；如果没有错误，就没有 Messages 界面出现。工程编译后，Navigator 面板列出所有对象的相互关系，包括元件列表和网络列表，如图 2-24 所示。如果找不到 Navigator 面板，可以在屏幕右下角的控制面板中点击 Design Compiler，选择 Navigator；也可以选择菜单命令 View→Workspace Panels→Design Compiler→Navigator。

设计现在已经完成了，但是在被转到 PCB 上之前还有几个工作要做，包括元件封装设置、检查设计错误等。

使用编译功能检查设计，如果 Messages 界面非空白，检查所有的错误或警告，纠正所有错误。注意，"Nets with no driving source"报告任何一条不包含至少一个管脚有电气类型为输入、输出、开极、高阻、发射极或电源的网络。

现在故意在电路中设置一个错误，并重新编译：

（1）将 R1 和 D1 之间的连接断开，如图 2-25 所示。

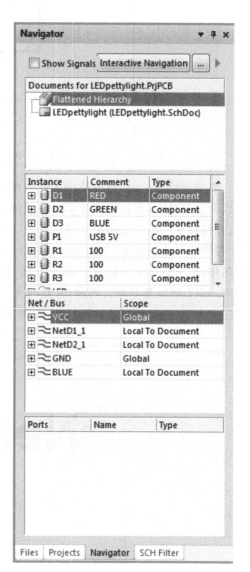

图 2-24 Navigator 面板

（2）菜单栏选择 Project→Project Options 命令，弹出图 2-26 的 Options for PCB Project LEDpettylight.PrjPCB 对话框，点击 Connection Matrix。

项目 2　LED 彩虹小夜灯电路制作　　41

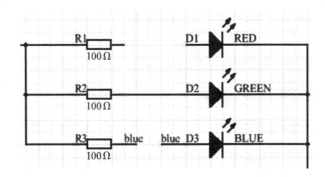

图 2-25　制造一个错误

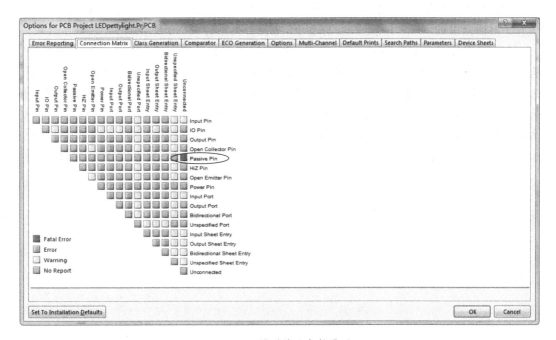

图 2-26　错误检查条件设置

(3) Unconnected 与 Passive Pin 相交的方块,默认值为绿色,运行编译工程时不给出"管脚未连接"的错误报告。一次次点击该方块,改变其颜色,直至颜色变为与图中的 Fatal Error 相同时停止点击。此时表示,如果管脚没有连接,报告错误。

(4) 重新编译该工程(Project→Compile PCB Project LEDpettylight.PrjPCB),自动弹出如图 2-27 所示的 Messages 界面,列出所有错误信息。

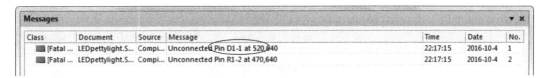

图 2-27　错误信息

(5)双击一个错误信息,弹出如图 2-28 所示的编译错误详述,同时电路图的错误之处突亮,如图 2-29 所示,以便用户找到错误之处修改错误。

图 2-28　单个错误信息详述　　　　　　　图 2-29　错误之处突亮

(6)错误修改完成后,重新编译工程,Messages 界面没有错误信息时不会自动弹出。如果想看 Messages 信息,可以在屏幕右下角的控制面板中点击 System,选择 Messages;也可以选择菜单命令 View→Workspace Panels→System→Messages。

如果遇到一些余留的警告,那不会影响设计,可以直接忽略它们或考虑在 Options for Project 对话框里的 Error Reporting 标签上,把警告类型转成 No Report。

转到 PCB 上之前,另一项工作是确认元件编号和封装设置。这项检查可以通过封装管理器来实现,确保原理图与 PCB 图相关联的库均可用,元件封装均在可用的库内。本案例使用默认安装的集成元件库和封装库。用户可以使用封装管理器检查所有工程中元件的封装,方法如下:在原理图编辑界面,选择菜单命令 Tool→Footprint Manager,弹出如图 2-30 所示的封装管理器对话框,检查左侧元件列表中的元件编号,确保编号唯一、明确;逐一点击每个元件,确保右侧封装名称和封装完全正确,设计者也可以添加、删除、编辑这些封装。

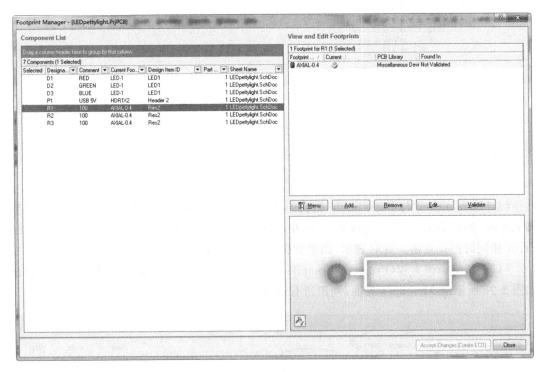

图 2-30　封装管理器对话框

2.5 新建一个 PCB 文件

在从原理图设计转换到 PCB 设计之前,需要先建立一个 PCB 文件,但是在菜单栏选择 File→New→PCB 建立的图,只有默认的矩形轮廓外形,一般建议使用 PCB 向导。PCB 向导可以使用户自定义板型、轮廓外形和尺寸,还可以在任意一步用 Back 返回修改前面几步的参数。

使用 PCB 向导,按照以下步骤进行:

(1) 找出 Files 面板的 New from template 部分,找出 PCB Board Wizard… 并点击。如果 Files 面板太长,PCB Board Wizard… 选项没有在屏幕上,可以点击各单元向上的箭头,折叠各单元,如图 2-31 所示。

(2) 点击后弹出 PCB Board Wizard 对话框,首先是介绍页,点击 Next 按钮。

(3) PCB 向导对话框步入选择尺寸单位,如图 2-32 所示,建议选择公制(Metric),点击 Next 按钮。尺寸换算:1inch = 1000mil,1inch = 25.4mm,100mils = 2.54mm。PCB 向导对话框步入选择板形轮廓,如图 2-33 所示,选择自定义 Custom,点击 Next 按钮。

图 2-31 开始运行 PCB 向导

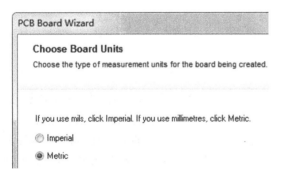

图 2-32 PCB 向导——选择尺寸单位

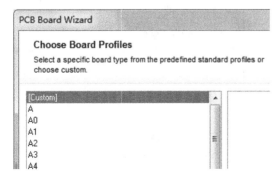

图 2-33 PCB 向导——选择板形轮廓

(4)PCB 向导对话框步入设置形状与大小,本案例的印制板放置于纸杯底部,应为圆形,尺寸略小于纸杯底部,设半径为 23mm,如图 2-34 所示。其余尺寸默认不变,取消勾选各复选框,点击 Next 按钮。

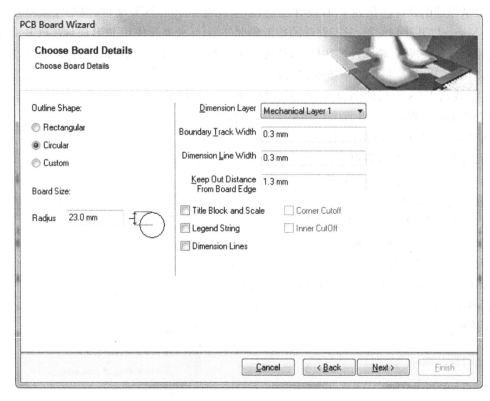

图 2-34　PCB 向导——设置形状与大小

(5)PCB 向导对话框步入设置板层,如图 2-35 所示,选择常用的 2 层信号层、无电源层,点击 Next 按钮。PCB 向导对话框步入选择过孔类型,如图 2-36 所示,选择通孔类型按钮,点击 Next 按钮。PCB 向导对话框步入选择元件类型和走线技术,如图 2-37 所示,选择通孔型元件、两焊盘间走 1 条线,点击 Next 按钮。PCB 向导对话框步入设置默认导线与过孔尺寸,如图 2-38 所示,默认不变,点击 Next 按钮。

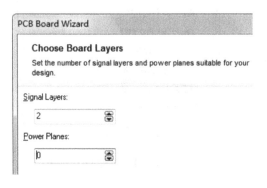
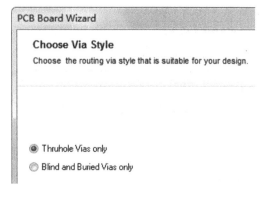

图 2-35　PCB 向导——设置板层　　　　图 2-36　PCB 向导——选择过孔类型

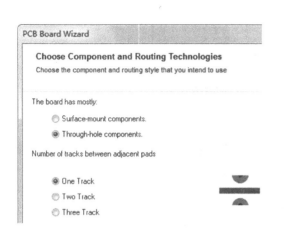 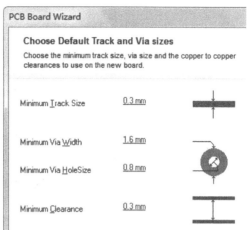

图 2-37　PCB 向导——选择元件类型和走线技术　　图 2-38　PCB 向导——设置默认导线与过孔尺寸

(6)点击 Finish 按钮，PCB 向导建立一个名为 PCB1.PcbDoc 的文件，自动打开 PCB 编辑器界面，形成空白 PCB 形状，如图 2-39 所示，黑色区域(放大后带栅格)就是新建的 PCB。

图 2-39　PCB 向导——形成空白 PCB 形状

如果 PCB1.PcbDoc 文件是自由文件，用户可以直接将自由文件夹下面的 PCB1.PcbDoc 文件拖拉到 LEDpettylight.PrjPCB，这个文件即在 LEDpettylight.PrjPCB 的 Source Documents 文件夹下(见图 2-40)，并与 LEDpettylight.PrjPCB 内的其他文件相关联。用户可以用 File→Save As 命令重新命名文件(LEDpettylight.PcbDoc)，并将其保存到用户希望保存的地址。

新建 PCB 文件，也可以用其他办法：

图 2-40　LEDpettylight.PcbDoc 文件在 Source Documents 文件夹

（1）打开 Files 面板（View→Workspace Panels→Files），单击 New from template 的 PCB Templates…。在弹出的 Choose Existing Document 对话框中选择 A4.PcbDoc，打开新的 PCB 文件，黑色的区域代表电路板的外形，外形可以重新定义。

用户也可以选择命令 Design→Board Shape→Redefine Board Shape，直接在 mechanical 4 层上绘制边框；也可以先定义边框，选中定义的框边，选择命令 Design→Board Shape→Define from selected objects，黑色的电路板形状则根据刚才选择的外形被重新定义。定义边框，可以在 mechanical 4 层上绘制自己需要的形状，也可以根据 DXF mechanical file 的数据重新定义其外形（File→Import 命令打开 Import File 对话框，文件类型选择 AutoCAD 的 .dxf 或 .dwg 类型）。

（2）将新的板形移至图纸的中心。选中板形和机械层上的路径，按 M 键，出现 Move 子菜单，选择 Move Selection，拖动它们到图纸中心，单击放置。也可以用工具栏选择功能和移动功能 ▢ ✚ 操作完成。

（3）定义放置元件、布线的边界。首先取消所有的选定；选中 Mechanical layer 4 上所有的路径；选择 Edit→Copy 命令；将 Keep out layer 设为当前层（如果 Keep out layer 没有显示出来，按 L 键打开 Board Layers and Colors 对话框进行设置）；将复制的部分粘贴到当前层（Keep out layer）。其流程为：

选择菜单命令 Edit→Paste Special，在 Paste Special 对话框中选中 Paste on Current Layer 选项，点击 OK 返回工作区，则将复制的部分粘贴到 Keep out layer。

2.6　导入设计到 PCB

对于已经编译无误的设计 LEDpettylight.SchDoc，可以将其导入 LEDpettylight.PcbDoc。用户可以在原理图编辑器界面使用 Update PCB 命令来产生 ECO，也可以在 PCB 编辑器下操作 Import Changes from LEDpettylight.PrjPcb，把原理图信息导入目标文件 LEDpettylight.PcbDoc。本案例不打开原理图，直接在 PCB 编辑器下操作，因为这个过程是自动处理的。

(1) 在 PCB 编辑器下选择菜单 Design→Import Changes from LEDpettylight.PrjPcb。弹出 ECO 对话框，对话框中显示 PCB 必须与原理图匹配的变化信息，如图 2-41 所示。

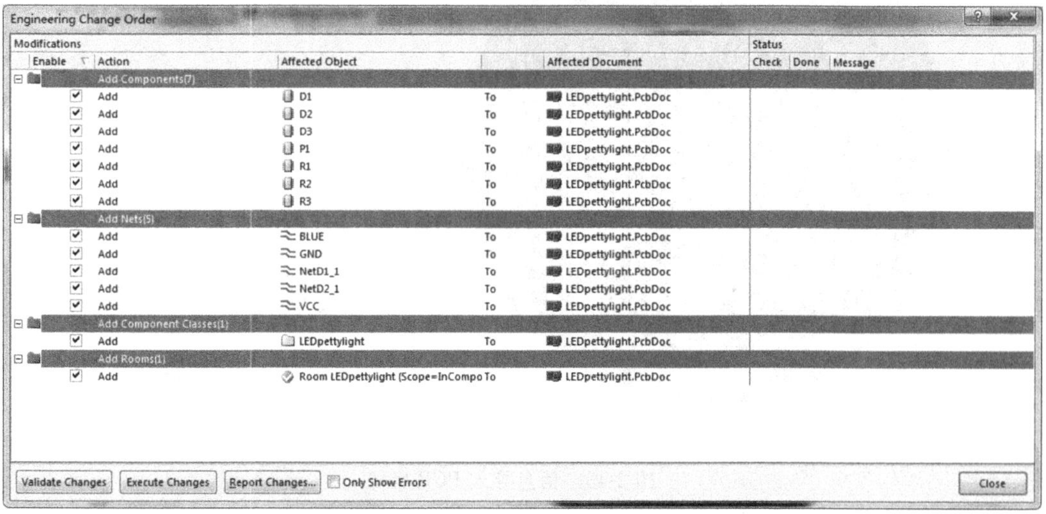

图 2-41　Engineering Change Orders(ECD)对话框

(2) 按下 Validate Changes 检查变化的信息是否有效。图 2-42 的 Status(状态)栏 Check 列表中√表示执行成功；×表示出现问题，需要打开 Messages 面板查看，清除所有错误。

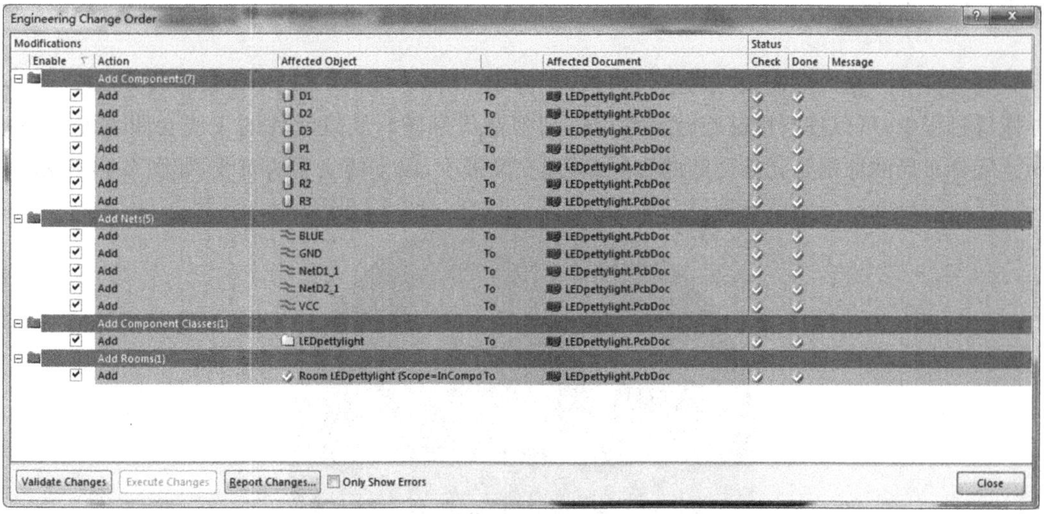

图 2-42　执行 Validate Changes 和 Execute Changes 后的对话框

(3) 在 Validate Changes 检查无误的情况下，按下 Execute Changes 更新设计数据，将信息发送至 PCB，图 2-42 的 Status 栏 Done 列表被标记√。

(4) 关闭 ECO 对话框。器件将被放置到新建的 PCB 框的右边，如图 2-43 所示。

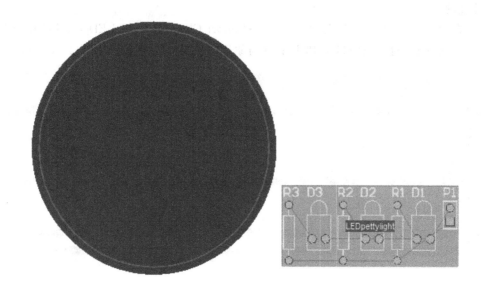

图 2-43　信息导入 PCB 后

(5) 保存设计。

2.7　PCB 设计

2.7.1　布局

将元件一一拖入印制板(黑色区域)内,删除 PCB 框以外的 LEDpettylight Room 块。在元件拖移过程中,可以按空格键旋转元件(注:切勿镜像翻转),注意元件的飞线会跟着元件被拖动。元件布局的原则是元件之间的飞线最短、交叉最少,以方便之后的布线,如图 2-44 所示。

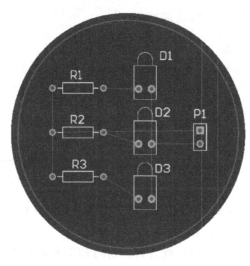

图 2-44　布置元件后的 PCB

系统软件具有让需要的几个元件对齐、间距相同的功能。选中 R1、R2、R3，光标在任意一个选中的元件上时，带箭头黑色十字光标出现，点击鼠标右键，选择命令 Align→Align Left(见图 2-45)，可以使元件左对齐；选择命令 Align→Distribute Vertically，可以使其垂直均匀分布；选择 Align→Increase Vertically Spacing，可以加大其间距。

图 2-45　元件排列对齐命令

几个元件的整体移动，可以用工具栏选择功能和移动功能 操作完成。

旋转元件时，你将会注意到元件的标识依然定位在元件左上角。手动确定一个标识的位置，可以单击并拖动它到想要的位置。如果需要的话，还可以按空格键旋转该标识。如果临时需要选中工作组内所有的标识，在 PCB List 面板中最上面的查询过滤器中输入查询语句 IsDesignator。当完成操作后按快捷键 Shift+C 来清除本次筛选。

每个元件同样也可以拥有一个注释，可以在属性对话框中控制显示注释。为所有元件的注释设置隐藏，在 Filter 面板中输入查询语句 IsComment(确认 Select 复选框被激活并按下 Apply 按钮)，然后按 F11 键来打开 Inspector 面板。Inspector 面板可以被用于编辑所有选中的注释字符，确认隐藏状态复选框被激活并按回车键确定。

如果用户还需要更改元件封装，可以直接双击元件，元件属性对话框弹出，如图 2-46 所示。直接改写 Footprint 名称，也可以点击 ，选择集成库中所需封装。如果还需要显示电阻值等元件参数信息,在如图 2-46 所示的元件属性对话框中,Comment 单元的 Hide 复选框取消勾选。为了视觉效果,这个工作可以在布线完成后来做。在进行布线设计之前保存该设计。

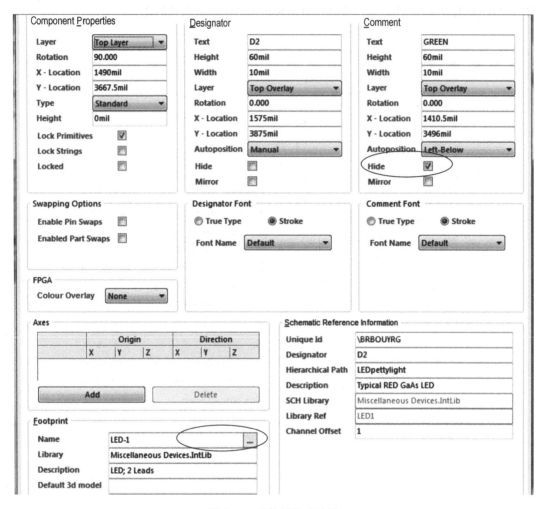

图 2-46　元件属性对话框

2.7.2　设计规则设置

PCB 文档默认为一个白色图纸,用户如要关闭白色图纸,选择命令 Design→Board Option,取消勾选 Display Sheet 复选框;切换测量单位(英制/公制)可以在 Board Option 对话框中进行,如图 2-47 所示,也可以选择菜单命令 View→Toggle Unit 切换。

在开始布线之前,还有一些设置需要完成。本案例只介绍重要设置,绝大多数情况下先选择默认值,具体设置将在以后讲到。

PCB 编辑器是一个规则驱动环境,设计和布线过程中,PCB 编辑器实时监控每一个动作,一旦出现不符合原定设计规则的动作,就立即警告,强调错误,实时提示。

设计规则总共有 10 类,包括电气、布线、制造、布局等的约束。这里只介绍布线宽度、增

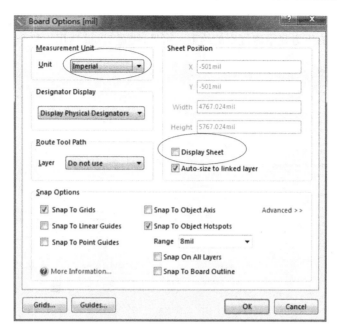

图 2-47 Board Option 对话框

设电源、地线宽度的设计规则。具体步骤如下：

(1) PCB 编辑器环境中，选择菜单命令 Design→Rules…，弹出 PCB Rules and Constraints Editor 对话框，如图 2-48 所示。对话框左侧以文件夹形式列出每一类规则。

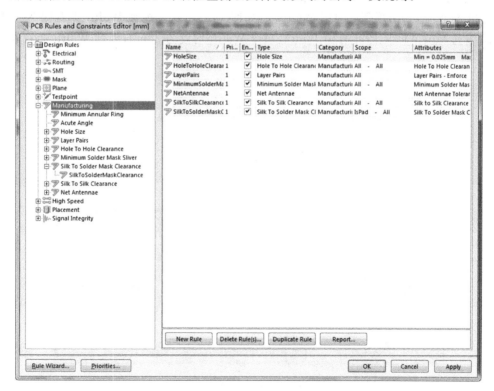

图 2-48 PCB Rules and Constraints Editor 对话框

（2）双击 Routing 展开，双击 Width，如图 2-49 所示，右侧显示线宽的默认值，其中右上方显示该规则的应用范围，右下方显示该规则的约束。可见，线宽 12mil 适用于整个 PCB。

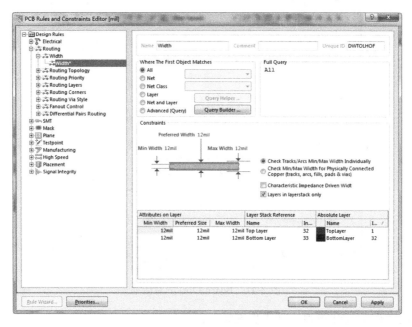

图 2-49　Width 规则设置

（3）点中 Width，点击鼠标右键，选择 New Rule，出现新的规则 Width_1；再点击鼠标右键，选择 New Rule，出现新的规则 Width_2，如图 2-50 所示。规则 Width_1 右侧 Net 选择 GND，线宽 Min Width、Preferred Width、Max Width 均设为 25mil；规则 Width_2 右侧 Net

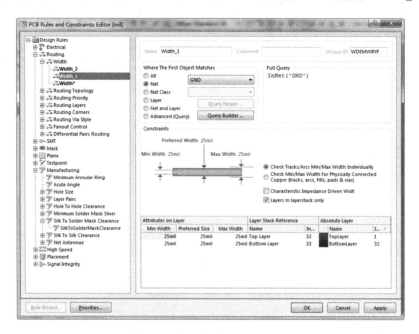

图 2-50　新增 2 个 Width 规则

选择 VCC,线宽 Min Width、Preferred Width、Max Width 均设为 20mil。

(4)点击 PCB Rules and Constraints Editor 对话框的 **Priorities...** 按钮,弹出 Edit Rule Priorities(规则优先级编辑)对话框,如图 2-51 所示,点击任意一个规则,使用 **Increase Priority**、**Decrease Priority** 按钮调整优先级次序。

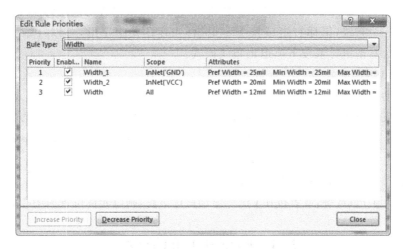

图 2-51　Edit Rule Priorities 对话框

2.7.3　布线

本案例只介绍手动布线,所有线均布在板的 Bottom Layer。PCB 编辑器对走线方向有一定的限制,可以设置成用户需要的方向。默认的限制是横向、纵向、45°角的方向,本案例使用默认限制。布线步骤如下:

(1)点击底部 Bottom Layer 标签,确保走线在 Bottom Layer 上。如果底部标签没有 Bottom Layer,选择菜单命令 Design→Board Layers & Colors...,弹出 View Configurations 对话框,勾选 Bottom Layer 的 Show 复选框。

(2)执行菜单命令 Place→Interactive Routing,或点击工具栏 按钮,针对在右边的 P1 的 PAD2 开始依照飞线布线。走完 P1 的 PAD2 到 D2 的 PAD2 这条线,相应飞线自动消失。

(3)试着走一条电源网络,从 P1 的 PAD1 开始。走完电路板上其余的网络。图 2-52 为完成布线的 PCB。

试着使用智能的交互式布线命令连接一些布线,使用各种各样不同的选项或点或按进行布线。观察激活层,如果处在 Top Layer,使用数字键盘上的 * 键,PCB 编辑器自动切换到 Bottom Layer;在某一信号层上走线过程中按下数字键盘上的 * 键,则走线切换到另一信号层上(Top Layer/Bottom Layer 之间切换),并自动产生一个过孔连接。

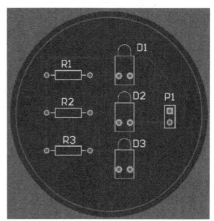

图 2-52　完成布线的 PCB

根据设计需要,放置一个实心覆铜覆盖 PCB 的全部(选择菜单命令 Place→Polygon Pour…,或点击工具栏 ▦ 按钮),通过 Pour Over All Same Net Objects 选项,选择连接网络 GND。

布线中可以注意到:

(1)走线过程中使用 Shift+Space 切换角度模式:任意角度与 45°角模式、弧度与 45°角和 90°角模式、弧度与 90°角模式;按空格键 Space,可以切换模式内选用的角度。

(2)完成一个布线,鼠标右击或按 Esc 退出,光标还是十字形,可以开始另一个新的走线,也可以再次右击鼠标或按 Esc 退出布线模式。

(3)按 End 键刷屏。

(4)在启动某一走线之后还未完成该网络时,使用 Ctrl+鼠标单击,启用 Auto-Complete 功能,立即完成本条布线,本功能要求起始和终止的焊盘在同一层。在无障碍条件下,Auto-Complete 功能容易实现;在有障碍或复杂 PCB 走线的情况下,Auto-Complete 功能不一定能够实现。

(5)重新布线后,冗余的线段自动清除。

(6)按 PgUp、PgDn 键,或者按住 Ctrl+滚动鼠标滚轮,则以光标位置为中心放大或缩小。

2.8　验证用户的板设计

电路设计完成后,要了解 PCB 布线设计是否符合原理图要求,是否符合事先设置的规则,用户就需要完成一个规定动作,运行设计规则检查(Design Rule Checker,DRC),验证设计。

选择菜单命令 Tool→Design Rule Checker,弹出 Design Rule Checker 对话框,如图 2-53 所

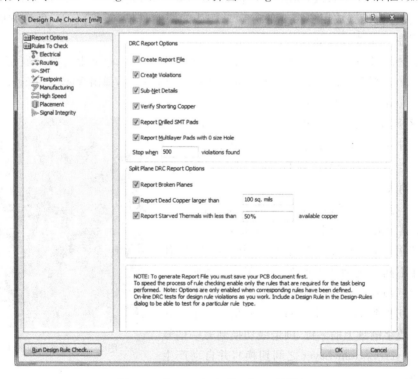

图 2-53　Design Rule Checker 对话框

示。单击左侧任意一类,右侧显示该种类的实时检测和批处理设计规则。保留所有选项为默认值,点击 **Run Design Rule Check...** 按钮,运行 DRC 后,自动弹出如图 2-54 所示的 DRC 信息窗口,并在 Generated→Documents 文件夹下,产生了一个设计规则检查报告,名称为 Design Rule Check-LEDpettylight.html 的文件,如图 2-55 所示,其中列出了 Warnings 量与 Rule Violations 量。

对于正确的设计,Messages 窗口是空白的,DRC 报告中的 Warnings 量与 Rule Violations 量均为 0。

图 2-54 运行设计规则检查后的信息窗口

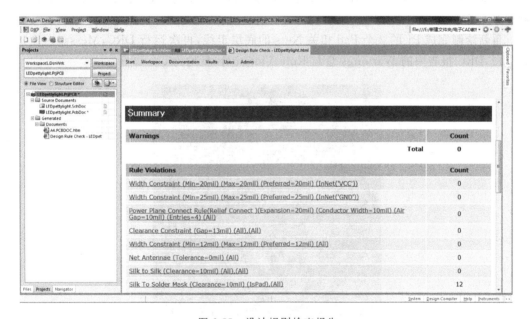

图 2-55 设计规则检查报告

本案例有 12 个错误,均为同一类型——Silk To Solder Mask Clearance Violations。这类错误属于制造类规则,设计 PCB 与制造的关系不大,可以关闭该规则,如图 2-56 所示的 PCB Rule and Constraints Editor(设计规则编辑)对话框中,点中 Manufacturing 类,取消勾选 Silk To Solder Mask Clearance 的复选框。再次运行 DRC,Messages 窗口变为空白,DRC 报告中的 Warnings 量与 Rule Violations 量均为 0。

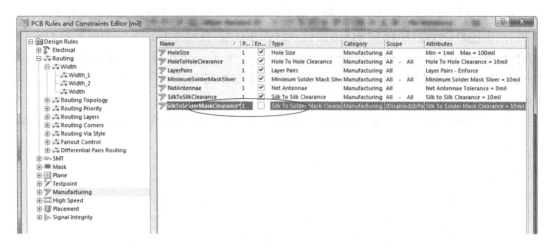

图 2-56 PCB Rule and Constraints Editor 对话框

当出现错误时,主要工作是找到错误原因,解决问题。

现在我们来人为制造错误,把元件 P1 右移一步,如图 2-57 所示。运行 DRC,DRC 错误信息窗口如图 2-58 所示,出现 4 条错误信息,其中 2 条指出网络悬空,2 条指出网络连接未完成。双击其中一条错误,PCB 上直接定位并放大显示错误之处,如图 2-59 所示,错误信息显示在 PCB 窗口的中央位置。

重新绘制完成 P1 的 2 个 Pad 相关 Nets 的底层走线,再次运行 DRC,Messages 窗口变为空白,DRC 报告中的 Warnings 量与 Rule Violations 量均为 0。

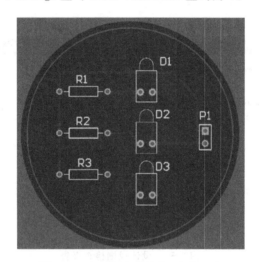

图 2-57 印制板中元件 P1 右移一步

图 2-58 元件 P1 右移后的 DRC 信息窗口

图 2-59 双击错误信息后的 PCB 窗口

PCB 各元件参数信息显示后,PCB 设计如图 2-60 所示。将 PCB 编辑器工具栏的 PCB 浏览设置 Altium Standard 2D 改为 Altium 3D Dk Green,出现 PCB 加工效果图,如图 2-61 所示。虽然图 2-61 与图 2-4(b)略有位置上的区别,布线上也可能略有区别,但都是正确的。

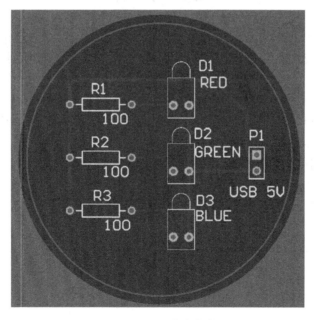

图 2-60 显示元件参数信息

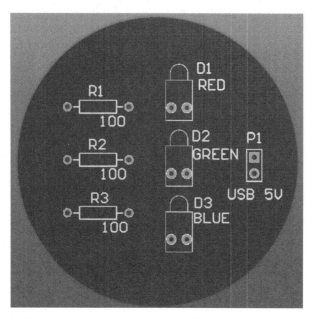

图 2-61 PCB 加工效果

2.9 小　结

彩虹小夜灯的 PCB 设计已经全部完成了,加工 PCB 后,可以直接在 PCB 上焊接元件,大大增强了彩虹小夜灯的可靠性,延长了其使用寿命。从原理图设计到 PCB 设计的全流程总结如下:

(1)新建一个工程项目,命名为"*.PrjPCB",保存到用户目标地址;
(2)新建一个原理图,保存到用户目标地址,添加到工程项目"*.PrjPCB"中;
(3)绘制原理图,设置元件名和元件封装;
(4)编译工程与电气检查,确认无错误;
(5)新建一个 PCB 文件,保存到用户目标地址,添加到工程项目"*.PrjPCB"中;
(6)导入设计到 PCB 文件;
(7)PCB 设计,布局与布线;
(8)运行 DRC,验证用户的板设计,确认无错误。

习　题

2-1　简述单面板与双面板的特点与区别。
2-2　在原理图界面和 PCB 设计界面分别找出 3 种快捷键并了解其作用。
2-3　简述 PCB 设计界面 * 键的作用与使用方法。

项目 3

原理图元器件库的创建

项目引入

Altium Designer 软件内置的元器件库相当丰富,我们所需使用的 CZ034A 系列驻极体话筒元件就可以从中直接找到,如图 3-1 所示。但有些特殊的或新元件仍然无法找到,如 STC15F2K60S2 单片机在系统提供的库内就找不到,LCD1602 液晶屏和 GL55 系列光敏电阻也找不到,这就需要用户自行创建元件及原理图图像符号库,如图 3-2～3-4 所示。Altium Designer 提供了相应的制作元器件库的工具。

图 3-1 CZ034A 系列驻极体话筒外形及元器件符号

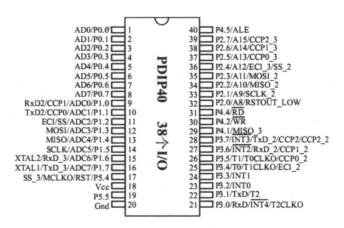

图 3-2 STC15F2K60S2 单片机元器件符号

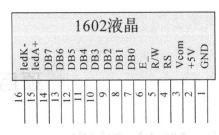

图 3-3　LCD1602 液晶屏器件符号　　　　图 3-4　光敏电阻元器件符号

本项目将为后 3 个元件建立原理图元器件库,并添加元件封装,包含以下内容:
(1) 建立集成库文件;
(2) 建立原理图元器件库;
(3) 绘制原理图元件;
(4) 添加元件封装;
(5) 检查元件并生成报表。

3.1　原理图库、模型和集成库

图 3-5 是 Altium Designer 软件中默认元器件库(Library)中的部分 2 脚元件,这些元件的名称、形状、作用都不相同,但从 Altium Designer 软件的角度来看,它们都是拥有 2 个相同管脚的元件,所以它们都是一样的。

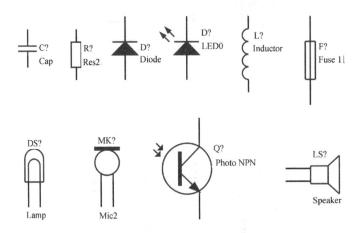

图 3-5　部分 2 脚元件

在 Altium Designer 中,原理图元器件符号是在原理图库编辑环境(.SchLib 文件)中创建并保存的。之后原理图库中的元器件会分别使用封装库中的封装和模型库中的模型。用户可从各元器件库选用元件,也可以将这些元器件符号库、封装库和模型文件编译成集成库(.IntLib 文件)。在集成库中的元器件不仅具有原理图中代表元件的符号,还集成了相应的功能模块,如 Footprint(封装)、电路仿真模块、信号完整性分析模块等。

集成库(.IntLib 文件)是由分离的原理图库、PCB 封装库等编译而成的。集成库中的元件不能被修改,但分离后可以进行编辑,然后再次编译生成新的集成库。

3.2 创建新的库文件和原理图库

在创建元件之前,需要创建一个新的原理图库来保存设计内容。这个新创建的原理图库可以是分立的库,也可以是集成库。

创建新的库文件和原理图库的步骤如下:

(1)新建集成库文件。选择菜单命令 File→New→Project→Integrated Library,Project 面板将显示新建的库文件,默认名为 Integrated_Library1.LibPkg。

(2)在 Project 面板右击库文件名,在快捷菜单上点击 Save Project As 命令或点击 File→Save Project As 命令,在弹出的对话框中选择适当路径,然后输入集成库的名称,点击保存。

(3)添加空白的原理图库文件。选择 File→New→Library→Schematic Library,Project 面板在集成库文件下将显示新的原理图库文件,默认名为 Schlib1.SchLib。此时将自动打开元件的编辑界面,显示一张中心位置有巨大十字准线的空白元件图纸以供编辑,如图 3-6 所示。

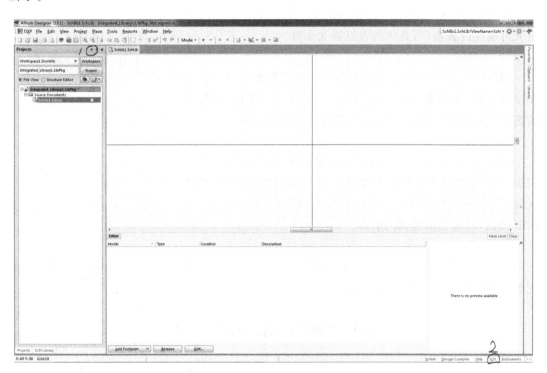

图 3-6 原理图库编辑界面

(4)在 Project 面板右击原理图库文件名,在快捷菜单上点击 Save As 命令或点击 File→Save As 命令,在弹出的对话框中选择适当路径,然后输入原理图库的名称,点击保存。

(5)打开 SCH Library 面板(图 3-6 中画圈位置 1),从弹出的菜单中选择 SCH Library,如图 3-7 所示。也可以点击主窗口右下角的 SCH 按钮(图 3-6 中画圈位置 2),从弹出的菜单中选择 SCH Library。

SCH Library(原理图库器件编辑器)界面如图 3-7 所示,组成部分介绍如下:

(1)元件区

元件区(Components)对当前元器件库内的元件进行管理,可以在此区域内进行放置、添加、删除和编辑工作。在多个元件存在的前提下,可以使用上方的过滤区,输入需要查找元件的名称,在元件区显示对应的元件。

• Place 按钮:将元件区的选择的元件放置到处于激活状态的原理图中,如没有任何原理图被打开,则自动新建一个原理图。

• Add 按钮:在当前原理图库中添加一个新的元件。

• Delete 按钮:删除当前选择的元件。

• Edit 按钮:编辑当前选择的元件。点击这个按钮,会弹出元件属性设置窗口,具体内容见第 3.4 节。

(2)别名区

别名区(Aliases)显示元件区当前选择元件的别名。点击 Add 按钮,可为当前元件添加别名;点击 Delete 按钮,删除当前选择的别名;点击 Edit 按钮,编辑当前选择的别名。

(3)引脚区

引脚区(Pins)显示元件区当前选择元件的引脚信息,包括引脚序号、引脚名称和引脚类型等。点击 Add 按钮,可为当前元件添加引脚;点击 Delete 按钮,删除当前选择的引脚;点击 Edit 按钮,编辑当前选择的引脚。

图 3-7 SCH Library 界面

(4)模型区

模型区(Model)显示元件区当前选择元件的模型信息,包括 PCB 封装、仿真信息和信号完整性分析模型等。具体设置方法见第 3.5 节。

3.3 创建新的原理图元件

选择 Tools→New Component 命令,新建一个原理图元件。但因为新建的原理图库文件一般都包含一个空白的元件,通常只需将 Component_1 重命名即可。本节以 STC15F2K60S2 为例介绍新元件的创建步骤。

(1)在 SCH Library 界面的元件区选择 Component_1,选择 Tools→Rename Component 命令,在弹出的窗口输入元件名称,如 STC15F2K60S2,点击 OK 确认。

(2)如窗口未显示十字准线,可选择 Edit→Jump→Origin 命令(键盘快捷键 J→O),将窗口重新定位到原点位置,左下角的状态栏对应"X:0,Y:0"。用户应在原点附近创建元件,以后在放置元件时,系统会根据原点附近的电气热点定位该元件。

(3)在 Library Editor Workspace 对话框设置捕获栅格、可视栅格和单位等参数。选择 Tools→Document Option 命令或单击右键,在弹出的菜单选择 Option→Document Option 命令(键盘快捷键 T→D),弹出窗口按图 3-8 进行设置。

勾选 Always Show Comment/Designator,即在当前文档显示元器件的注释和标识符。

- Snap Grids(捕获栅格),指用户在放置或移动对象(元件或引脚等)时,光标移动的间距。不一定需要打开对话框设置该选项,按 G 键可使 Snap Grids 在 1、5、10 这 3 设置间快速切换(在 Preference 选项卡中选择 Schematic→Grids 设定),或在画图时候按 Ctrl 键,使光标自由移动。

- Visible Grids(可视栅格),指在区域内以线或点的形式显示。

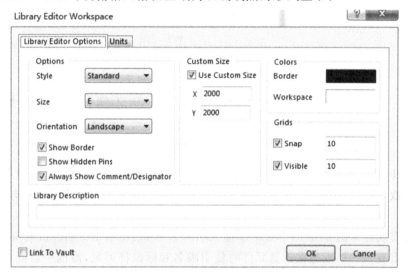

图 3-8 设置图纸属性

(4)为了创建 STC15F2K60S2 元件,首先需定义元件主体。选择 Place→Rectangle 命令或点击 ▭ 图标(在工具栏如图 3-9 所示位置 1),此时鼠标变成十字光标,并带有一个矩形,在图纸中移动十字光标到坐标原点,单击确定矩形的一个顶点,然后继续移动十字光标到另一个位置(220,−210),单击确定矩形的另一个顶点,这时矩形放置完毕。十字光标仍然带有矩形,可以继续绘图,或按右键退出。

在图纸中双击矩形,弹出如图 3-10 所示对话框,可以设置或修改矩形的属性,点击 OK 确定。

(5)元件引脚代表了元件的电气属性,为元件添加引脚,步骤如下:

①选择 Place→Pin 命令(快捷键 P→P)或点击下拉工具栏 图标(在工具栏如图 3-9 所示位置 2),光标处出现引脚,带电气属性。

图 3-9 绘图下拉工具栏

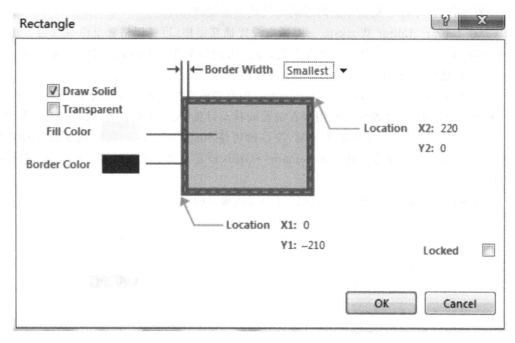

图 3-10 矩形属性设置

②按 Tab 键打开 Pin Properties 对话框,如图 3-11 所示。如果用户在放置引脚前,先设置好各项参数,则放置引脚时,这些参数成为默认参数。连续放置引脚时,引脚的序号将自动增加。

③在引脚属性框的 Display Name 框输入引脚名称 P5.3,在 Designator 框输入引脚编号(唯一,不可重复)1。如果想在放置元件时使引脚名和标识符可见,需选中后面的 Visible 复选框。

④在 Electrical Type 下拉列表中设置引脚的电气类型。这些参数用于原理图设计图纸编译项目或分析原理图文档时检查电气连接是否正确。

电气类型共有 8 种:

- Input:输入引脚。
- I/O:双向引脚。
- Output:输出引脚。
- Open Collector:集电极开路引脚。
- Passive:无源引脚(如电阻、电容的引脚)。
- HiZ:高阻引脚。
- Emitter:射极输出。
- Power:电源。

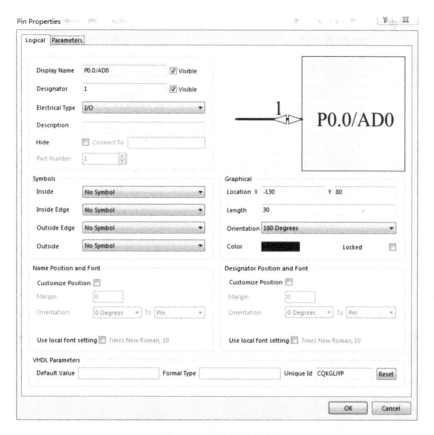

图 3-11 引脚属性设置

在本例中,大部分的引脚都将被设置为 I/O,VCC 和 GND 被设置为 Power。

⑤在 Graphical 区域设置引脚图形。

• Location X、Y:引脚坐标,一般可通过对引脚单击左键不放,移动鼠标来改变引脚位置。

• Length:引脚长度,通常默认为 30mil。

• Orientation:引脚方向,可通过对引脚单击左键不放,按空格键来旋转引脚方向,每次逆时针旋转 90°。注意引脚只有其末端具有电气属性,也称热点(hot end),也就是在绘制原理图时,必须将热点与其他元件的引脚相连,不具有电气属性的另一末端毗邻该引脚的名称字符。

• Color:引脚颜色,通常默认黑色。

(6)继续添加元件剩余引脚,确保引脚名、编号、符号和电气属性是正确的。其中 9 脚显示 $\overline{\text{INT0}}$,只需在字母后添加\(反斜线)符号,如"I\N\T\0\"即可。元件引脚放置后如需更改,双击改引脚或在 SCH Library 面板引脚区双击对应的引脚,打开 Pin Properties 对话框。放置完所有需要的引脚后,单击右键退出。放置完所有引脚的元件如图 3-12 所示。

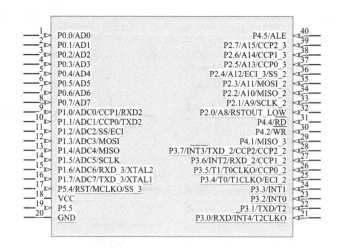

图 3-12 新建元件 STC15F2K60S2

注意：

①若希望隐藏 VCC 和 GND 引脚，可在 Pin Properties 对话框选中 Hide 复选框。引脚被隐藏时，系统将按 Connect To 区域的设置，将它连接到电源和接地网络，比如 VCC 引脚被放置时将自动连接到 VCC 网络。

②被隐藏的引脚可通过 View→Show Hidden Pins 命令进行查看，但隐藏引脚在引脚区仍将显示。

③在 Component Pin Editor 对话框可以直接编辑所有引脚的属性，如图 3-13 所示。打开 Library Component Properties 对话框（见图 3-14），点击左下角的 Edit Pins… 按钮，即可打开 Component Pin Editor 对话框。

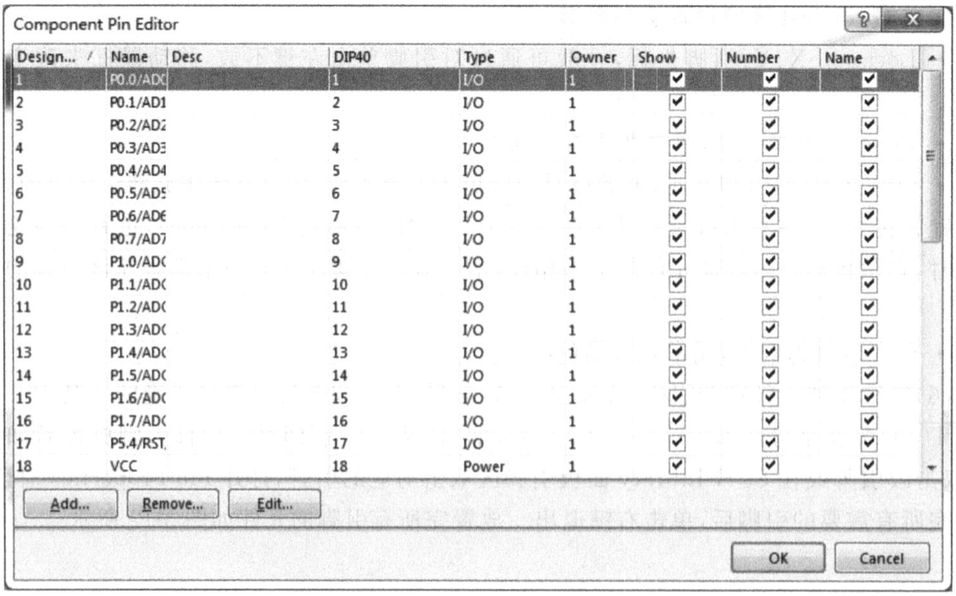

图 3-13 Component Pin Editor 设置引脚属性

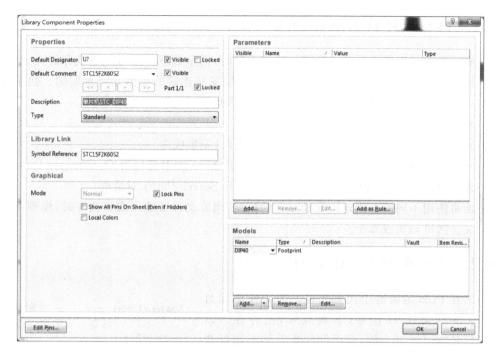

图 3-14 元件属性设置

3.4 设置原理图元件属性

元件属性包括默认的标识符、PCB 封装、模型等。元件属性设置步骤如下：

(1) 在 SCH Library 面板的元件区选择元件，点击 Edit 或双击元件名，打开 Library Component Properties 对话框，如图 3-14 所示。

(2) 在 Default Designator 框输入 U?，以方便在原理图设计放置元件时，自动放置元件标识符。如果放置元件之前已经定义好了标识符（按 Tab 键编辑），则标识符中的 ? 将使标识符数字在连续放置时自动递增。要显示标识符，需选中后面的 Visible 复选框。

(3) 在 Default Comment 框输入注释内容，如 STC15F2K60S2。要显示注释，需选中后面的 Visible 复选框。如果此项空白，放置时默认使用 Library Reference。

(4) 在 Description 框输入描述内容，如单片机 STC_DIP40。该内容在库搜索时会显示在 Library 面板上。

(5) 根据需要可设置其他参数。

3.5 为原理图元件添加模型

一个元件可以包含多个 PCB 封装、仿真信息和信号完整性分析模型，用户在放置元件时可以通过元件属性对话框选择合适的模型。

模型可以是用户自己建立的，也可以是 Altium 库中现有的，或是从芯片提供商网站自行下载的相应模型文件。

3.5.1 模型文件搜索路径设置

在原理图库编辑器中为元件和模型建立连接时,模型数据并没有复制或存储在元件中,因此当用户在原理图上放置元件和建立库时,要保证所连接的模型是可获取的。使用库编辑器时,元件到模型的连接方法由以下搜索路径给出:

(1)搜索项目当前安装的库文件。
(2)搜索当前库安装列表中可用的 PCB 库文件(非集成库)。
(3)搜索位于项目指定搜索路径下所有的模型文件,搜索路径由 Options for Project 对话框指定,选择 Project→Project Options 命令打开 Search Paths 对话框。

下面将使用不同的方法连接元件和它的模型,当库文件被编译成集成库时,模型将从各自的源文件拷贝到集成库中。

3.5.2 为原理图元件添加封装模型

封装在 PCB 编辑器中代表元件。为元件添加封装,要求该封装在 PCB 库(非集成库)已存在。以 STC15F2K60S2 元件为例,说明如何为元件添加封装模型,本例选取的封装模型为 DIP40。

(1)在 SCH Library 面板的模型区点击 Add 按钮,弹出 Add New Model 对话框,如图 3-15 所示,在下拉列表中选择 Footprint 选项,点击 OK 确定。

(2)显示 PCB Model 对话框,如图 3-16 所示。

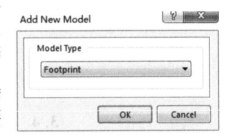

图 3-15 Add New Model 对话框

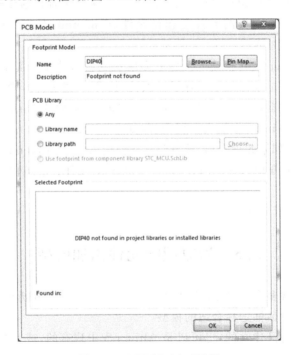

图 3-16 PCB Model 对话框

（3）在 Footprint Model 区域的 Name 框输入 DIP40，点击 Browse… 按钮打开 Browse Libraries 对话框，如图 3-17 所示，可以浏览所有已经添加到库项目和已安装到库列表的模型。

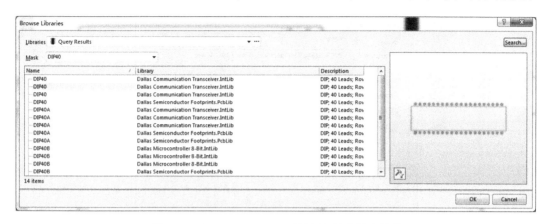

图 3-17　Browse Libraries 对话框和封装搜索结果

（4）如果所需封装模型在当前库文件中不存在，需要进行搜索。在 Browse Libraries 对话框点击 Search… 按钮，弹出 Libraries Search 对话框，如图 3-18 所示。

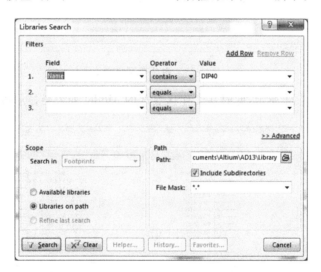

图 3-18　Libraries Search 对话框

（5）在 Filters 区域 Field 框选择 Name，Operator 下拉选择 contains，Value 框输入 DIP40。Scope 区域选择 Libraries on path，并设置 Path 为 Altium Designer 安装目录下的 Library 文件夹，确认选中 Include Subdirectories 复选框。点击 Search 按钮开始搜索。

（6）在 Browse Libraries 对话框中将列出搜索结果。选择 DIP40（封装库文件的后缀名为 .PcbLib），点击 OK 确认。

（7）第一次使用该库，系统会要求用户确认库的安装，以便库可以使用。点击 Yes 确认（见图 3-19），PCB Model 对话框将利用

图 3-19　库安装确认

所选的封装模型进行更新,如图 3-20 所示,点击 OK 确认。

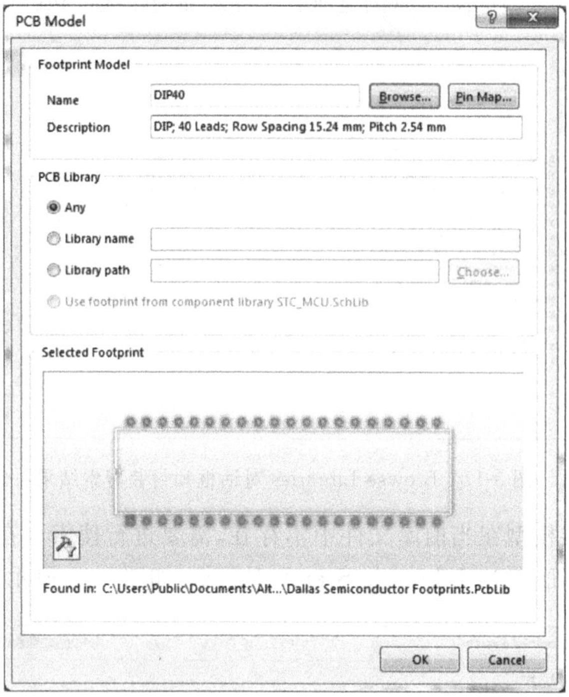

图 3-20 封装模型更新

(8)完成后如图 3-21 所示,此时在工作区底部的 Model 列表会显示该封装模型。

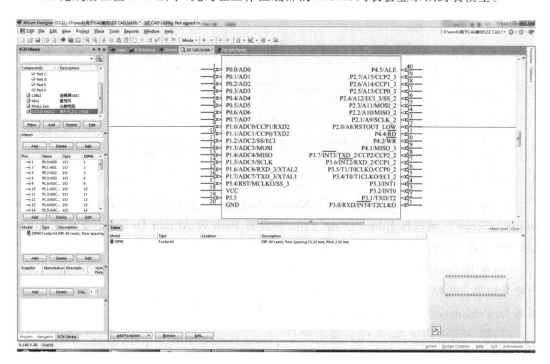

图 3-21 封装模型添加到 STC15F2K60S2

3.5.3 用模型管理器为元件添加封装模型

(1)选择 Tools→Model Manager 命令,弹出如图 3-22 所示的对话框。

图 3-22 Model Manager 对话框

(2)选中要编辑的元件,点击 Add Footprint 按钮,后面的操作方法和第 3.5.2 节相同。用同样的方法,参考图 3-3 创建 LCD 1602 液晶屏的元器件库。

3.6 从其他库中复制元件

需要的元件有时可以在提供的库文件中找到,但若其图形不满足我们的需要,可以把该元件复制到自己建的库里面,然后对该元件进行修改。本节以 74LS245 为例介绍该方法。

3.6.1 在原理图中查找元件

首先在原理图中查找 74LS245,在 Libraries 面板点击 Search … 按钮,弹出 Libraries Search 对话框,如图 3-18 所示。

设置方法基本同前,在 Value 框输入 74LS245,其他设置相同,点击 Search 按钮开始搜索。查找结果如图 3-23 所示。

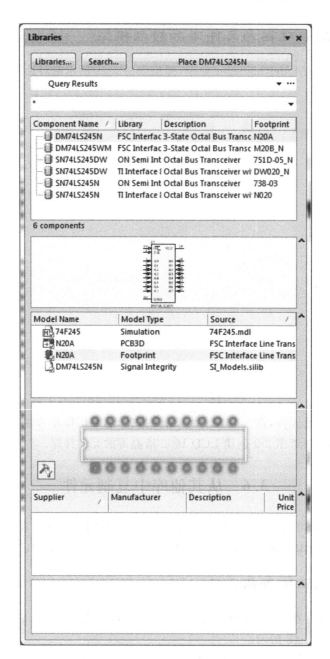

图 3-23 查找元件 74LS245 的结果

3.6.2 从其他库中复制元件

设计者可以从其他打开的原理图库中复制元件到当前原理图库,然后根据需要对元件进行修改。如果该元件在集成库中,则需先打开集成库,步骤如下:

(1)选择 File→Open 命令,弹出 Choose Document to Open 对话框,如图 3-24 所示,找到 Altium Designer 的库安装的文件夹,打开 Texas Instruments 文件夹,选择 SN74LS245N

所在的集成库文件 TI Interface 8-Bit Line Transceiver.IntLib。

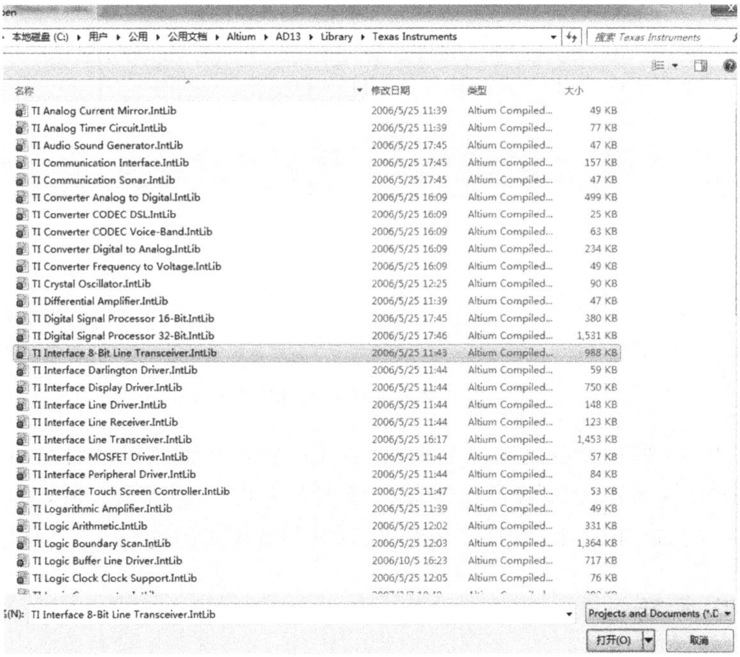

图 3-24　打开 TI Interface 8-Bit Line Transceiver.IntLib 集成库

(2)弹出如图 3-25 所示的 Extract Sources or Install(释放源库文件或安装)对话框,点击 Extract Sources 按钮,释放的库文件如图 3-26 所示。

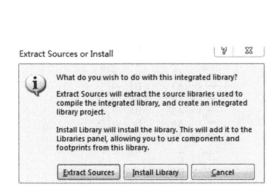

图 3-25　Extract Sources or Install 对话框

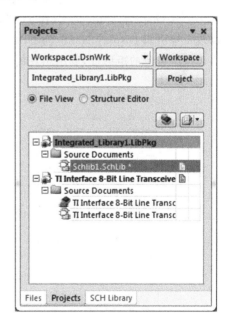

图 3-26　释放的集成库

(3)在 Projects 面板双击 TI Interface 8-Bit Line Transceiver.IntLib 打开该文件。

(4)在 SCH Library 面板元件区选择需要复制的 SN74LS245N,选择 Tools→Copy Component 命令,将弹出 Destination Library 对话框,如图 3-27 所示。选择目标库,点击 OK 确认。

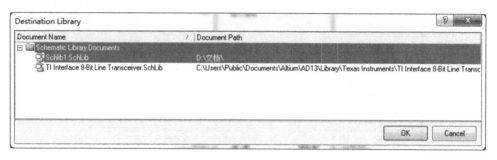

图 3-27 复制元件到目标库文件

在 SCH Library 面板可以复制一个或多个元件,按 Ctrl 键单击元件名可以分别选择多个元件,或按 Shift 键单击元件名可以连续选择多个元件。复制完成后,关闭 TI Interface 8-Bit Line Transceiver.IntLib,不要保存更改,以避免破坏库内的元件。

3.6.3 修改元件

把 SN74LS245N 改成需要的样式,步骤如下:

(1)选择 Tools→Rename Component 命令,将元件重命名为 74LS245。

(2)移动 10(VCC)和 20(GND)引脚到元件上方,并将两个引脚设置为隐藏。

(3)把 19($\overline{OE}$)和 1(T/$\overline{R}$)引脚移动到元件的下方。双击 19 号引脚打开 Pin Properties 对话框,修改 Display Name 为 $\overline{E}$,在 Symbols 区域 Outside Edge 下拉选择 Dot。用同样的方法,修改 1 号引脚 Display Name 为 DIR。

(4)点击黄色的矩形框,利用出现的绿色点(见图 3-28)来修改矩形框大小,完成后效果如图 3-29 所示。

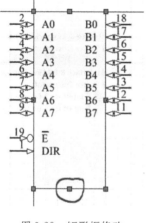

图 3-28 矩形框修改

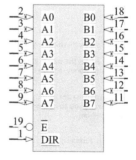

图 3-29 修改完成的元件

(5)设置元件属性。在 SCH Library 面板元件区选择 74LS245,点击 Edit 按钮或双击元件名,打开 Library Component Properties 对话框,如图 3-30 所示。

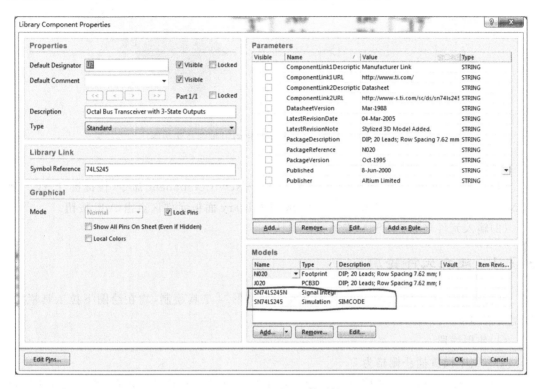

图 3-30 74LS245 元件属性

①选中 Parameters 栏所有参数,点击 Remove… 按钮全部删除。

②选中 Models 栏的仿真模型和信号完整性分析模型,点击 Remove… 按钮删除,避免后续绘制 SN74LS245N 元件时出现找不到模型的错误。

③在 Models 栏点击 Add… 添加封装模型 DIP-20。

④用同样的方法,参考图 3-4,新建光敏电阻的元器件。可以分别从 Photo Sen 和 Res2 复制图形,这 2 个元件都在 Miscellaneous Devices.IntLib 中。

3.7 创建多部件原理图元件

前面所创建的两个元件模型代表了元件本身,即单一模型代表了元器件制造商所提供的全部物理意义上的信息。但有时一个物理意义上的元件只代表某一部分,比如六非门芯片 74LS04,如图 3-31 所示。该芯片包括 6 个非门,这些非门可以独立地被放置在原理图上的任意位置,此时将该芯片描述成 6 个独立的非门,比将其描述成单一模型更方便使用。6 个独立的非门部件共享一个元件封装,如果在一张原理图中只使用了一个非门,在设计 PCB 时,还是要用一个完整的元件封装,只是闲置了另外 5 个非门;如果在一个原理图中使用了 6 个非门,在设计 PCB 时还是只用一个元件封装,但没有闲置非门。多部件元件就是将原件按照独立的功能块进行描述的一种方法。

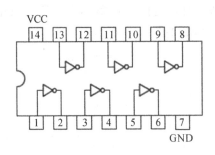

图 3-31　六非门 74LS04 芯片的引脚图及实物图

创建 74LS04 六非门的步骤如下：

(1)在 Schematic Library 编辑器选择 Tools→New Component 命令(快捷键 T→C)，弹出 New Component Name 对话框。或在 SCH Library 面板元件区点击 Add 按钮。

(2)输入元件名称 74LS04，点击 OK 确认。

3.7.1　建立元件轮廓

元件体由三角形构成，可以用线段 ╱ 或者多边形 ⊠ 工具绘制，均在绘图下拉工具栏中。绘制步骤如下：

(1)使用线段

①本例中设置捕获栅格为 5。

②点击 Place→Line(快捷键 P→L)或点击绘图下拉工具栏的 ╱ 按钮，光标变成十字准线，进入线段放置模式。

③按 Tab 键设置线段属性，在 Polyline 对话框中设置 Color 为蓝色。

④参考左下角状态栏的 X，Y 坐标，将光标移动到(0，-5)，单击确定线段起点，之后用鼠标分别单击各顶点位置画出折线各段(可按 Shift+Space 键切换线段状态)，单击位置分别为(0，-35)，(30，-20)。完成后单击右键退出绘图状态。

(2)使用多边形

①本例中设置捕获栅格为 5。

②点击 Place→Polygon(快捷键 P→Y)或点击绘图下拉工具栏的 ⊠ 按钮，光标变成十字准线，进入多边形放置模式。

③按 Tab 键设置线段属性，在 Polyline 对话框中设置 Border Width 为 Small，并去除 Draw Solid 复选框，不显示多边形的填充色，如图 3-32 所示。

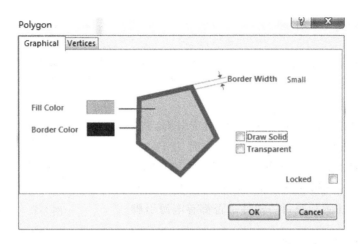

图 3-32 Polygon 对话框

④参考左下角状态栏的 X、Y 坐标，将光标移动到(0,−5)，单击确定线段起点，之后用鼠标分别单击各顶点位置画出多边形，单击位置分别为(0,−35)、(30,−20)。完成后单击右键退出绘图状态。

3.7.2 添加信号引脚

参考第 3.3 节创建 STC15F2K60S2 的方法，为元件的第一部件添加引脚，如图 3-33 所示。引脚 1 的 Display Name 为 1，取消显示，Electrical Type 设置为 Input；引脚 2 的 Display Name 为 2，取消显示，Electrical Type 设置为 Output，在 Symbols 区域 Outside Edge 下拉选择 Dot。

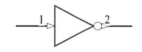

图 3-33 74LS04 的部件 A

3.7.3 建立元件其余部件

(1)选择 Edit→Select→All 命令(快捷键 Ctrl+A)选择当前元件。

(2)选择 Edit→Copy 命令(快捷键 Ctrl+C)复制当前元件。

(3)选择 Tools→New Part 命令显示新的空白元件部件界面，此时点击 SCH Library 面板元件区 74LS04 名称左侧的"+"标识，将看到 74LS04 元件包含 Part A 和 Part B 两个部件。

(4)选择 Edit→Paste 命令(快捷键 Ctrl+V)复制粘贴部件 A，将其放置在页面合适的位置。

(5)对部件 B 的引脚进行修改，按顺序编号为 3 和 4 引脚。

(6)重复第 3~5 步，完成剩下的 4 个部件，各部件引脚编号如图 3-31 所示。引脚 7 和 14 需空出。完成后如图 3-34 所示。

图 3-34 元件区查看部件

3.7.4 添加电源引脚

多部件元件的电源引脚一般设置成隐藏,使用元件时系统自动将其连接到特定网络。该隐藏引脚不属于某一特定部件而属于所有部件,不管原理图中是否放置了某一部件,它们都将存在。

(1)为元件添加 14(VCC)和 7(GND)引脚,将其 Part Number 属性设置为 0,Electrical Type 设置为 Power,选中 Hidden 复选框,Connect to 分别设置为 VCC 和 GND。

(2)点击 View→Show Hidden Pins 命令显示隐藏引脚,如图 3-35 所示。注意检查每一部件是否都有电源引脚。

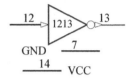

图 3-35 显示隐藏引脚

3.7.5 设置元件属性

(1)在 SCH Library 面板元件区选中当前元件,点击 Edit 按钮进入 Library Component Properties 对话框,如图 3-36 所示。设置 Default Designator 为 U?,Description 为六非门,并在 Models 区添加 DIP-14 的封装模型。

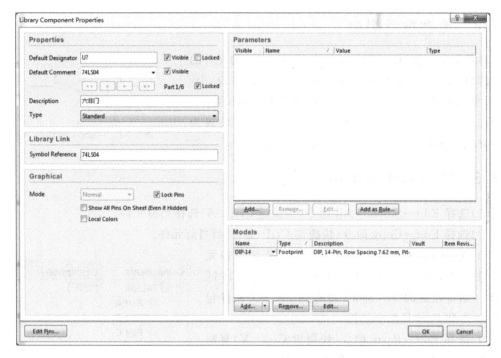

图 3-36 元件 74LS04 的属性

(2)选择 File→Save 命令保存。

3.8 检查元件并生成报表

需对建立的新元件进行检查,系统会生成 3 个报表文件。生成报表前需确认已对库文件进行保存,报表关闭后会直接返回 Schematic Library Editor 界面。

3.8.1 元件规则检查对话框

元件规则检查可以检查出引脚的重复定义或丢失等错误,检查步骤如下:

(1)选择 Reports→Component Rule Check 命令(快捷键 R→R),弹出 Library Component Rule Check 对话框,如图 3-37 所示。

图 3-37 Library Component Rule Check 对话框

Duplicate(重复项检查)区域包含 2 项内容:
- Component Names:检查元件库中是否有元件名称重复。
- Pins:检查元件引脚是否重复。

Missing(遗漏项检查)区域包含 6 项内容:
- Description:检查元件描述是否遗漏。
- Pin Name:检查引脚名称是否遗漏。
- Footprint:检查封装模型是否遗漏。
- Pin Number:检查引脚号是否遗漏。
- Default Designator:检查默认标号是否遗漏。
- Missing Pins in Sequence:按顺序检查元件是否遗漏引脚。

(2)设置需要检查的项目,通常默认即可,点击 OK 确认,将在 Text Editor 中生成 Schlib1.ERR 文件,如图 3-38 所示,列出所有违反规则的元件。

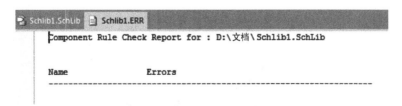

图 3-38 生成的元件规则检查报告

(3)如有错误,按提示返回原理图库文件进行修改,然后重新检查,直到没有错误为止,并保存。

3.8.2 元件报表

生成当前元件可用信息的元件报表步骤如下：
(1)选择 Reports→Component 命令(快捷键 R→C)。
(2)将在 Text Editor 中生成 Schlib1.cmp 文件,如图 3-39 所示,其中包含元件的各个部件及对应的引脚信息。

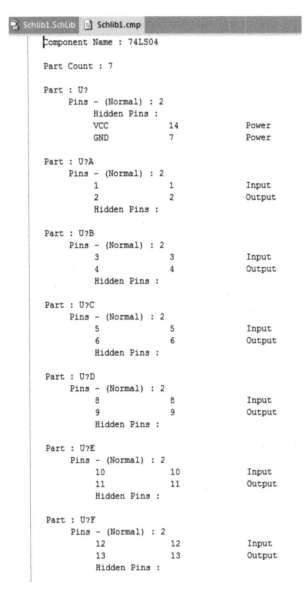

图 3-39　74LS04 元件报表文件

3.8.3 库报表

原理图库中生成所有元件完整报表的步骤如下：

(1) 选择 Reports→Library Report 命令(快捷键 R→T)。

(2) 在弹出的 Library Report Settings 对话框中设置报表的各个配置选项,报表文件输出为 Word 文档格式或 HTML 网页格式。该报告列出库内所有元件的信息。

3.9 小　结

建立原理图元器件库的流程如下:

(1) 创建集成库 Integrated Library 文件(后缀.LibPkg);
(2) 重命名或新建 Schlib 文件,添加并制作新的元器件;
(3) 将 Schlib 文件添加到第 1 步创建的集成库文件中;
(4) 绘制元器件本体;
(5) 添加元器件引脚,注意 Designator 不能重复;
(6) 为引脚设置 Electrical Type;
(7) 如有多部件存在,注意添加电源引脚并隐藏;
(8) 设置元件属性(Library Component Properties);
(9) 为元件添加封装模型(Add New Model→Footprint);
(10) 检查元件(Component Rule Check),如有错误,返回原理图库文件进行修改,然后重新检查,直到没有错误为止;
(11) 生成报表(分别执行当前元件报表和库文件报表)。

习　题

3-1　画出如图 3-40 所示的元件。

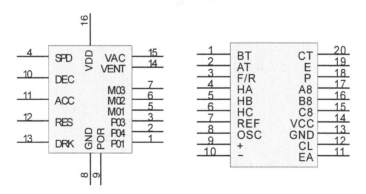

图 3-40　绘制元件

3-2　通过网络资源寻找 CH340T 驱动器和 USB 接口的 datasheet 资料,并画出相应原理图元件。

项目 4

元器件封装库的创建

📦 项目引入

随着时间的推移,电子元器件层出不穷,现有元件库无法囊括所有的元器件封装。例如前面项目提到的 4 个元器件,GL55 系列光敏电阻、CZ034A 系列驻极体话筒、LCD1602 液晶屏、STC15F2K60S2 单片机的封装都没有现成的。本项目通过各种途径收集到相关元器件的 datasheet 说明书,从说明书中找出外形尺寸图,如图 4-1~4-4 所示。本项目为这 4 个元器件建立封装,并为这 4 个封装建立 3D 模型,包含以下内容:

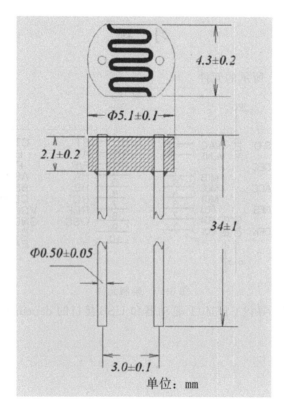

图 4-1 GL55 系列光敏电阻外形尺寸

(1)建立一个新的 PCB 库;
(2)使用 PCB Component Wizard 为一个原理图元件建立 PCB 封装;
(3)手动建立封装;
(4)创建元器件三维模型;
(5)集成库创建与维护。

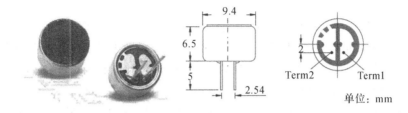

图 4-2 CZ034A 系列驻极体话筒外形尺寸

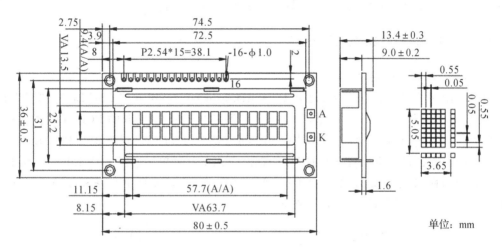

图 4-3 LCD1602 液晶屏外形尺寸

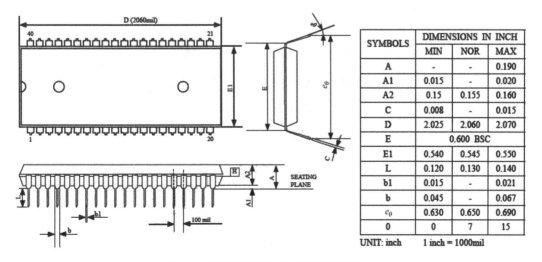

SYMBOLS	DIMENSIONS IN INCH		
	MIN	NOR	MAX
A	-	-	0.190
A1	0.015	-	0.020
A2	0.15	0.155	0.160
C	0.008	-	0.015
D	2.025	2.060	2.070
E	0.600 BSC		
E1	0.540	0.545	0.550
L	0.120	0.130	0.140
b1	0.015	-	0.021
b	0.045	-	0.067
e_θ	0.630	0.650	0.690
0	0	7	15

UNIT: inch   1 inch = 1000mil

图 4-4 STC15F2K60S2 单片机外形尺寸

4.1 建立PCB元器件封装

Altium Designer 为 PCB 设计提供了比较齐全的各类直插元器件和 SMD 元器件的封装库,这些封装库位于 Altium Designer 安装盘下 C:\Users\Public\Documents\Altium\AD13\Library 文件夹中。

封装可以从 PCB Editor 复制到 PCB 库,从一个 PCB 库复制到另一个 PCB 库,也可以通过 PCB Library Editor 的 PCB Component Wizard 或绘图工具画出来。在一个 PCB 设计中,如果所有的封装已经放置好,用户可以在 PCB Editor 中选择 Design→Make PCB Library 命令生成一个只包含所有当前封装的 PCB 库。

本项目介绍的示例主要采用手动方式创建 PCB 封装,利用器件制造商提供的元器件数据,介绍 PCB 封装建立的一般过程,适合于实际应用时需要的设计查证;同时兼顾 Component Wizard 的使用,引导用户创建标准类的 PCB 封装。

4.1.1 建立一个新的PCB库

建立新的 PCB 库包括以下步骤:

(1) 在上一个项目的基础上(已有 DZ CAD.LibPkg 和 DZ CAD.SchLib),选择 File→New→Library→PCB Library 命令,建立一个名为 PcbLib1.PcbLib 的 PCB 库文档,同时显示名为 PCBComponent_1 的空白元件页,并显示 PCB Library 库面板(如果 PCB Library 库面板未出现,点击设计窗口右下方的 PCB 按钮,弹出上拉菜单后选择 PCB Library 即可)。

(2) 重新命名该 PCB 库文档为 DZ CAD.PcbLib(可以选择 File→Save As 命令),新 PCB 封装库是库文件包的一部分,如图 4-5 所示。

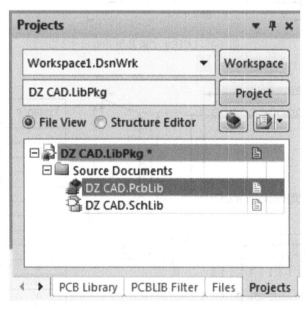

图 4-5 添加了封装库后的库文件包

(3)单击 PCB Library 标签进入 PCB Library 面板。

(4)单击 PCB Library Editor 工作区的灰色区域并按 PgUp 键进行放大直到能够看清网格,如图 4-6 所示。

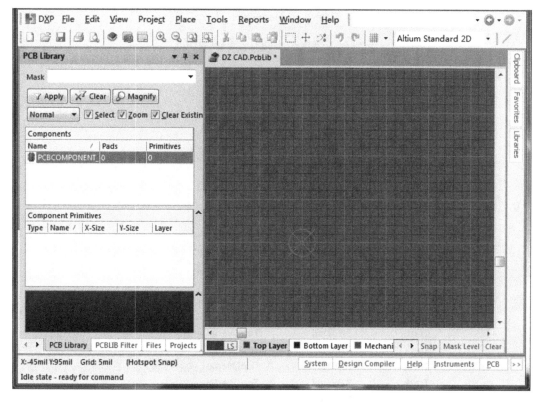

图 4-6　PCB Library Editor 工作区

现在就可以使用 PCB Library Editor 提供的命令在新建的 PCB 库中添加、删除或编辑封装。PCB Library Editor 用于创建和修改 PCB 元器件封装,管理 PCB 器件库。PCB Library Editor 还提供 Component Wizard,可以引导创建标准类的 PCB 封装。

4.1.2　PCB Library 编辑器面板

PCB Library Editor 的 PCB Library 面板(见图 4-7)提供编辑 PCB 元器件的各种功能,包括:

(1)PCB Library 面板的 Components 区域列出了当前选中库的所有元器件。

(2)在 Components 区域中单击右键将显示菜单选项,用户可以新建器件、编辑器件属性、复制或粘贴选定器件,或更新开放 PCB 的器件封装。单击右键选择 Copy/Paste 命令可用于选中的多个封装,并支持:

- 在库内部执行复制和粘贴操作;
- 从 PCB 复制粘贴到库;
- 在 PCB 库之间执行复制粘贴操作。

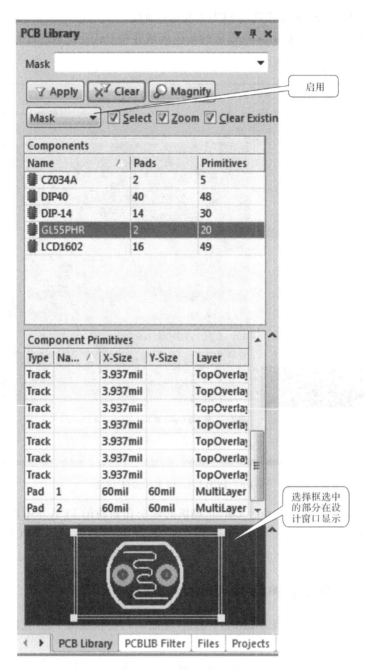

图 4-7 PCB Library 面板

（3）Components Primitives 区域列出了属于当前选中元器件的图元。单击列表中的图元，在设计窗口中加亮显示。选中图元的加亮显示方式取决于 PCB Library 面板顶部的选项：启用 Mask 后，只有选中的图元正常显示，其他图元将以灰色显示。点击工作空间右下角的 Clear 按钮或 PCB Library 面板顶部 Clear 按钮将删除过滤器并恢复显示。启用 Select 后，用户单击的图元将被选中，然后便可以对他们进行编辑。在 Component Primitives 区单击右键可控制其中列出的图元类型。

(4)在 Component Primitives 区域下是元器件封装模型显示区,该区有一个选择框,选择框选择哪部分,设计窗口就显示哪部分,选择框的大小可以调节。

4.1.3 使用 PCB Component Wizard 创建封装

对于标准的 PCB 元器件封装,Altium Designer 为用户提供了 PCB 元器件封装向导 PCB Component Wizard,帮助用户完成 PCB 元器件封装的制作。PCB Component Wizard 使用户在输入一系列设置后就可以建立一个器件封装,接下来将演示如何利用向导为单片机 STC15F2K60S2 建立 DIP40 的封装。使用 Component Wizard 建立 DIP40 封装的步骤如下:

(1)选择 Tools→Component Wizard 命令,或者直接在 PCB Library 工作面板的 Component 列表中单击右键,在弹出的菜单中选择"Component Wizard…"命令,弹出 Component Wizard 对话框后,点击 Next 按钮,进入向导。

(2)对所用到的选项进行设置,建立 DIP40 封装需要如下设置:在模型样式栏内选择 Dual In-line Packages(DIP)选项(封装的模型双列直插),单位选择 Imperial(mil),如图 4-8 所示,点击 Next 按钮。

图 4-8 封装模型与单位选择

(3)进入焊盘大小选择对话框,如图 4-9 所示,圆形焊盘选择外径为 60mil、内径为 30mil(直接输入数值修改尺度大小),点击 Next 按钮;进入焊盘间距选择对话框,如图 4-10 所示,将水平方向间距设为 650mil,垂直方向间距设为 100mil,点击 Next 按钮;进入元器件轮廓线宽的选择对话框,选默认设置(10mil),点击 Next 按钮;进入焊盘数选择对话框,设置焊盘(引脚)数目为 40,点击 Next 按钮;进入元器件名选择对话框,默认的元器件名为 DIP40,如果不修改它,点击 Next 按钮。

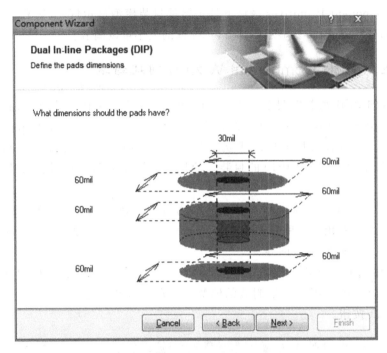

图 4-9 焊盘大小选择对话框

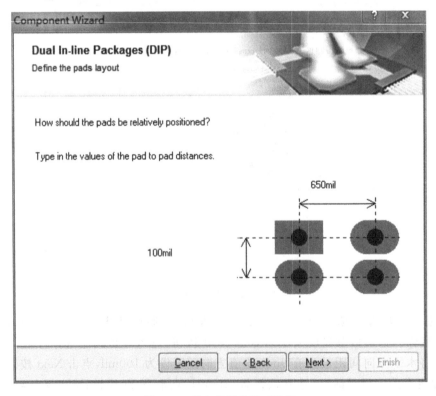

图 4-10 焊盘间距选择对话框

(4)进入最后一个对话框,点击 Finish 按钮结束向导,在 PCB Library 面板 Components 列表中会显示新建的 DIP40 封装名,同时设计窗口会显示新建的封装,如图 4-11 所示,如有需要可以对封装进行修改。

(5)选择 File→Save 命令(快捷键为 Ctrl+S)保存库文件。

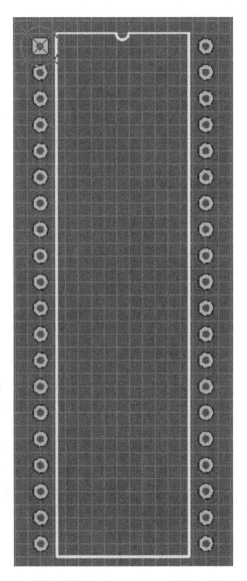

图 4-11　使用 PCB Component Wizard 建立 DIP40 封装

4.1.4　使用 IPC Footprint Wizard 创建封装

IPC Footprint Wizard 用于创建 IPC 器件封装。IPC Footprint Wizard 不参考封装尺寸,而是根据 IPC 发布的算法直接使用器件本身的尺寸信息。IPC Footprint Wizard 使用元器件的真实尺寸作为输入参数,该向导基于 IPC-7351 规则使用标准的 Altium Designer 对象(如焊盘、线路)来生成封装。可以从 PCB Library Editor 菜单栏的 Tools 菜单中启动 IPC

Footprint Wizard 向导,出现 IPC Footprint Wizard 对话框,点击 Next 按钮,进入下一个 IPC Footprint Wizard 对话框,如图 4-12 所示。

输入实际元器件的参数,根据提示,点击 Next 按钮,即可建立元器件的封装。

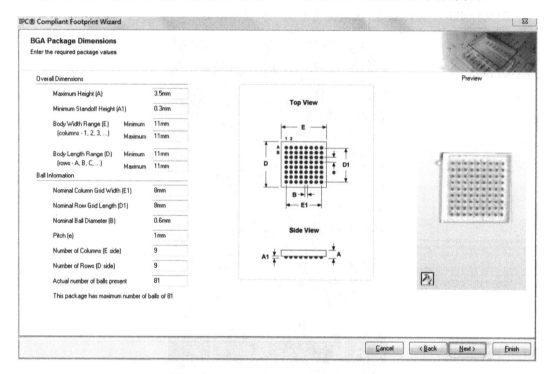

图 4-12　IPC Footprint Wizard 利用元器件尺寸参数建立封装

该向导支持 BGA、BQFP、CFP、CHIP、CQFP、DPAK、LCC、MELF、MOLDED、PLCC、PQFP、QFN、QFN-2ROW、SOIC、SOJ、SOP、SOT143/343、SOT223、SOT23、SOT89 和 WIRE WOUND 封装。IPC Footprint Wizard 的功能还包括:

- 整体封装尺寸、管脚信息、空间、阻焊层和公差在输入后都能立即看到。
- 可输入机械尺寸如 Courtyard、Assembly 和 Component Body 信息。
- 向导可以重新进入,以便进行浏览和调整。每个阶段都有封装预览。
- 在任何阶段都可以按下 Finish 按钮,生成当前预览封装。

4.1.5　手工创建封装

对于形状特殊的元器件,用 PCB Component Wizard 不能完成该器件的封装建立,这个时候就要用手工方法创建该器件的封装。

创建一个元器件封装,需要为该封装添加用于连接元器件引脚的焊盘和定义元器件轮廓的线段和圆弧。用户可将所设计的对象放置在任何一层,但一般的做法是将元器件外部轮廓放置在 Top Overlay(顶层丝印层),焊盘放置在 Multilayer(对于直插元器件)或顶层信号层(对于贴片元器件)。当设计者放置一个封装时,该封装包含的各对象会被放到其本身所定义的层中。

首先以 GL55 系列光敏电阻为示例,介绍手动创建封装的方法。手动创建 GL55 系列光敏电阻的封装步骤如下：

(1) 先检查当前使用的单位和网格显示是否合适，选择 Tools→Library Options 命令（快捷键为 T→O）打开 Board Options 对话框，如图 4-13 所示，设置 Unit 为 Metric（公制），也可以选择命令 View→Toggle Units 切换公、英制单位。X、Y 方向的 Snap Grid 通过点击 Grids... 按钮可以修改，建议保持默认值 10mil。

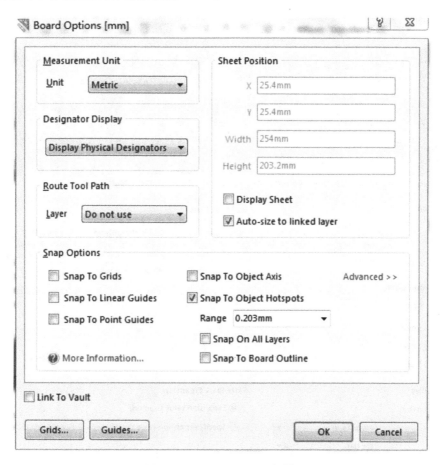

图 4-13 Board Options 对话框

(2) 选择 Tools→New Blank Component 命令（快捷键为 T→W），建立一个默认名为 PCBCOMPONENT_1 的新的空白元件，如图 4-6 所示。在 PCB Library 面板双击该空白文件的封装名（PCBCOMPONENT_1），弹出 PCB Library Component 对话框，为该元件重新命名，在 PCB Library Component 对话框中的 Name 处，输入新名称 GL55PhR。

推荐在工作区(0,0)参考点位置附近创建封装，在设计的任何阶段，使用快捷键 J→R 都可使光标跳到原点位置。

(3) 为新封装添加焊盘。Pad Properties 对话框为用户在所定义的层中检查焊盘形状提供了预览功能，用户可以将焊盘设置为标准圆形、椭圆形、方形等，还可以决定焊盘是否需要镀金，同时其他基于散热、间隙计算、Gerber 输出、NC Drill 等的设置可以由系统自动添加。无论是否采用某种孔型，NC Drill Output(NC Drill Excellon format 2)将为 3 种不同孔型输出 6 种不同的 NC 钻孔文件。

放置焊盘是创建元器件封装中最重要的一步，焊盘放置是否正确，关系到元器件是否能够被正确焊接到 PCB 上，因此焊盘位置需要严格对应器件引脚的位置。放置焊盘的步骤如下：

①选择 Place→Pad 命令（快捷键为 P→P）或点击工具栏按钮，光标处将出现焊盘，放置焊盘之前，先按 Tab 键，弹出 Pad 对话框，如图 4-14 所示。

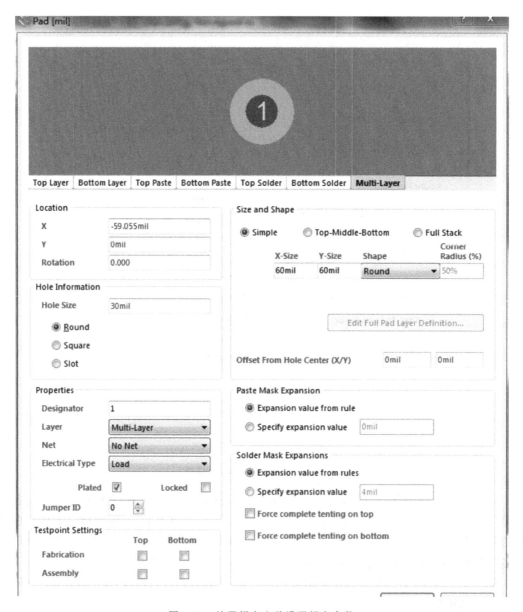

图 4-14　放置焊盘之前设置焊盘参数

②在如图 4-14 所示对话框中编辑焊盘各项参数。在 Hole Information 选择框，设置 Hole Size（焊盘孔径）为 30mil，孔的形状为 Round（圆形）；在 Properties 选择框中，在 Designator 处输入焊盘的序号 1，在 Layer 处选择 Multi-Layer（多层）；在 Size and Shape 选择框中，X-Size 设置为 60mil，Y-Size 设置为 60mil，Shape 设置为 Round，其他选缺省值，点

击 OK 按钮，建立第一个圆形焊盘。

③利用状态栏显示坐标，将第一个焊盘拖到（X：−1.5mm，Y：0）处，单击或者按 Enter 确认放置。

④放置完第一个焊盘后，光标处自动出现第二个焊盘，按 Tab 键，弹出 Pad 对话框，将第二个焊盘放到（X：1.5mm，Y：0）处，其他用上一步的缺省值。注意：焊盘标识会自动增加。

⑤右击或者按 Esc 键退出放置模式。

(4) 为新封装绘制轮廓。PCB 丝印层的元器件外形轮廓在 Top Overlay（顶层丝印层）中定义，如果元器件放置在电路板底面，则该丝印层自动转为 Bottom Overlay（底层丝印层）。

①在绘制元器件轮廓之前，先确定它们所属的层，单击编辑窗口底部的 Top Overlay 标签。

②选择 Place→Arc(Any Angle)命令（快捷键为 P→A）或点击按钮，放置弧线前可按 Tab 键编辑弧线属性，选择半径为 2.55mm，起始角度为 123°、结束角度为 237°、中心点 X、Y 位置为(0,0)，其他为默认值。继续放置弧线 Arc(Any Angle)，选择起始角度为 303°，结束角度为 57°，其他属性与前者一致。

选择 Place→Line 命令（快捷键为 P→L）或点击按钮，画 2 条直线，分别从（−55mil，84mil）到（55mil，84mil）、从（−55mil，−84mil）到（55mil，−84mil）。

③接下来绘制光敏电阻的"多 S"字，选择线宽为 4mil。画出 7 条直线和 6 个半圆，绘制出"多 S"字，右击或按 Esc 键退出线段放置模式。建好的 GL55 系列光敏电阻封装符号如图 4-15 所示。

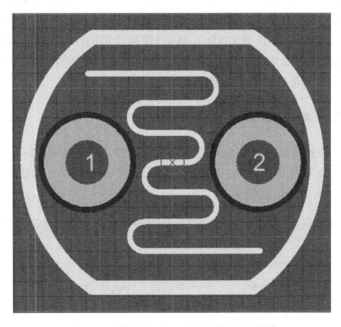

图 4-15　建好的 GL55 系列光敏电阻封装

注意：

①画线时，按 Shift＋Space 快捷键可以切换线段转角（转弯处）形状。

②画线时如果出错，可以按 Backspace 删除最后一次所画线段。

③按 Q 键可以将坐标显示单位从 mil 改为 mm。

④在手工创建元器件封装时,一定要使封装与元器件实物相吻合。否则 PCB 做好后,元件无法安装。

用同样的方法绘制好 CZ034A 系列驻极体话筒和 LCD1602 液晶屏的封装,分别如图 4-16 和图 4-17 所示。

图 4-16　CZ034A 系列驻极体话筒封装

图 4-17　LCD1602 液晶屏的封装

4.2　添加元器件的三维模型信息

鉴于目前所使用的元器件的高密度和复杂度,现在的 PCB 设计人员必须考虑除元器件水平间隙之外的其他设计需求,如元器件高度的限制、多个元器件空间叠放情况等。此外需要将最终的 PCB 转换为一种机械 CAD 工具,以便用虚拟的产品装配技术全面验证元器件封装是否合格,而这已逐渐成为一种趋势。Altium Designer 拥有许多功能,其中的三维模型可视化功能就是为满足这些不同的需求而研发的。

4.2.1　为 PCB 封装添加高度属性

用户可以用一种最简单的方式为封装添加高度属性,双击 PCB Library 面板 Component 列表中的封装,例如双击 DIP40,打开 PCB Library Components 对话框(见图 4-18),在 Height 文本框中输入适当的高度值。

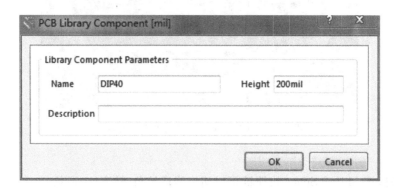

图 4-18　为 DIP40 封装输入高度值

可在设计电路板时定义设计规则,在 PCB Editor 中选择 Design→Rules 命令,弹出 PCB Rules and Constraints Editor 对话框,在 Placement 选项卡的 Component Clearance 处对某一类元器件的高度或空间参数进行设置。

4.2.2 为 PCB 封装添加三维模型对象

为 PCB 封装添加三维模型对象可使元器件在 PCB Library Editor 的三维视图模式下显得更为真实(对应 PCB Library Editor 中的快捷键:2——二维,3——三维),用户只能在有效的机械层中为封装添加三维模型。在 3D 应用中,一个简单条形三维模型是由一个包含表面颜色和高度属性的 2D 多边形对象扩展而来的。三维模型可以是球体或圆柱体。

多个三维模型组合起来可以定义元器件任意方向的物理尺寸和形状,这些尺寸和形状应用于限定 Component Clearance 设计规则的情况。使用高精度的三维模型可以提高元器件间隙检查的精度,有助于提升最终 PCB 产品的视觉效果,有利于产品装配。

Altium Designer 还支持直接导入 3D STEP 模型(*.Step 或 *.Stp 文件)到 PCB 封装中生成 3D 模型,该功能十分有利于在 Altium Designer PCB 文档中嵌入或引用 STEP 模型,但在 PCB Library Editor 中不能引用 STEP 模型。

注意:三维模型在元器件被翻转后必须翻转到板子的另一面。如果用户想将三维模型数据(存放在一个机械层中)也翻转到另一个机械层中,需要在 PCB 文档中定义一个层对。

层对就是将两个机械层定义为一对,当用户将元器件从电路板的一面翻转到另一面时,层对中位于其中一个机械层的所有与该元器件相关的对象会自动翻转到与之配对的另一个机械层中。

注意:不能在 PCB Library Editor 中定义层对,只能在 PCB Editor 中定义,按鼠标右键弹出菜单,选择 Options→Mechanical Layers…,弹出 View Configurations 对话框,在对话框的左下角,点击 Layer Pairs… 按钮,弹出 Mechanical Layer Pairs 对话框,如图 4-19 所示,即可内定义层对。

图 4-19 在 Mechanical Layer Pairs 对话框中定义层对

4.2.3 手工放置三维模型

在 PCB Library Editor 中选择 Place→3D Body 命令可以手工放置三维模型,也可以在 3D Body Manager 对话框(选择 Tools→Manage 3D Bodies for Library/Manage 3D Bodies for Current Component 命令)中设置成自动为封装添加三维模型。

注意:既可以用 2D 模型方式放置三维模型,也可以用 3D 模型方式放置三维模型。

下面将演示如何为前面所创建的 DIP40 封装添加三维模型,在 PCB Library Editor 中手工添加三维模型的步骤如下:

(1)在 PCB Library 面板双击 DIP40 打开 PCB Library Component 对话框(见图 4-18),该对话框详细列出了元器件名称、高度、描述信息。这里对元器件的高度设置最重要,因为要求三维模型能够体现元器件的真实高度。

注意:如果器件制造商能够提供元器件尺寸信息,则尽量使用器件制造商提供的信息。

(2)选择 Place→3D Body 命令,显示 3D Body 对话框(见图 4-20),在 3D Model Type 选项区域选中 Extruded 单选按钮。

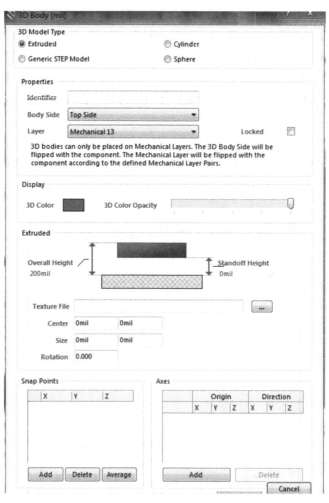

图 4-20 在 3D Body 对话框中定义三维模型参数

(3) 设置 Properties 选项区域各选项，为三维模型对象定义一个名称(Identifer)以标识该三维模型，设置 Body Side 下拉列表为 Top Side，该选项决定三维模型垂直投影到电路板的哪一个面。

注意：用户可以为那些穿透电路板的部分如引脚设置负的支架高度值，Design Rules Checker 不会检查支架高度。

(4) 设置 Overall Height（三维模型顶面到电路板的距离）为 200mil，Standoff Height（三维模型底面到电路板的距离）为 0mil，3D Color 为适当的颜色。

(5) 点击 OK 按钮关闭 3D Body 对话框，进入放置模式，在 2D 模式下，光标变为十字准线，在 3D 模式下，光标变为锥形。

(6) 移动光标到适当位置，单击选定三维模型的起始点，接下来连续单击选定若干个顶点，组成一个代表三维模型形状的多边形。

(7) 选定好最后一个点，右击或按 Esc 键退出放置模式，系统会自动连接起始点和最后一个点，形成闭环多边形，如图 4-21 所示。

定义形状时，按 Shift+Space 快捷键可以轮流切换线路转角模式，可用的模式有：任意角、45°、45°圆弧、90°和 90°圆弧。按 Shift+句号按键和 Shift+逗号按键可以增大或减小圆弧半径，按 Space 可以选定转角方向。

当用户选定一个扩展三维模型时，该三维模型的每一个顶点会显示成可编辑点，当光标变为 时，可单击并拖动光标到顶点位置。当光标在某个边沿的中点位置时，可通过单击并拖动的方式为该边沿添加一个顶点，并按需要进行位置调整。

将光标移动到目标边沿，光标变为 ，可以单击拖动该边沿。

将光标移动到目标三维模型，光标变为 时，可以单击拖动该三维模型。拖动三维模型时，可以旋转或翻动三维模型，编辑三维模型形状。

(8) 用上面的方法为 DIP40 封装创建引脚标识 1 的小圆。增加了三维模型的 DIP40 封装的标记，如图 4-21 的左上角第一脚右侧所示。

(9) 下面为 DIP40 的管脚创建三维模型。

① 仿照上面的步骤(2)~(3)。

② 设置 Overall Height 为 100mil，Standoff Height 为 −35mil，3D Color 为很淡的黄色。

③ 点击 OK 按钮关闭 3D Body 对话框，进入放置模式，在 2D 模式下，光标变为十字准线。按 PgUp 键，将第一个引脚放大到足够大，在第一个引脚的孔内放一个小的

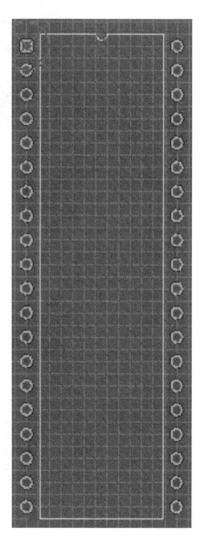

图 4-21 三维模型的 DIP40 封装

封闭的正方形。

④选中小的正方形,按 Ctrl+C 键将它复制到粘贴板,然后按 Ctrl+V 键将它粘贴到其他引脚的孔内。

注意:放置模型时,可按 BackSpace 键删除最后放置的一个顶点,重复使用该键可以"还原"轮廓所对应的多边形,回到起点。

形状必须遵循 Component Clearance 设计规则,但在 3D 显示时并不足够精确,用户可依照元器件更详细的信息建立三维模型。

完成三维模型设计后,三维模型会显示在 3D Body 对话框中,用户可以继续创建新的三维模型,也可以点击 Cancel 按钮或按 Esc 键关闭对话框。图 4-22 显示了在 Altium Designer 中建立的一个 DIP40 三维模型的局部。

图 4-22　DIP40 三维模型的局部

用户可以随时按 3 键进入 3D 显示模式(也可以在工具栏如图 4-23 所示处选择 Altium 3D *,"*"代表各种颜色)以查看三维模型。如果不能看到三维模型,可以按 L 键打开 View Configurations 对话框,找到 3D Bodies,在 Show Simple 3D Bodies 处,选择 Use System Setting,如图 4-24 所示,即可显示三维模型。按 2 键可以切换到 2D 显示模式(也可以在工具栏如图 4-23 所示处选择 Altium Stanfard 2D)以查看二维模型。

最后要记得保存 PCB 库。

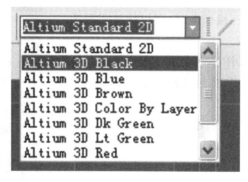

图 4-23　二维、三维模型显示的选择

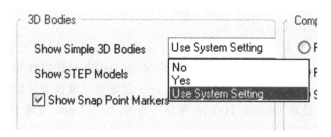

图 4-24 3D Bodies 操作界面

DIP40 的三维模型如图 4-22 所示,包括 42 个三维模型对象:1 个轮廓主体、40 个引脚和 1 个标识引脚 1 的圆点。

4.2.4 从其他来源添加封装

前面项目中介绍的元器件六非门 74LS04,其封装 DIP-14 在 Miscellaneous Devices. PcbLib 库内。用户可以将已有的封装复制到自己建的 PCB 库中,并对封装进行重命名和修改以满足特定的需求。复制已有封装到 PCB 库可以参考以下方法:如果该元器件在集成库中,则需要先打开集成库文件。

(1)在 Projects 面板打开该源库文件(Miscellaneous Devices. PcbLib),用鼠标双击该文件名。

(2)在 PCB Library 面板中查找 DIP-14 封装,找到后,在 Components 的 Name 列表中选择想复制的元器件 DIP-14,该器件将显示在设计窗口中。

(3)按鼠标右键,从弹出的下拉菜内单选择 Copy 命令。

(4)选择目标库的库文档(如 DZ CAD. PcbLib 文档),再单击 PCB Library 面板,在 Components 区域按鼠标右键,弹出下拉菜单选择 Paste Components,器件将被复制到目标库文档中(器件可从当前库中复制到任意一个已打开的库中)。如有必要,可以对器件进行修改。

(5)在 PCB Library 面板中按住 Shift 键+单击或按住 Ctrl 键+单击选中一个或多个封装,然后右击选择 Copy 选项,切换到目标库,在封装列表栏中右击选择 Paste 选项,即可一次复制多个元器件。

4.2.5 交互式创建三维模型

为了介绍交互式创建三维模型的方法,需要使用 GL55 系列光敏电阻的封装 GL55PhR。使用交互式方式创建封装三维模型对象的方法与手动方式类似,最大的区别是在该方法中,Altium Designer 会检测那些闭环形状,这些闭环形状包含封装细节信息,可被扩展成三维模型,该方法通过设置 3D Body Manager 对话框中的选项实现。注意:只有针对闭环多边形才能够创建三维模型对象。

下面介绍如何使用 3D Body Manager 对话框为 GL55 系列光敏电阻的封装 GL55PhR 创建三维模型,采用该方法比用手工定义形状更简单。使用 3D Body Manager 对话框的方法如下:

(1)在封装库中激活 GL55PhR 封装。

（2）选择 Tools→Manage 3D Bodies for Current Component 命令，显示针对 GL55PhR 的 3D Body Manager 对话框，如图 4-25 所示。

（3）依据器件外形在三维模型中定义对应的形状，需要用到列表中的第二个选项 Polygonal shape created from primitives on TopOverlay，在对话框中该选项所在行位置点击 Action 列的 Add to 按钮，将 Registration Layer 设置为三维模型对象所在的机械层（本例中为 Mechanical1），设置 Overall Height 为合适的值，如 2.1mm，设置 Body 3-D Color 为合适的颜色，如图 4-25 所示。

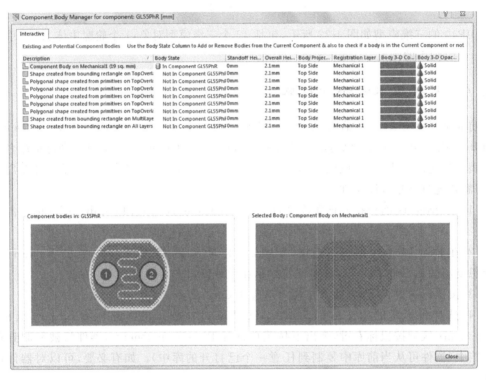

图 4-25　通过 3D Body Manager 对话框在现有器件外形的基础上快速建立三维模型

（4）点击 Close 按钮，会在元器件上面显示三维模型形状，如图 4-26 和图 4-27 所示，保存库文件。

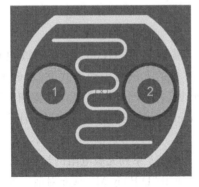 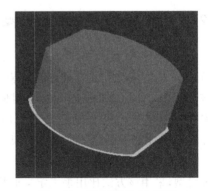

图 4-26　添加了三维模型后的 GL55PhR 2D 封装　　　图 4-27　GL55PhR 3D 模型

用户在掌握了以上三维模型的创建方法后,就可以建立其他 2 个元器件的封装,如图 4-28 和图 4-29 所示。

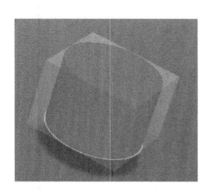

图 4-28　CZ034A 系列驻极体话筒的三维模型

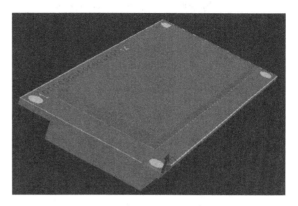

图 4-29　LCD1602 液晶屏的三维模型

4.2.6　形成三维模型的其他方式

1. 导入 STEP Model 形成三维模型

为了方便用户使用元器件,许多元器件供应商以发布通用机械 CAD 文件包的方式提供了详细的器件 3D 模型,Altium Designer 允许用户直接将这些 3D STEP 模型(*.Step 或 *.Stp 文件)导入元器件封装中,避免了用户设计三维模型所造成的时间开销,同时也保证了三维模型的准确可靠。

2. 导入 STEP Model

导入 STEP Model 的步骤如下:

(1)选择 Place→3D Body 命令(快捷键为 P→B)进入 3D Body 对话框。

(2)在 3D Model Type 区选择 Generic STEP Model 选项。

(3)点击 Embed STEP Model 按钮,显示 Choose Model 对话框,可在其中查找 *.Step 和 *.Stp 文件,如图 4-30 所示。

在 C:\Users\Public\Documents\Altium\AD13\Examples\Tutorials\multivibrator_step\Models"文件夹找到"multivibrator_base.STEP"文件。

(4)找到并选中所需 STEP 文件,点击打开按钮。

(5)返回 3D Body 对话框,点击 OK 按钮关闭对话框,光标处浮现三维模型。

(6)单击工作区放置三维模型,此时该三维模型已加载了所选的模型,如图 4-31 所示。

3. 移动和定位 STEP Model

导入 STEP Model 时,模型内各三维模型对象会依大小重新排列,原点的不一致会导致 STEP Model 不能正确定位到 PCB 文档的轴线。系统通过在模型上放置参考点(也称捕获点),为用户提供了几种图形化配置 STEP Model 的方法,非图形化配置方法可以通过设置 3D Body 对话框的 Generic STEP Model 选项来实现。

图 4-30 打开 *.Step 文件

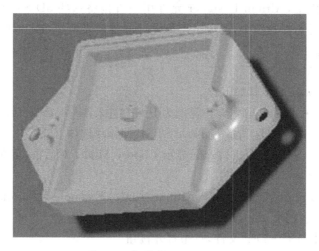

图 4-31 加载的 STEP Model

4.2.7 检查元器件封装

Schematic Library Editor 和 PCB Library Editor 提供了一系列输出报表，供用户检查所创建的元器件封装是否正确以及当前 PCB 库中有哪些可用的封装。用户可以通过 Component Rule Check 输出报表以检查当前 PCB 库中所有元器件的封装，Component Rule Check 可以检验是否存在重叠部分、焊盘标识符是否丢失、是否存在浮铜、元器件参数是否恰当。

(1)使用这些报表之前,先保存库文件。

(2)选择 Reports→Component Rule Check 命令(快捷键为 R→R)打开 Component Rule Check 对话框,如图 4-32 所示。

(3)检查所有项是否可用,点击 OK 按钮,生成 PCB Footprints.err 文件并自动在 Text Editor 打开,系统会自动标识出所有错误项。

(4)关闭报表文件,返回 PCB Library Editor。

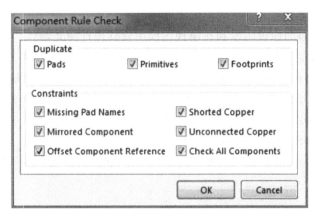

图 4-32　在封装应用于设计之前对封装进行检查

4.3　建立 3D PCB 模型库

前面介绍的内容仅仅是为元器件封装添加三维模型信息,而不是 3D PCB 模型库。真正的 3D PCB 模型库代表了元器件的真实外形,一般是用结构软件(如 AutoCAD)设计好,然后导入 Altium Designer 软件中。下面简介 3D PCB 模型库的建立过程。

(1)创建一个 3D PCB 模型库。可以选择 File→New→Library→PCB 3D Library 命令,在当前项目中添加一个 PCB 3D Library Files(三维的库文件),默认的文件名为 PCB3DViewLib1.PCB3DLib。

(2)先要用结构软件(如 AutoCAD)设计好元器件的 3D 模型,然后以.stp 的格式导出文件。启动 Altium Designer 软件,选择 Tools→Import 3D Model 命令把建好的 3D 模型导入到建好的 3D 库中并进行保存,如图 4-33 所示。

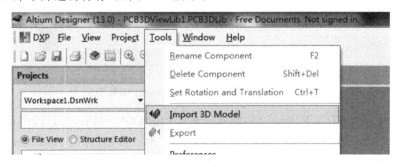

图 4-33　导入 3D 模型

4.4 集成库创建与维护

4.4.1 创建集成库

集成库创建步骤如下：
(1) 建立集成库文件包——集成库的原始项目文件。
(2) 为库文件包添加原理图库和在原理图库中建立原理图元器件。
(3) 为元器件指定可用于板级设计和电路仿真的多种模型（本项目只介绍封装模型）。

集成库为前面项目的新建电路图库文件内的器件（GL55 系列光敏电阻、CZ034A 系列驻极体话筒、LCD1602 液晶屏、STC15F2K60S2 单片机、六非门 74LS04）重新指定用户在本项目新建的封装库 DZ CAD.PcbLib 内的封装。

为 STC15F2K60S2 单片机更新封装的步骤如下：

① 在 SCH Library 面板的 Components 列表中单击选择 STC15F2K60S2 元器件，如图 4-34 所示。

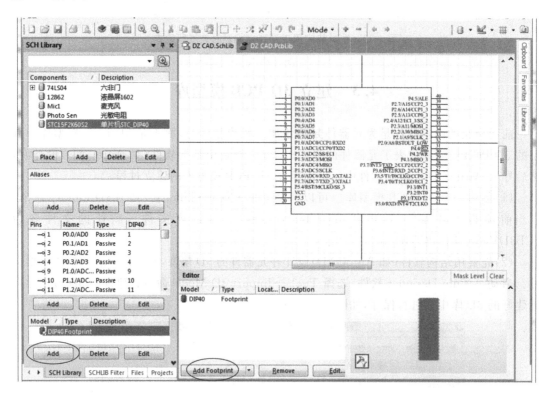

图 4-34　SHC Library 的 Component 编辑界面

② 在 Models for STC15F2K60S2 栏删除原来添加的 DIP40 封装，可以选中该 DIP40 点击 Delete 按钮。然后添加用户新建的 DIP40 封装，点击 Add 按钮，弹出 Add New Model 对话框，选择 Footprint，点击 OK 按钮，弹出 PCB Model 对话框，点击 Browse 按钮，弹出 Browse

Libraries 对话框,查找新建的 PCB 库文件(DZ CAD.PcbLib),选择 DIP40 封装,点击 OK 按钮即可。也可以直接使用下方的 Add Footprint 按钮来完成该操作。

③用同样的方法为六非门 74LS04 添加新建的封装 DIP-14。

④用同样的方法分别为 GL55 系列光敏电阻、CZ034A 系列驻极体话筒、LCD1602 液晶屏添加新建的封装 GL55PhR、CZ034A、LCD1602。

(4)检查库文件包 DZ CAD.LibPkg 是否包含原理图库文件和 PCB 图库文件,如图 4-35 所示。

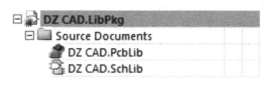

图 4-35 库文件包所包含的文件

用户可以编译整个库文件包以建立一个集成库,该集成库是一个包含前面项目中建立的原理图库(DZ CAD.SchLib)及本项目建立的 PCB 封装库(DZ CAD.PcbLib)的文件。即便设计者可能不需要使用集成库而是使用源库文件和各类模型文件,也很有必要了解如何去编译集成库文件,这一步工作将对元器件和跟元器件有关的各类模型进行全面的检查。

(5)编译库文件包的步骤如下:

①选择 Project→Compile Integrated Library 命令将库文件包中的源库文件和模型文件编译成一个集成库文件。系统将在 Messages 面板显示编译过程中的所有错误信息(选择 View→Workspace Panels→System→Messages 命令),在 Messages 面板双击错误信息可以查看更详细的描述,直接跳转到对应的元器件,用户可在修正错误后重新进行编译。

②系统会生成名为"DZ CAD.IntLib"的集成库文件(文件名"DZ CAD"是在前面项目创建新的库文件包时建立的),并将其保存于 Project Outputs for New Integrated Library 1 文件夹下,同时新生成的集成库会自动添加到当前安装库列表中,以供使用。

需要注意的是,用户也可以通过选择 Design→Make Integrated Library 命令从一个已完成的项目中生成集成库文件,使用该方法时系统会先生成源库文件,再生成集成库。

4.4.2 集成库更新和维护

用户建立了集成库后,可以给设计工作带来极大的方便。但是,随着新元器件的不断出现和设计工作范围的不断扩大,对用户的元器件库也需要不断地进行更新和维护,以满足设计的需要。

(1)将集成零件库文件拆包

系统通过编译打包处理,将关于某个特定元器件的所有信息封装在一起,存储在一个文件扩展名为".IntLib"的独立文件中构成集成元件库。对于该种类型的元件库,用户无法直接对库中内容进行编辑修改。对于用户自己建立的集成库文件,如果在创建时保留了完整的集成库文件包,就可以通过再次打开库文件包的方式,对库中的内容进行编辑修改。修改完成后只要重新编译库文件包,就可以重新生成集成库文件。如果用户只有集成库文件,要对集成库中的内容进行修改,则需要先将集成库文件拆包,方法是:打开一个集成库文件,弹出 Extract Sources or Install 对话框，按 Extract Sources 按钮，从集成库中提取出库的源文件，在库的源文件中对元件进行编辑、修改、编译，才能最终生成新的集成库文件。

(2)集成库维护的注意事项

集成库的维护是一项长期的工作。用户一旦开始使用 Altium Designer 进行自己的设计，就应该随时注意收集整理，形成自己的集成元件库。在建立并维护自己的集成库的过程中，用户应注意以下问题：

① 对集成库中的元器件进行验证

为保证元器件在印制电路板上的正确安装，用户应随时对集成零件库中的元器件封装模型进行验证。验证时，应注意以下几个方面的问题：元器件的外形尺寸、元器件焊盘的具体位置、每个焊盘的尺寸(包括焊盘的内径与外径)。对于穿孔式焊盘应尤其需要注意其内径，内径太大有可能导致焊接问题，太小则可能导致元器件根本无法插入进行安装。在决定具体选用的焊盘的内径尺寸时，还应考虑尽量减少孔径尺寸种类的数量。因为在印制电路板的加工制作中，对于每一种尺寸的钻孔，都需要选用一种相应尺寸的钻头，减少孔径种类，也就减少了更换钻头的次数，相应地也就减少了加工的复杂程度。对于贴片式焊盘则应注意为元器件的焊接留有足够的余量，以免造成虚焊盘或焊接不牢。另外，还应仔细检查封装模型中焊盘的序号与原理图元器件符号中管脚的对应关系。如果对应关系出现问题，无论是在对原理图进行编译检查，还是在对印制电路板文件进行设计规则检查时，都不可能发现此类错误，只能是在制作成型后的硬件调试时才有可能发现，这时想要修改错误，通常只能重新做板，给产品的生产带来浪费。

② 不要轻易对系统安装的元器件库进行改动

Altium Designer 系统在安装时，会将自身提供的一系列集成库安装到系统的 Library 文件夹下。对于这个文件夹中的库文件，建议用户不要轻易对其进行改动，以免破坏系统的完整性。另外，为方便用户的使用，Altium Designer 的开发商会不定时地对系统发布服务更新包。当这些更新包被安装到系统中时，有可能会用新的库文件将系统中原有的库覆盖。如果用户修改了原有的库文件，则系统更新时会将用户的修改结果覆盖，如果系统更新时不覆盖用户的修改结果，则无法反映系统对库其他部分的更新。因此，正确的做法是将需要改动的部分复制到用户自己的集成库中，再进行修改，以后使用时从用户自己的集成库中调用。

熟悉并掌握 Altium Designer 的集成库，不仅可以大量减少设计时的重复操作，而且可以降低出错的概率。对一个专业电子设计人员而言，对系统提供的集成库进行有效的维护和管理，以及具有一套属于自己的经过验证的集成库，将会极大地提高设计效率。

4.5 小　结

集成元件库创建与制作流程如下：

(1)创建集成库 Integrated Library 文件(后缀.LibPkg)；

(2)建立一个新的 SchLib 文件，添加并制作新的元器件；

(3)建立一个新的 PcbLib 文件，添加并制作新的元器件封装；

(4)将第 2～3 步建立的 SchLib 和 PcbLib 文件添加到第 1 步创建的集成库文件中；

(5) 为第 2 步制作的元器件添加封装(从第 3 步制作的封装中挑选);

(6) 为第 3 步制作的封装添加元器件的三维模型信息(根据需要);

(7) 分别为第 2~3 步制作的元器件和封装做检查(分别执行 Component Rule Check);

(8) 编译整个集成库 LibPkg 文件,系统生成 Output 集成库 IntLib 文件(若有错误,修正错误后进行重新编译)。

习 题

4-1 对于一些特殊的封装要求,根据元件封装需要做一些修改。请添加外形不规则的焊盘,如图 4-36 所示。

图 4-36 添加外形不规则的焊盘

4-2 通过网络资源寻找 CH340T 驱动器和 USB 接口的 datasheet 资料,并画出相应元件封装。

4-3 画出如图 4-37 所示的封装。要求:弧半径为 170mil;线宽(顶层)为 8mil;焊盘孔 36mil;X-Size 设为 90mil;Y-Size 设为 90mil;顶层标注层导线宽 8mil。

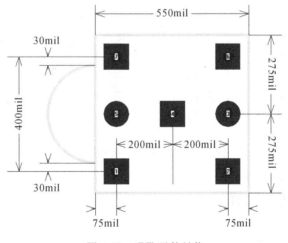

图 4-37 通孔元件封装

项目 5

心形灯驱动电路原理图绘制

项目引入

校园常见各色各样的爱心灯,其中电子心形灯最为环保,因为其可以被重复使用。心形灯由排列成心形图案的彩色 LED(发光二极管)组成,其亮灭通过驱动芯片控制,以期得到一个较好的观赏效果。如图 5-1 所示,本项目通过麦克风检测环境声音,发出信号给 74LS245 来驱动 LED,使心形图案的 LED 可以根据环境音量变化不断亮灭,极富动感。

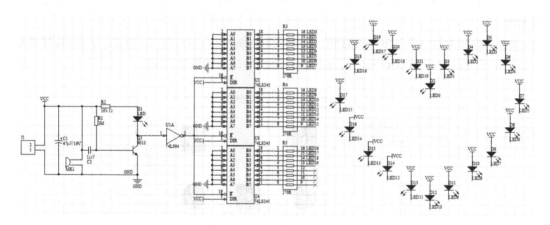

图 5-1 心形灯 LED 电路原理图

本项目所涉及的知识点如下:
(1)建立工程和原理图文件;
(2)库文件的加载;
(3)原理图元件的排版;
(4)项目库文件的生成;
(5)放置元件,布局布线;
(6)电气规则检查。

5.1 新建一个工程

首先在计算机硬盘上建立一个名为"心形流水灯"的文件夹,然后建立一个名为"心形流水灯.PrjPCB"的项目工程文件,并把它保存在"心形流水灯"的文件夹里面。

5.1.1 新建一个空的原理图

新建一个原理图,并自定义原理图的图纸。

(1)选择菜单命令 Design→Document Options,打开如图 5-2 所示的 Document Options 对话框。

(2)在 Units 标签中的 Metric Unit System 选择区域中勾选 Use Metric Unit System 选项;在激活的 Metric unit used 下拉列表中选择 Millimeters,即将原理图图纸中使用的长度单位设置为毫米。

(3)单击 Sheet Options 标签,打开该标签,勾选 Custom Style 选项区域中的 Use Custom Style 选项;然后在激活的 Custom Width 编辑框中输入 1150,在 Custom Height 编辑框中输入 600,在 X Region Count 编辑框中输入 4,在 Y Region Count 编辑框中输入 4,再点击 OK 按钮。

(4)单击 Parameters 标签,打开该标签,在跳出的编辑框中修改 Document Name 为本次项目的名字"心形流水灯",修改 Author 为用户的姓名,修改 Company Name 为本校名字。

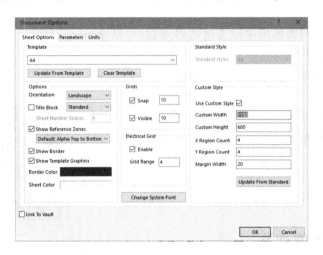

图 5-2 Document Options 对话框

5.1.2 将原理图添加到工程

对于已经设计好的独立原理图文件,用户如果想把它加入工程中,可以选择菜单命令 File→Open…,选择需要添加的文件,选择的文件会出现在 Free Documents 文件夹里,用鼠标将 Free Documents 文件夹里的文件拖到"心形流水灯.PrjPCB"工程文件中即可。也可以直接选择菜单命令 Project→Add Existing to Project…,选择需要添加的文件。用户甚至可以用鼠标拖出"心形流水灯.SchDoc"文件,直接使用后来加入的原理图文件。

5.2 库文件的加载

Altium Designer 为了管理数量巨大的电路标识,其中的电路原理图编辑器提供强大的库搜索功能。绘制电路原理图时,在放置元件之前,必须先将该元件所在的元件库载入,否则元件将无法放置。但如果一次载入的元件库过多,将会占用较多的系统资源,影响计算机的运行速度。所以,一般的做法是只载入必要且常用的元件库,其他特殊的元件库在需要的时候再载入。

5.2.1 元件库管理器

浏览元件库可以选择菜单命令 Design→Browse Library,系统将弹出如图 5-3 所示的元件库管理器。

在元件库管理器中,从上至下各部分功能说明如下:
(1) 3 个按钮的功能:
① Libraries…用于装载/卸载元件库;
② Search…用于查找元件;
③ Place…用于放置元件。
(2) 第一个下拉列表框中为已添加到当前开发环境中的所有集成库。
(3) 第二个下拉列表框用来设置过滤器参数,并设置元件显示匹配项的操作框,其中"*"表示匹配任何字符。
(4) 元件信息列表,包括元件名、元件说明及元件所在集成库等信息。
(5) 所选元件原理图的模型展示框。
(6) 与所选元件相关的模型信息展示框,包括其 PCB 封装模型,进行信号仿真时用到的仿真模型,进行信号完整性分析时用到的信号完整性模型的信息。
(7) 所选元件 PCB 模型的展示框。

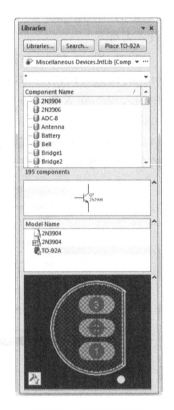

图 5-3 元件库管理器

5.2.2 元件库的加载

点击图 5-3 中的 Libraries… 按钮,系统将弹出如图 5-4 所示的 Available Libraries 对话框,也可以直接选择菜单命令 Design→Add/Remove Library 来进行元件的装载。

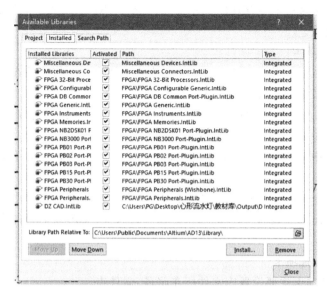

图 5-4　Available Libraries 对话框

在该对话框中,可以看到以下 3 个选项卡。

(1) Project 选项卡

Project 选项卡显示与当前项目相关联的元件库。

① 在该选项中点击 Add Library 按钮,即可向当前工程添加元件库,如图 5-5 所示。添加元件库的默认路径为 C:\Program Files\Altium Designer Winter 13\Library\,里面按照厂家的顺序给出了元器件的集成库,用户可以从中选择自己想要安装的元件库,然后点击打开按钮,就可以把元件库添加到当前工程中了,前面项目所建的 DZ CAD 集成库也可使用本方法安装。

图 5-5　安装库文件

②在该选项卡中选中已经存在的文件夹,然后点击 Remove 按钮,就可以把该元件库从当前工程项目中删除。

(2) Installed 选项卡

Installed 选项卡显示当前开发环境已经安装的元件库。任何装载在该选项卡中的元件库都可以被开发环境中的任何工程项目所使用,如图 5-4 所示。

①使用 Move Up 和 Move Down 按钮,可以把列表中选中的元件库上移或下移,以改变其在元件库管理器中的显示顺序。

②在列表中选中某个元件库后,点击 Remove 按钮就可以将该元件库从当前开发环境中移除。

③想要添加一个新的元件库,则可以点击 Install… 按钮,系统将弹出元件库对话框。用户可以从中寻找自己想加载的元件库,然后点击打开按钮,就可以把元件库添加到当前开发环境中了。

(3) Search Path 选项卡

Search Path 选项卡主要设置库文件所在路径/文件夹。

5.2.3 元件库搜索

(1)在 Libraries 面板中按下 Search… 按钮,或选择菜单命令 Tools→Find Component,将打开 Libraries Search 对话框,如图 5-6 所示。

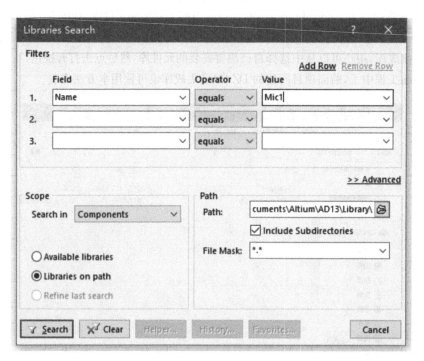

图 5-6 Libraries Search 对话框

(2)元件库搜索必须确认 Scope 设置,Search in 选择为 Components(对于库搜索存在不同的情况,使用不同的选项)。必须确保 Scope 选择区域中,选择 Libraries on path 单选按钮,并且

Path 中包含正确连接到库的路径。如果用户接受安装过程中的默认目录,路径中会显示 C:\Program Files\Altium Designer Winter 13\Library\。可以通过点击文件浏览按钮来改变库文件夹的路径,还需要确保已经选中 Include Subdirectories 复选框。

(3)若想查找所有与 Mic1 有关的元件,在 Filters 的 Field 列的第 1 行选 Name,Operator 列选 Contains,Value 中输入 Mic1,如图 5-6 所示。

(4)点击 Search 按钮开始查找。搜索启动后,搜索结果如图 5-7 所示。

(5)鼠标左击 Place Mic1 按钮,放置元器件。

(6)用以上方法查找剩余的其他 3 个元件。其中已知库文件名的元件可以参考项目 1 的方式来查找。

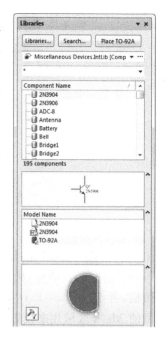

图 5-7　元件管理器

5.3　原理图绘制

接下来在"心形流水灯.SchDoc"文档中绘制如图 5-1 所示的心形流水灯原理图。Altium Designer 系统提供了原理图元件默认库(Miscellaneous Devices.IntLib、Miscellaneous Connectors.IntLib),除了默认库之外还要包含前面项目所建的单独库文件"DZ CAD.LibPkg",心形流水灯原理图所涉及的元件均含在这些库中,用户可以使用这些库中的元件完成本次原理图的绘制。

5.3.1　原理图元件的放置

在原理图中放置元件的方法主要有下列几种。

5.3.1.1　通过输入元件名放置元件

如果知道元件的名称,最方便的做法是在 Place Part 对话框中输入元件名后放置元件。具体操作步骤如下:

(1)选择菜单命令 Place→Part 或直接点击连线工具栏上的按钮,即可打开如图 5-8 所示的 Place Part 对话框。可放置的对象有下列 3 种:

①放置最近一次放置过的元件,即 Physical Component 所指示的元件,点击 OK 按钮即可。

②放置历史元件(以前放置过的元件)。点击对话框中的 History 按钮,打开如图 5-9 所示的 Placed Parts History(历史元件列表)对话框,从中选择目标元件后点击 Placed Parts History 对话框的 OK 按钮,再点击 Place Part 对话框的 OK 按钮,即可放置历史元件。

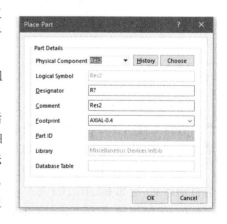

图 5-8　Place Part 对话框

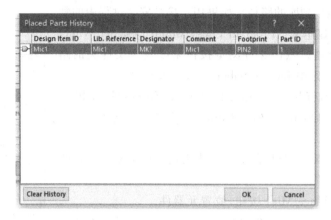

图 5-9　Placed Parts History 对话框

③放置指定库中的元件。点击 Choose 按钮,打开如图 5-10 所示的 Browse Libraries (浏览元件库)对话框,从指定库中选择目标元件后首先点击 Browse Libraries 对话框的 OK 按钮,再点击 Place Part 对话框的 OK 按钮,即可放置选中的元器件(Browse Libraries 对话框的 Mask 区域用来设置过滤条件,以便从元件库中精确定位目标元件)。

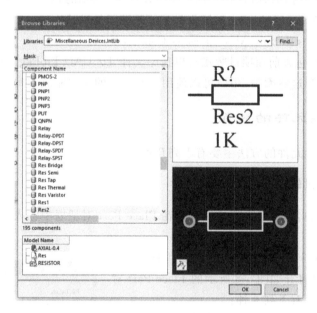

图 5-10　Browse Libraries 对话框

(2)在如图 5-8 所示的对话框 Designator 编辑框中输入当前元件的序号(例如 R1)。当然也可以不输入序号,即直接使用系统的默认值"R?",等到绘制完电路全图之后,通过执行菜单命令 Tools→Annotate,就可以轻易地将原理图中所有元件的序号重新编排。

假如现在为这个元件指定序号(例如 R1),则在以后放置相同形式的元件时,其序号将会自动增加(例如 R2、R3、R4 等)。

(3)元件注释:在图 5-8 中的 Comment 编辑框中可以输入该元件的注释。

(4)输入封装类型,在图 5-8 中的 Footprint 框中输入元件的封装类型。设置完毕后,点击对话框中的OK按钮,屏幕上将会出现一个可随鼠标指针移动的元件符号,拖动鼠标将它移到适当的位置,然后单击鼠标左键使其定位。完成放置一个元件的动作之后,单击右键,系统会再次弹出 Place Part 对话框,等待输入新的元件编号。假如现在还要继续放置相同形式的元件,就直接点击 OK 按钮,新出现的元件符号会依照元件封装自动地增加流水序号。如果不再放置新的元件,可直接点击 Cancel 按钮关闭对话框。

5.3.1.2 从元件管理器的元件列表中选取放置

下面同样以放置一个 Mic1 麦克风元件为例,说明从元件库管理面板中选取一个元件并进行放置的过程。首先在原理图编辑平面上找到 Libraries 面板标签并单击左键,就会弹出元件管理器;然后在元件管理器的 Libraries 栏的下拉列表框中选取 Miscellaneous Devices.IntLib;接着在元件列表框中找到 Mic1,并选定它;最后点击 Place Mic1 按钮,此时屏幕上会出现一个随鼠标指针移动的元件图形,将它移动到适当的位置后单击鼠标左键即可使其定位。也可以直接在元件列表中用鼠标左键双击 Mic1 将其放置到原理图中,如图 5-11 所示。

图 5-11 放置的定时器 Mic1 元件

5.3.1.3 使用常用数字工具栏放置元件

系统还提供了 Digital Objects(常用数字元件)工具栏,如图 5-12 所示。常用数字元件工具栏为用户提供了常用规格的电阻、电容、与非门、寄存器等元件,使用该工具栏中的元件按钮,设计者可以方便地放置这些元件,放置这些元件的操作方法与前面所讲的元件放置操作方法类似。

图 5-12 Digital Objects 工具栏

Digital Objects 工具栏可以通过选择菜单命令 View→Toolbars→Digital Objects 来打开。

5.3.1.4 放置电源和接地元件

电源和接地元件可以使用 Power Objects 工具栏上对应的命令来选取,如图 5-13 所示。该工具栏可以通过选择菜单命令 View→Toolbars→Power Objects 来打开。

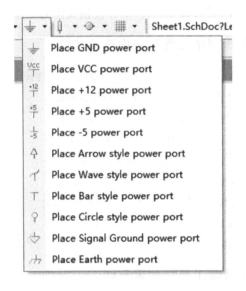

图 5-13 Power Objects 工具栏

根据需要可按下该工具栏中的某一电源按钮,光标变为十字状后,拖着该按钮的图形符号,移动鼠标到图纸上合适的位置单击左键,即可放置这一元件。在放置过程中和放置后,用户都可以对其进行编辑。

电源元件还可以通过选择菜单命令 Place→Power Port 或原理图绘制工具栏上的按钮来调用。

在放置电源元件的过程中,按 Tab 键,将会出现如图 5-14 所示的 Power Port 对话框。对于已放置了的电源元件,在该元件上双击,或在该元件上单击右键弹出快捷菜单,使用快捷菜单的 Properties 命令,同样也可以调出 Power Port 对话框。

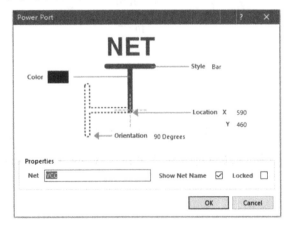

图 5-14 Power Port 对话框

在对话框中可以编辑电源属性,在 Net 编辑框可修改电源符号的网络名称;单击 Color 颜色框,可以选择显示元件的颜色;单击 Orientation 选项后面的字符,会弹出一个选择旋转角度的对话框,如图 5-15 所示,用户可以选择旋转角度;单击 Style 选项后面的字符,会弹出一个选择符号样式的对话框,如图 5-16 所示,用户可以选择符号样式;放置元件的位置可以通过修改 Location 的 X、Y 的坐标数值来确定。

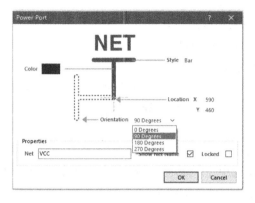

图 5-15 选择旋转角度

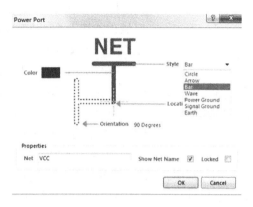

图 5-16 选择符号样式

5.3.2 调整元件位置

用户都希望自己绘制的原理图美观且便于阅读,元件的布局是操作的关键。元件位置的调整就是利用 Altium Designer 13 系统提供的各种命令,将元件移动到合适的位置,并旋转为合适的方向,使整个编辑平面元件布局均匀。

5.3.2.1 选择元器件

在进行元件位置调整前,应先选择元件,下面介绍最常用的几种选择元件的方法。

(1)通过快捷方式选取对象

①点击鼠标,选取单个对象:在目标对象(包括元件、导线、总线等)上单击鼠标左键,目标对象周围将出现一个虚线框,并且其顶点上出现矩形块的标记,如图 5-17 所示。

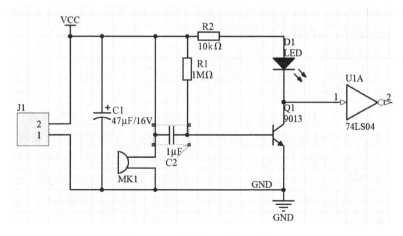

图 5-17 选取单个对象的结果

②选取多个对象：在按下 Shift 键的同时多次单击鼠标左键，就可以选择多个对象。

③选取全部对象：在原理图图纸上按住鼠标左键，在光标变成十字状后继续按住鼠标左键并移动，可以拖出一个虚线框，移动光标到合适位置处后松开鼠标，即可选中矩形框中的所有元件。同时，也可以使用工具栏上的区域选取工具来进行区域选取。

(2) 使用菜单中的选择元件命令

在主菜单 Edit 的下拉命令中，有几个是选择元件的命令。

①Inside Area：区域内选取命令，用于选取规划区域内的对象。

②Outside Area：区域外选取命令，用于选取区域外的对象。

③All：选取所有元件的命令，用于选取图纸内所有元件。

④Connection：选取连线命令，用于选取指定的导线。使用该命令时，只要是相互连接的导线就都会被选中。执行该命令后，光标变成十字状，在某一导线上单击鼠标左键，则该导线以及与该导线有连接关系的所有导线都会被选中。

⑤Toggle Selection：切换式选取。执行该命令后，光标变为十字状，在某一元件上单击鼠标，则可选中该元件，再单击下一元件，又可以选中下一元件，这样可连续选中多个元件。如果元件以前已经处于选中状态，单击该元件可以取消选中状态。

5.3.2.2 取消元件选择

已经选中对象后，想取消对象的选中状态，可以通过菜单项和工具栏的工具来实现。

(1) 单击鼠标左键解除对象的选中状态。

①解除单个对象的选中状态

如果只有一个元件处于选中状态，这时只需在图纸非选中区域的任意位置单击鼠标左键即可。当有多个对象被选中时，如果想解除个别对象的选中状态，只需将光标移动到相应的对象上，然后单击鼠标左键即可。此时其他先前被选中的对象仍处于选中状态。接下来可以再解除下一个对象的选中状态。

②解除多个对象的选中状态

当有多个对象被选中时，如果想一次性解除所有对象的选中状态，只需在图纸非选中区域的任意位置单击鼠标左键即可。

③使用标准工具栏上的解除命令

在标准工具栏上有一个解除选中图标，单击该图标后，图纸上所有带有高亮标记的被选中对象的被选状态将全部都被取消，高亮标记消失。

④使用菜单中相关命令

选择菜单命令 Edit→DeSelect，可解除选中的元件。Edit→DeSelect 中有 5 个下拉命令，如图 5-18 所示。

(2) Edit→DeSelect→Inside Area：将选框中所包含元件的选中状态取消。

(3) Edit→DeSelect→Outside Area：将选择框外所包含元件的选中状态取消。

(4) Edit→DeSelect→All On Current Document：取消当前文档中所有元件的选中状态。

(5) Edit→DeSelect→All Open Documents：取消所有已打开文档中元件的选中状态。

(6) Toggle Selection：切换式取消元件的选中状态。在某一选中元件上单击鼠标，则元件的选中状态被取消。

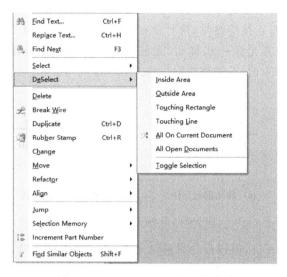

图 5-18　Edit→DeSelect 的下拉命令

5.3.2.3　元件的移动

Altium Designer 13 提供了两种元件移动方式：一种是不带连接关系的移动，即移动元件时，元件之间的连接导线就断开了；另一种是带连接关系的移动，即移动元件时，跟元件相关的连接导线也一起移动。

(1)通过鼠标拖拽实现：首先用前面介绍过的选取对象的方法选择单个或多个元件，然后把光标放在已选中的一个元件上，按下鼠标左键不动，将元件拖拽至理想位置后松开鼠标，即可完成元件移动操作。

(2)通过使用菜单命令实现：菜单 Edit 的子项 Move 下包含跟移动元件相关的命令，如图 5-19 所示。

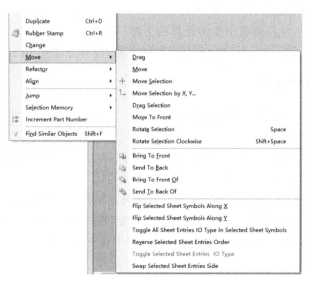

图 5-19　Move 菜单命令

选择菜单 Edit→Move 中各个移动命令，可对元件进行多种移动，分述如下：

①Drag：当元件上有连接线路时，执行该命令后，光标会变成十字状。在需要拖动的元件上单击，元件就会跟着光标一起移动，元件上的所有连线也会跟着移动，不会断线，如图 5-20 所示。执行该命令前，不需要选取元件。

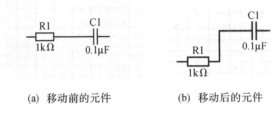

(a) 移动前的元件　　(b) 移动后的元件

图 5-20　Drag 移动元件操作

②Move：用于移动元件，但该命令只移动元件，不移动连接导线。

③Move Selection：与 Move 命令相似，只是它们移动的是已选定的元件。另外，这个命令适用于同时移动多个元件的情况。

④Drag Selection：与 Drag 命令相似，只是它们移动的是已选定的元件。另外，这个命令适用于同时移动多个元件的情况。

⑤Move To Front：这个命令是平移和层移的混合命令。它的功能是移动元件，并且将它放在重叠元件的最上层，操作方法同 Drag 命令。

⑥Bring To Front：将元件移动到重叠元件的最上层。执行该命令后，光标变成十字状。单击需要层移的元件，该元件立即被移到重叠元件的最上层。单击鼠标右键，结束层移状态。

⑦Send To Back：将元件移动到重叠元件的最下层。执行该命令后，光标变成十字状。单击需要层移的元件，该元件立即被移到重叠元件的最下层。单击鼠标右键，结束该命令。

⑧Bring To Front Of：将元件移动到某元件的上层。执行该命令后，光标变成十字状。单击要层移的元件，该元件暂时消失，光标还是十字状。选择参考元件，单击鼠标，原先暂时消失的元件重新出现，并且被置于参考元件的上面。

⑨Send To Back Of：将元件移动到某元件的下层，操作方法同 Bring To Front Of 命令。

5.3.2.4　元件的旋转

元件的旋转实际上就是改变元件的放置方向。Altium Designer 13 提供了很方便的旋转操作，操作方法如下：

(1) 首先在元件所在位置单击鼠标左键选中元件，并按住鼠标左键不放。

(2) 按 Space 键，就可以让图形元件以 90°旋转。

用户还可以使用快捷菜单命令 Properties 来实现元件旋转。把光标指向需要旋转的元件，按鼠标右键，从弹出的快捷菜单中选择 Properties 命令，然后系统弹出 Component Properties 对话框，如图 5-21 所示，此时可以在 Orientation 选择框中设定旋转角度。

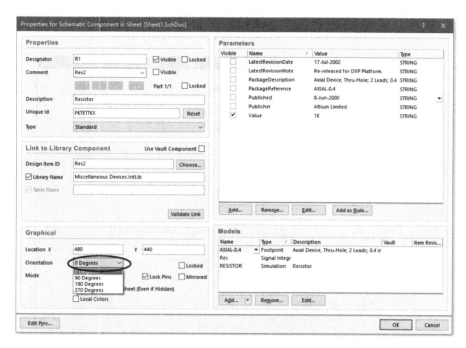

图 5-21 Component Properties 对话框

5.3.2.5 复制/剪切/粘贴/删除

Altium Designer 13 提供的复制、剪切、粘贴和删除功能跟 Windows 中的相应操作十分相似,所以比较容易掌握,下面就这 4 项功能做简要介绍。

(1)复制:选中目标对象后,选择菜单命令 Edit 中的 Copy,将会把选中的对象复制到剪切板中。该命令等价于工具栏快捷工具的功能。

(2)剪切:选中目标对象后,选择菜单命令 Edit 中的 Cut,会把选中的对象移入剪切板中。该命令等价于工具栏快捷工具的功能。

(3)粘贴:选择菜单命令 Edit 中的 Copy,把光标移到图纸中,可以看见粘贴对象呈浮动状态随光标一起移动,然后在图纸中的适当位置单击鼠标左键,就可把剪切板中的内容粘贴到原理图中。该命令等价于工具栏快捷工具的功能。

(4)删除:删除元件可通过选择菜单命令 Edit 中的 Clear 或 Delete 实现。

①Clear 命令的使用方法:选中目标对象后,选择菜单命令 Edit 中的 Clear,会把选中的对象从原理图中删除。

②Delete 命令的使用方法:选择菜单命令 Edit 中的 Delete 后,光标变成十字状,在想要删除的元件上单击鼠标左键,即可删除一个元件。

提示:复制/剪切/粘贴/删除命令也可以通过功能热键来实现,而且与 Windows 系统命令完全一致。

5.3.3 编辑元件属性

绘制原理图时,往往需要对元件的属性重新进行设置,下面介绍如何设置元件属性。

在将元件放置在图纸之前，元件符号可随鼠标移动，如果按下 Tab 键就可以打开如图 5-22 所示的 Component Properties 对话框，可在此对话框中编辑元件的属性。

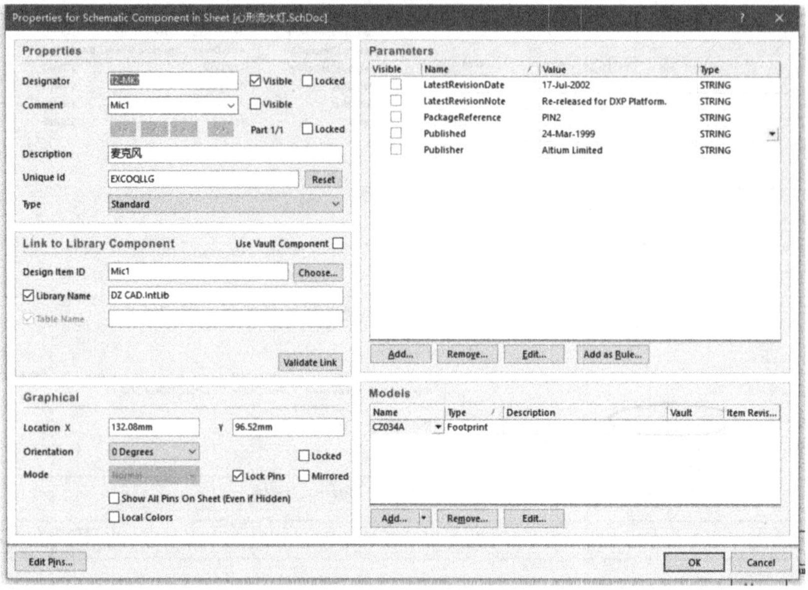

图 5-22　Component Properties 对话框

如果已经将元件放置在图纸上，若想要更改元件的属性，可以通过选择命令 Edit→Change 来实现。该命令可将编辑状态切换到对象属性编辑模式，此时只需将鼠标指针指向该对象，然后单击鼠标左键，即可打开 Component Properties 对话框。另外，还可以直接在元件的中心位置双击元件，也可以弹出 Component Properties 对话框（常用此种方法）。然后用户就可以进行元件属性编辑操作。

（1）Properties（属性）操作框

该操作框中的内容包括以下选项：

①Designator：元件在原理图中的序号，选中其后面的 Visible 复选框，则可以显示该序号，否则不显示。

②Comment：该编辑框可以设置元件的注释，如前面放置的元件注释为 MC1455U，可以选择或者直接输入元件的注释，选中其后面的 Visible 复选框，则可以显示该注释，否则不显示。

③Part：对于由多个相同的子元件组成的元件，由于组成部分一般相同，如 74LS04 具有 6 个相同的子元件，一般以 A、B、C、D、E 和 F 来表示，此时可以选择按钮来设定。

④Design Item ID：在元件库中所定义的元件名称。

⑤Library Name：显示元件所在的元件库。

⑥Unique Id：设定该元件在本设计文档中的 ID，是唯一的。

⑦Parameters：元件属性的描述。

（2）Graphical（图形）操作框

该操作框显示了当前元件的图形信息，其中包括图形位置、旋转角度、填充颜色、线条颜色、引脚颜色以及是否镜像处理等编辑选项。

①用户可以修改 X、Y 位置坐标,移动元件位置。Orientation 选择框可以设定元件的旋转角度,以旋转当前编辑的元件。用户还可以选中 Mirrored 复选框,对元件做镜像处理。

②Sow All Pins On Sheet(Even if Hidden):选择该选项可以显示元件的隐藏引脚。

③Local Colors:选中该选项,可以显示颜色操作,即进行填充颜色、线条颜色、引脚颜色的设置。

④Lock Pins:选中该选项,可以锁定元件的引脚,此时引脚无法单独移动。

(3)Parameters(参数)列表

在如图 5-22 所示对话框的右侧为元件参数列表,其中包括一些与元件特性相关的参数,用户也可以添加新的参数和规则。如果选中了某个参数左侧的复选框,则会在图形上显示该参数的值。

(4)Models(模型)列表

在如图 5-22 所示对话框的右下侧为元件的模型列表,其中包括一些与元件相关的引脚类别和仿真模型,用户也可以添加新的模型。对于用户自己创建的元件,这些功能是十分必要的。通过下方的 Add… 按钮可以增加一个新的参数项,Remove… 按钮可以删除已有参数项,Edit… 按钮可以对选中的参数项进行修改。

(5)为元件添加模型

下面以封装模型属性为例来讲述如何向元件添加这些模型属性。

①在元件的模型列表编辑框中,点击 Add… 按钮,系统会弹出如图 5-23 所示的对话框,在该对话框的下拉列表中,选择 Footprint 模式。

②然后点击图 5-23 的 OK 按钮,系统将弹出如图 5-24 所示的 PCB Model 对话框,在该对话框中可以设置 PCB 的封装属性。在 Name 编辑框中可以输入封装名,在 Description 编辑框中可以输入封装的描述。点击 Browse… 按钮可以选择封装的类型。若系统弹出如图 5-25 所示的 Browse Libraries 对话框,此时可以选择封装类型,然后点击 OK 按钮即可,如果当前没有装载需要的元件封装库,则可以点击图 5-25 中的 Find… 按钮查找要装载的元件库。

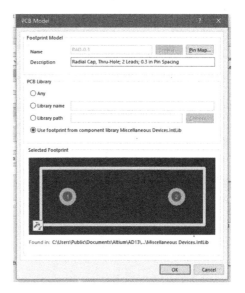

图 5-24 PCB Model 对话框

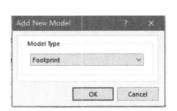

图 5-23 Add New Model 对话框

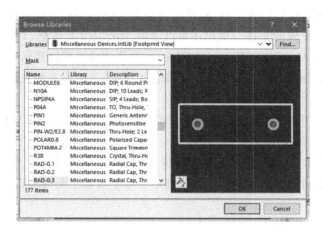

图 5-25 Browse Libraries 对话框

5.3.4 元器件自动对齐

在制作原理图的时候，用户往往会遇到需要重新排列元件的情况，手动操作既费时又不准确，而系统提供的精确排列元件命令（Edit→Align）正好可以帮助用户解决这个难题。

选择菜单命令 Edit→Align，可以打开如图 5-26 所示的元件排列对齐对话框，其中列出了具体的排列/对齐命令。这些命令也可以通过工具栏工具打开，如图 5-27 所示。

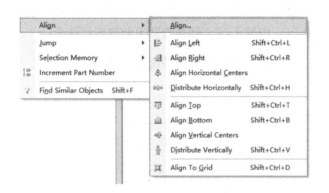

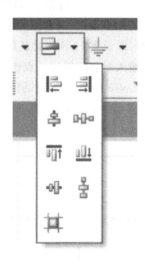

图 5-26 对齐操作命令　　　　　　图 5-27 元件排列/对齐快捷工具

5.3.4.1 命令的分类

这些命令可以分为两类:一类是水平方向的排列/对齐命令,另一类是垂直方向的排列/对齐命令。

(1)水平方向的排列/对齐命令

①Align Left:通过该命令可使所选取的元件向左对齐,参照物是所选最左端的元件。

②Align Right:通过该命令可使所选取的元件向右对齐,参照物是所选最右端的元件。

③Align Horizontal Centers:通过该命令可使所选取的元件向中间靠齐,基准线是所选最左端和最右端元件的中线。

④Distribute Horizontally:使所选取的元件水平平铺。

(2)垂直方向的排列/对齐命令

①Align Top:该命令使所选取的元件顶端对齐。

②Align Bottom:该命令使所选取的元件底端对齐。

③Align Vertical Centers:该命令使所选取的元件按水平中心线对齐。对齐后元件的中心处于同一条直线上。

④Distribute Vertically:该命令使所选取的元件垂直均布。

⑤Align To Grid:使用该命令可使所选元件定位到离其最近的网格上。

下面举例说明。假设元件初始分布如图 5-28 所示,则图 5-29、图 5-30 分别为对应执行命令 Align Left、Align Right 后的对齐效果。

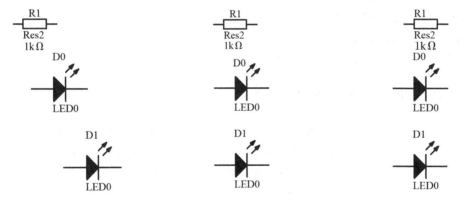

图 5-28　元件初始分布　　图 5-29　元件左对齐效果　　图 5-30　元件右对齐效果

5.3.4.2 同时进行两种操作

上面介绍的这些命令,一次只能进行一种操作。如果要同时进行两种不同的排列/对齐操作,可以使用菜单命令 Edit→Align→Align…。

执行该命令后,系统将弹出如图 5-31 所示的 Align Objects 对话框。该对话框分为两部分,分别为水平排列(Horizontal Alignment)选项和垂直排列(Vertical Alignment)选项。

(1)水平排列选项

①No change:不改变位置。

图 5-31 Align Objects 对话框

②Left：全部靠左边对齐。
③Center：全部靠中间对齐。
④Right：全部靠右边对齐。
⑤Distribute equally：平均分布。
（2）垂直排列选项
①No change：不改变位置。
②Top：全部靠顶端对齐。
③Center：全部靠中间对齐。
④Bottom：全部靠底端对齐。
⑤Distribute equally：平均分布。
其操作方法与选择菜单命令基本一样，这里不再重复。

5.3.5 完成原理图元器件的放置

（1）表 5-1 给出了心形流水灯电路中每个元件的标号、原理图封装、原理图库、PCB 封装等数据。用上述方法放置元件，并设置元件的参数与表 5-1 中的 PCB 参数相符。

（2）将所有需要用到的元件放入原理图中，放置好元件的原理图如图 5-32 所示。

（3）在原理图中放置电源（Power Sources），放置好电源的原理图如图 5-33 所示。

（4）对原理图中的元件和电源进行连线，连好线的原理图如图 5-34 所示。

（5）最后放置网络标签，放置完网络标签的原理图如图 5-1 所示。

表 5-1 心形流水灯原理图元器件数据

序号	标号	原理图封装	原理图库	值	PCB 封装
1	J1	Header 2	Miscellaneous Connectors.IntLib		HDR1X2
2	C1	Cap Pol1	Miscellaneous Devices.IntLib	$47\mu F$	RB7.6-15
3	C2	Cap Pol1	Miscellaneous Devices.IntLib	$1\mu F$	RAD-0.1

续表

序号	标号	原理图封装	原理图库	值	PCB封装
4	R1	Res2	Miscellaneous Devices.IntLib	1MΩ	AXIAL-0.4
5	R2	Res2	Miscellaneous Devices.IntLib	10kΩ	AXIAL-0.4
6	R3~R5	Res Pack4	Miscellaneous Devices.IntLib	270Ω	SSOP16_L
7	D~D20	LED0	DZ CAD.IntLib		LED
8	U1A	74LS04	DZ CAD.IntLib		DIP-14
9	U2~U4	74LS245	DZ CAD.IntLib		DIP-20
10	Q1	NPN	Miscellaneous Devices.IntLib		TO-92A
11	MK1	Mic1	Miscellaneous Devices.IntLib		PIN2

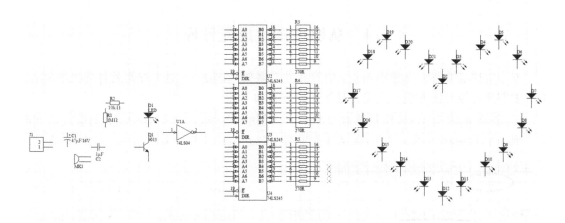

图 5-32 摆放好元件的原理图

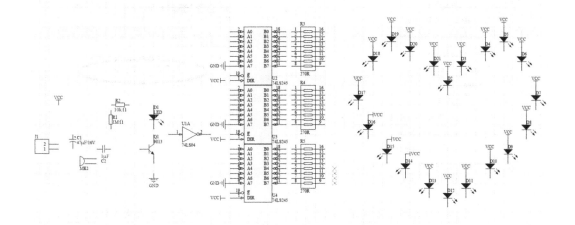

图 5-33 放好电源的原理图

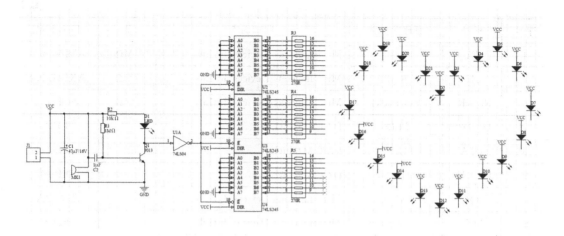

图 5-34 连好线的原理图

5.4 从原理图生成元件库

参考上述步骤我们已经将表 5-1 中的元件都摆放进图纸了,为了方便元件库的管理,我们一般需要将原理图库重新生成。具体操作方法如下:

(1)如图 5-35 所示,选择菜单命令 Design→Make Schematic Library,在工程目录下面会生成一个 Libraries 的文件夹,在文件夹里将会找到刚打开的库文件,如图 5-36 所示。

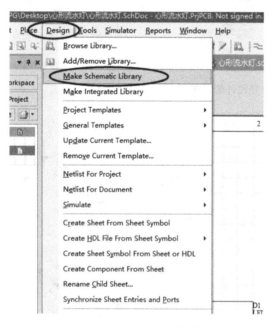

图 5-35 Design 下拉菜单

图 5-36 工程文件目录

(2)找到这个库文件的元件后,如果对它不满意,可以直接在库文件上面进行更改,或是进行其他修改操作,改为比较熟悉的元件风格。

(3)修改完成后,如图 5-37 所示,在 Components 面板中右击 Update Schematic Sheets,将改变后的元件更新至原理图。

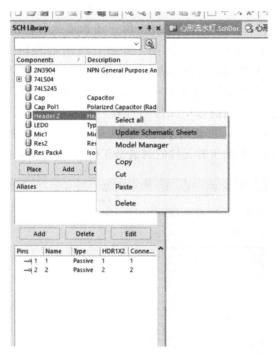

图 5-37　元件更改后更新原理图

(4)如图 5-38 所示,从原理图导出的元件库的元件和原理图元件是一一对应的,所以可以很方便地在原理图库操作页面中添加或者修改封装。

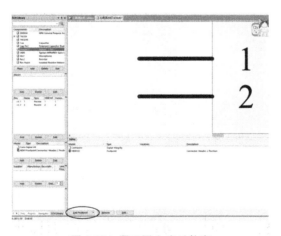

图 5-38　原理图生成元件库

5.5 用封装管理器检查所有元件的封装

在将原理图信息导入新的 PCB 之前,请确保所有与原理图和 PCB 相关的库都是可用的。本例只用到了默认安装的集成元件库,所有元件的封装也已经包括在内了,但是为了掌握用封装管理器检查所有元件的封装的方法,用户还是要执行以下操作:在原理图编辑器内,选择 Tools→Footprint Manager 命令,显示如图 5-39 所示的 Footprint Manager(封装管理器检查)对话框。在该对话框的元件列表(Componene List)区域,显示原理图内的所有元件。用鼠标左键选择每一个元件,当选中一个元件时,在对话框的右边的封装管理编辑框内,用户可以添加、删除、编辑当前选中元件的封装。如果对话框右下角的元件封装区域没有出现,可以将鼠标放在 Add… 按钮的下方,把这一栏的边框往上拉,封装图的区域就会显示。核对所有原件的封装,如果所有元件的封装都正确,点击 Close 按钮关闭对话框。

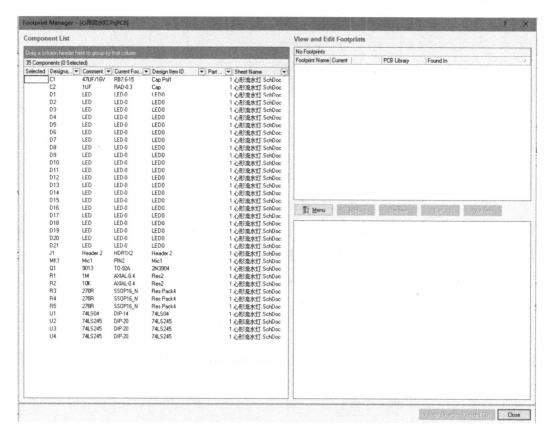

图 5-39 Footprint Manager 对话框

5.6 原理图编译与电气规则检查

电气连接检查可发现原理图中是否有电气特性不一致的情况。例如,某个输出引脚连接到另一个输出引脚就会造成信号冲突;未连接到完整的网络标签会造成信号断线;重复的流水号会使系统无法区分出不同的元件等。以上这些都是不合理的电气冲突现象,系统会按照设计者的设置以及问题的严重性分别以错误(Error)或警告(Warning)等信息来提醒用户。

5.6.1 设置电气连接检查规则

设置电气连接检查规则,首先要打开设计的原理图文档,然后选择菜单命令 Project→Project Options,在弹出的的 Options for Project(项目选项)对话框中进行设置,如图 5-40 所示。该对话框中有 Error Reporting(错误报告)和 Connection Matrix(连接矩阵),标签页可以设置检查规则。

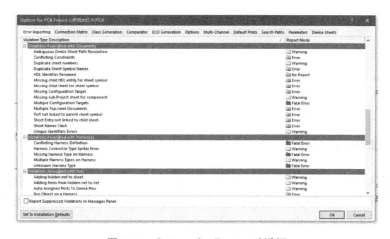

图 5-40 Options for Project 对话框

(1)Error Reporting 标签页。

Error Reporting 标签页主要用于设置设计草图的检查规则。

①Violation Type Description(违反类型描述规则)表示检查用户的设计是否有违反类型设置的规则。

②Report Mode(报告模式)表明违反规则的严格程度。如果要修改 Report Mode,单击需要修改的违反规则的 Report Mode,并从下拉列表中选择严格程度:Fatal Error(重大错误)、Error(错误)、Warning(警告)、No Report(不报告)。

(2)Connection Matrix 标签页

Options for Project 对话框的 Connection Matrix 标签页如图 5-41 所示。它显示的是引脚、接口、图纸接入之间连接的错误类型,如严重错误、错误、警告、不报告。

例如,在矩阵图的右边找到 Output Pin,然后从该行中找到 Open Collector Pin 列。它们的相交处有一个橙色的方块,这表示在原理图中从一个 Output Pin 连接到一个 Open Collector Pin,在项目被编辑时将启动一个错误的提示。

(3)可以用不同的错误程度来设置每一个错误类型,例如对某些非致命的错误不予报告。修改连接错误的操作方式如下:

①单击 Options for Project 对话框的 Connection Matrix 标签页,如图 5-41 所示。

②单击两种类型连接相交处的方块,例如 Output Sheet Entry 和 Open Collector Pin 的

相交处。

③在方块变为橙色时停止单击,表示该连接为 Error,以后在运行检查时如果发现这样的连接将给以错误的提示。

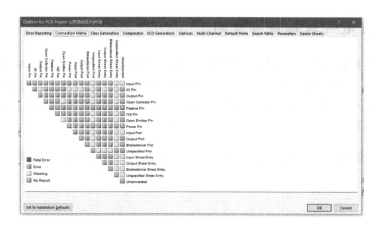

图 5-41　Options for Project 对话框的 Connection Matrix 标签页

5.6.2　检查结果报告

当设置了需要检查的电气连接以及检查规则后,就可以对原理图进行检查。检查原理图是通过编译项目来实现的,在编译的过程中会对原理图进行电气连接和规则检查。

编译项目的操作步骤如下:

(1)打开需要编译的项目,然后选择菜单命令 Project→Compile PCB Project。

(2)当项目被编译时,任何已经启动的错误均将显示在设计窗口的 Messages 面板中。被编辑的文件将与同级的文件、元件、列出的网络以及一个能浏览的连接模型一起显示在 Compiled 面板中,并且以列表方式显示。

如果电路绘制正确,Messages 面板应该是空白的。如果报告给出错误,则需要检查电路,并对错误处加以修正,并确认所有导线的连接正确。图 5-42 即为一个项目的电气规则检查结果报告。

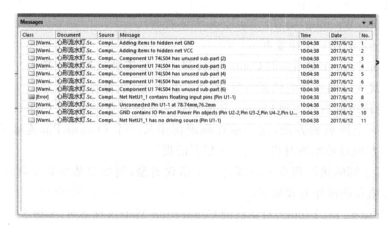

图 5-42　一个项目的电气规则检查结果报告

5.7 报表生成及输出

在进行项目的编译处理后,就可以生成工程相关的任何报表了。

5.7.1 产生元件报表

通过选择菜单命令 Reports→Bill of Material,可对当前窗口中的元件产生元件报表,系统会自动打开文本编辑器来显示其内容。

元件的列表主要是用于整理一个电路或一个项目文件中的所有元件的。它主要包括元件的名称、标注、封装等内容。

5.7.2 产生元件交叉参考表

元件交叉参考表(Component Cross Reference)可为多张原理图中的每个元件列出其元件类型、流水号和隶属的绘图页文件名称。这是一个 ASCII 码文件,扩展名为".Xrf"。

建立交叉参考表的步骤如下:

(1)选择菜单命令 Reports→Component Cross Reference。

(2)选择该命令后,系统会弹出所示项目的元件交叉参考表窗口,在此窗口可以看到原理图的元件列表。

(3)如果点击 Report… 按钮,则可以生成预览元件交叉参考表报告。

5.7.3 产生工程层次表

工程层次表记录了一个由多张绘图页组成的层次原理图的层次结构数据,其输出的结果为 ASCII 文件,文件的存盘名为"*.rep"。生成层次原理图的操作如下:

(1)打开系统自带的"4 Port Serial Interface.PrjPCB"的层次原理图。

(2)选择 Project→Compile All Project 命令。

(3)然后选择 Reports→Report Project Hierarchy 命令,系统将会生成该原理图的层次关系。

5.8 原理图输出

原理图绘制结束后,往往要通过打印机或绘图仪输出,以供设计人员参考、备档。若用打印机打印输出,首要先对页面进行设置,然后设置打印机,其中设置内容包括打印机的类型设置、纸张大小的设定、原理图纸的设定等。

5.8.1 页面设置

(1)打开要输出的原理图,选择菜单命令 File→Page Setup,系统将弹出如图 5-43 所示的 Schematic Print Properties(原理图打印属性)对话框。

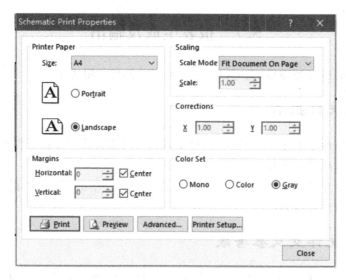

图 5-43 Schematic Print Properties 对话框

（2）设置各项参数。在这个对话框中需要设置打印机类型，选择目标图形文件类型，设置颜色等。

①Size：选择打印纸的大小，并选择打印纸的方向 Portrait（纵向）或 Landscape（横向）。

②Scale Mode：设置缩放比例模式，可以选择 Fit Document On Page（文档适应整个页面）或 Scaled Print（按比例打印）。当选择了 Scaled Print 时，Scale 和 Corrections 编辑框将有效，设计人员可以在此输入打印比例。

③Margins：设置页边距，可以分别设置水平和垂直方向的页边距，如果选中 Center 复选框，则不能设置页边距，默认为中心模式。

④Color Set：输出颜色的设置，可以分别输出 Mono（单色）、Color（彩色）和 Gray（灰色）。

5.8.2 打印机设置

点击如图 5-43 所示对话框中的 Printer Setup… 按钮或者直接选择菜单命令 File→Print 就会弹出打印机配置对话框。此时可以设置打印机的配置，包括打印的页码、份数等，设置完毕后点击 OK 按钮即可实现图纸的打印。

5.8.3 打印预览

点击如图 5-43 所示对话框中的 Preview 按钮，则可以对打印的图形进行预览，如图 5-44 所示。

5.8.4 打印

执行打印操作的方法有 3 种：

（1）选择菜单命令 File→Print，进入打印机设置对话框。当设置完毕后点击 OK 按钮执行打印操作。

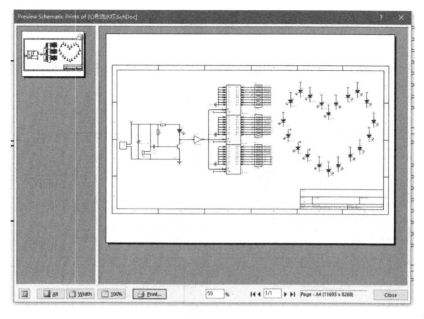

图 5-44　打印图形预览

(2) 页面设置完成,在页面设置对话框中点击 Print 按钮执行打印操作。

(3) 任何时候都可以点击标准工具栏上的 按钮执行打印操作。

5.9　小　结

原理图绘制流程如下:

(1) 新建工程并新建原理图:创建一个新的工程和电路原理图文件。

(2) 载入元器件库:将电路图设计中需要的所有元器件的库文件载入内存。

(3) 放置元器件:将相关的元器件放置到图纸上。

(4) 电气连线:利用导线和网络标号确定器件的电气关系。

(5) 检查所有元件的封装:确保所有与原理图和 PCB 相关的库都是可用的。

(6) 检查原理图电气规则:利用 Altium Designer 提供的校验工具对原理图进行检查,保证设计准确无误。

习 题

5-1 画出振荡电路原理图,并按图 5-45 设置元器件参数,要求编译无错误,生成元器件清单。

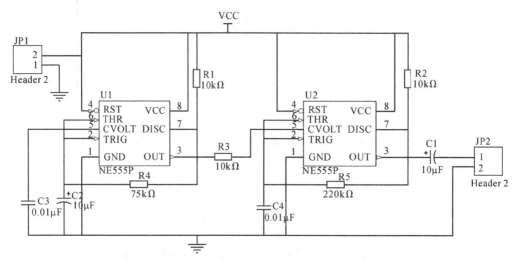

图 5-45 习题 5-1 图

5-2 画出波特信号产生电路原理图,并按图 5-46 设置元器件参数,要求编译无错误,生成元器件清单。

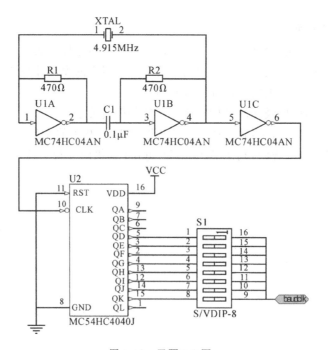

图 5-46 习题 5-2 图

项目 6

单片机最小系统电路原理图绘制

📦 **项目引入**

项目 5 对心形灯的亮灭控制中,心形灯只有亮和灭 2 个动作。本项目可以用单片机来分别控制每一个发光二极管,让心形灯流水点亮,甚至实现各种花式炫灯。本项目先设计单片机最小系统(或者称为最小应用系统),即用最少的元件组成可以工作的单片机系统。对51 系列单片机来说,最小系统一般包括单片机、晶振电路、复位电路、电源。单片机最小系统被广泛应用在 LED 电路、蜂鸣器电路、数码管电路、键盘电路、A/D(D/A)电路、液晶显示电路以及串口通信电路等中,应用十分广泛。本项目是基于 STC15F2K60S2 设计的单片机最小系统,如图 6-1 所示,包含驱动电路、晶振电路、复位电路和外部扩展接口等。

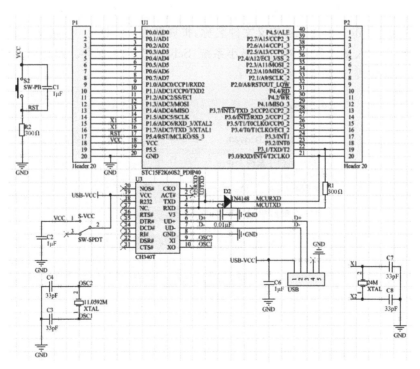

图 6-1 画好的原理图

本项目在原理图元件的选取过程中,采用了项目 3 所建立的原理图库中的 STC15F2K60S2 单片机、CH340T 驱动器和 USB 接口。

本项目涉及的知识点如下:
(1)建立工程,建立原理图文件;
(2)原理图编辑操作界面的设置;
(3)原理图图纸设置;
(4)原理图工作环境设置;
(5)放置元件,布局布线;
(6)电气规则检查。

6.1 新建一个工程和原理图文件

(1)首先在计算机硬盘上建立一个名为"单片机最小系统"的文件夹。

(2)打开 Altium Designer 13 软件,选择菜单命令 File→New→Project→PCB Project。建立一个"单片机最小系统.PrjPCB"项目工程文件并保存在"单片机最小系统"的文件夹里。

(3)界面出现 Project 面板、新的工程文件 PCB_Project1.PrjPCB 和文件夹 No Documents Added。

(4)重新命名工程文件。选择菜单命令 File→Save Project As,使用默认扩展名,指定文件保存位置为"单片机最小系统"文件夹,在文件名文本框中输入文件名称"单片机最小系统.PrjPCB",点击保存。

(5)在菜单栏选择命令 File→New→Schematic,生成一个空白原理图(Sheet1.SchDoc 文档)。该原理图会自动添加在工程中,保存在文件夹 Source Documents 下。

(6)选择命令 File→Save As,定义文件名称,扩展名为.SchDoc。指定文件保存位置,在文件名文本框中输入文件名称"单片机最小系统.SchDoc",点击保存。此时新工程和新原理图文件均已创建完成,如图 6-2 所示。

图 6-2　新建工程及原理图文件

6.2 原理图编辑器操作界面设置

新建原理图文件完成后,系统出现原理图绘制的环境,就是原理图编辑器以及它提供的设计界面,如图6-3所示。若要更好地利用强大的电子线路辅助设计软件Altium Designer进行电路原理图设计,首先要根据设计的需要对软件的设计环境进行正确的配置。

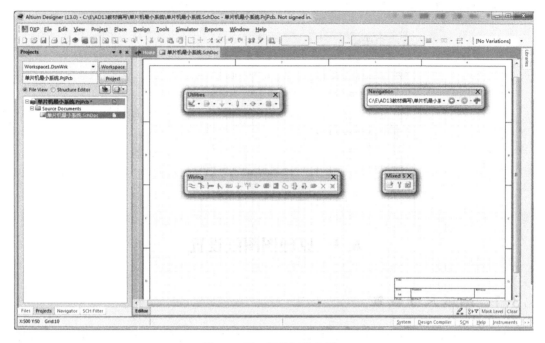

图6-3 原理图编辑操作界面

在Altium Designer的原理图编辑的操作界面中,顶部为主菜单和主工具栏,左边为工作区面板,右边大部分区域为编辑区,底部为状态栏及命令栏,还有电路绘图工具栏、常用工具栏等。除主菜单外,上述各部件均可根据需要打开或关闭。工作区面板与编辑区之间的界线可根据需要左右拖动。几个常用工具栏除可分别置于屏幕的上下左右任意一个边上外,还可以活动窗口的形式出现。下面分别介绍各个环境组件的打开和关闭操作。

在Altium Designer的原理图编辑的操作界面中,多项环境组件的切换可通过选择主菜单View中相应项目实现。Toolbars为常用工具栏切换命令;Workspace Panels为工作区面板切换命令;Desktop Layouts为桌面布局切换命令;Command Status为命令栏切换命令。菜单上的环境组件切换具有开关特性,例如,如果屏幕上有状态栏,当单击一次Status Bar时,状态栏从屏幕上消失,当再单击一次Status Bar时,状态栏又会显示在屏幕上。

(1)状态栏的切换

要打开或关闭状态栏,可以选择菜单命令View→Status Bar。状态栏中包括光标当前的坐标位置、当前的Grid值。

(2)命令栏的切换

要打开或关闭命令栏,可以选择菜单命令 View→Command Status。命令栏用来显示当前操作下的可用命令。

(3)工具栏的切换

Altium Designer 的工具栏中有常用的主工具栏(Schematic Standard)、连线工具栏(Wiring)、常用工具栏(Utilities)等。这些工具栏的打开与关闭可通过选择 View→Toolbars 中子菜单的相关命令来实现。工具栏菜单及子菜单如图6-4所示。

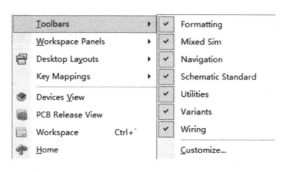

图 6-4　工具栏菜单及子菜单

6.3　原理图图纸设置

6.3.1　图纸尺寸设置

在电路原理图绘制过程中,对图纸的设置是原理图设计的第一步。虽然在进入原理图设计环境时,Altium Designer 系统会自动给出默认的图纸参数,但是对于大多数电路图的设计,这些默认的参数不一定适合用户的要求,一般都要根据设计对象的复杂程度而对图纸幅面的大小重新定义。在图纸设置的参数中,除了要对图幅进行设置外,还要设置图纸选项、图纸格式以及栅格等。

(1)选择标准图纸

设置图纸尺寸时可选择菜单命令 Design→Document Options,执行后,系统将弹出 Document Options 对话框,选择其中的 Sheet Options 标签进行设置,如图6-5所示。

在 Standard Style 栏的 Standard styles 处,按右边的下拉列表符号,可选择各种规格的图纸。Altium Designer 系统提供了18种规格的标准图纸,各种规格的图纸尺寸如表6-1所示。

在 Altium Designer 给出的标准图纸格式中主要有公制图纸格式(A4～A0)、英制图纸格式(A～E)、OrCAD 格式(OrCADA～OrCADE)以及其他格式(Letter,Legal,Tabloid)等。选择后,通过点击如图6-5所示对话框右下角的按钮就可更新当前图纸的尺寸。

项目 6　单片机最小系统电路原理图绘制

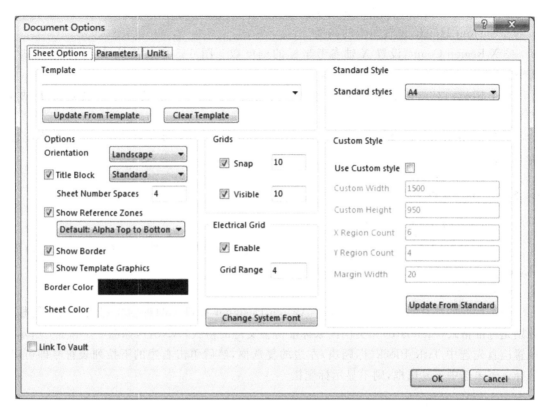

图 6-5　用 Document Options 选项卡进行原理图图纸的设置

表 6-1　各种规格的图纸尺寸

代号	尺寸/inch	代号	尺寸/inch
A4	11.5×7.6	E	42×32
A3	15.5×11.1	Letter	11×8.5
A2	22.3×15.7	Legal	14×8.5
A1	31.5×22.3	Tabloid	17×11
A0	44.6×31.5	OrCADA	9.9×7.9
A	9.5×7.5	OrCADB	15.4×9.9
B	15×9.5	OrCADC	20.6×15.6
C	20×15	OrCADD	32.6×20.6
D	32×20	OrCADE	42.8×32.8

(2) 自定义图纸

如果需要自定义图纸尺寸,必须设置如图 6-5 所示的 Custom Style 栏中的各个选项。首先,应选中 Use Custom style 复选框,以激活自定义图纸功能。

Custom Style 栏中其他各项设置的介绍如下:

①Custom Width：设置图纸的宽度。

②Custom Heigh：设置图纸的高度。

③X Region Count：设置 X 轴参考坐标的刻度数。图 6-5 中设置为 6，就是将 X 轴 6 等分。

④Y Region Count：设置 Y 轴参考坐标的刻度数。图 6-5 中设置为 4，就是将 Y 轴 4 等分。

⑤Margin Width：设置图纸边框宽度。图 6-5 中设置为 20，就是将图纸的边框宽度设置为 20mil。

6.3.2 图纸设置

(1)设置图纸方向

在图 6-5 中，使用 Orientation(方位)下拉列表框可以选择图纸的布置方向，有横向(Landscape)和纵向(Portrait)两种选择。

(2)设置图纸标题栏

图纸标题栏是对图纸的附加说明。Altium Designer 提供了两种预先定义好的标题栏，分别是标准格式(Standard)和美国国家标准协会支持的格式(ANSI)，如图 6-6 和 6-7 所示。设置应首先选中 Title Block(标题块)左边的复选框，然后单击右边的下拉列表符号即可以选择。若未选中该复选框，则不显示标题栏。

图 6-6　标准格式(Standard)标题栏

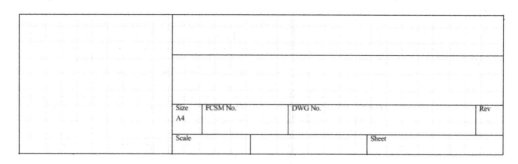

图 6-7　美国国家标准协会模式(ANSI)标题栏

①Show Reference Zones 复选项用来设置图纸上索引区的显示。选中该复选项后，图纸上将显示索引区。索引区是指为方便描述一个对象在原理图文档中所处的位置，在图纸的 4 个边上分配索引栅格，用不同的字母或数字来表示这些栅格，用字母和数字的组合来代表由对应的垂直和水平栅格所确定的图纸中的区域。

②Show Border 复选项用来设置图纸边框线的显示。选中该复选项后，图纸中将显示

边框线。若未选中该项,将不会显示边框线,同时索引栅格也将无法显示。

③Show Template Graphics 复选项用来设置模板图形的显示。选中该复选项后,将显示模板图形;若未选中,则不会显示模板图形。

(3)设定文档模板

Template 区域用于设定文档模板,点击该区域的下拉列表按钮,即可选择 Altium Designer 提供的标准图纸模板。

6.3.3 图纸颜色设置

图纸颜色设置包括图纸边框(Border)和图纸底色(Sheet)的设置。

在图 6-5 中,Border Color 选项用来设置边框的颜色,默认值为黑色。单击右边的颜色框,系统将弹出 Choose Color 对话框,如图 6-8 所示,我们可通过它来选取新的边框颜色。

图 6-5 中的 Sheet Color 栏负责设置图纸的底色,默认的颜色为浅黄色。要改变底色时,双击右边的颜色框,打开 Choose Color 对话框,如图 6-8 所示,然后选取新的图纸底色。

Choose Color 对话框的 Basic 标签中列出了当前可用的 239 种颜色,并定位于当前所使用的颜色。如果用户希望改变当前使用的颜色,可直接在 Colors 栏中用鼠标单击选取。

如果用户希望自己定义颜色,单击 Standard 标签,如图 6-9 所示,选择好颜色后点击 Add to Custom Colors 按钮,即可把颜色添加到 Custom colors 中。

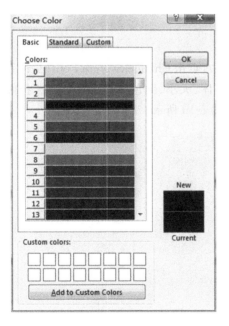

图 6-8 Choose Color 对话框

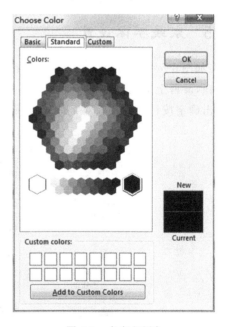

图 6-9 自定义颜色

6.3.4 栅格设置

在设计原理图时,图纸上的栅格(Grids)为放置元器件、连接线路等设计工作带来了极大的方便。在进行图纸的显示操作时,可以设置网格的种类以及是否显示网格。在如图 6-5

所示的 Document Options 对话框中,可以对电路原理图的图纸栅格(Grids)和电气栅格(Electrical Grid)进行设置。

具体设置内容介绍如下：

(1) 捕获(Snap)栅格：表示用户在放置或者移动对象时,光标移动的距离。捕获功能的使用,可以在绘图中快速地对准坐标位置,若要使用捕获栅格功能,先选中 Snap 选项左边的复选框,然后在右边的输入框中输入设定值。

(2) 可视(Visible)栅格：表示图纸上可视的栅格,要使栅格可见,选中 Visible 选项左边的复选框,然后在右边的输入框中输入设定值。建议在该编辑框中设置与 Snap 编辑框中相同的值,使显示的栅格与捕获栅格一致。若未选中该复选项,则不显示栅格。

(3) 电气栅格(Electrical Grid)：用来设置在绘制图纸上连线时捕获电气节点的半径。系统在绘制导线时以鼠标当前坐标位置为中心,以设定值为半径向周围搜索电气节点,然后自动将光标移动到搜索到的节点表示电气连接有效。实际设计时,为能准确快速地捕获电气节点,电气栅格应该设置得比当前捕获栅格稍微小些,否则电气对象的定位会变得相当困难。

栅格的使用和正确设置可以使用户在原理图的设计中准确地捕捉元器件。使用可视格点,可以使设计者大致把握图纸上各个元素的放置位置和几何尺寸,电气栅格的使用大大地方便了电气连线的操作。在原理图设计过程中恰当地使用栅格设置,可方便电路原理图的设计,提高电路原理图绘制的速度和准确性。

6.3.5 系统字体设置

在如图 6-5 所示的 Document Options 对话框中,点击 Change System Font(更改系统字体)按钮,屏幕上会出现系统字体对话框,可以对字体、大小、颜色等进行设置。选择好字体后,点击确定按钮即可完成对字体的重新设置,如图 6-10 所示。

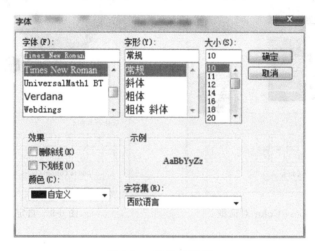

图 6-10 字体对话框

6.3.6 图纸设计信息

图纸设计信息记录了电路原理图的设计信息和更新记录。Altium Designer 的这项功能使原理图的设计者可以更方便、有效地对图纸的设计进行管理。若要打开图纸设计信息设置对话框,可以在如图 6-5 所示的 Document Options 对话框中用鼠标单击 Parameters 标签。Parameters 标签为原理图文档提供 20 多个文档参数,供用户在图纸模板和图纸中放置,如图 6-11 所示。当用户为参数赋了值,并选中转换特殊字符串选项(方法:选择菜单命令 DXP→Preferences→Schematic→Graphical Editing,在该选项卡内选择复选框 Convert Special Strings)后,图纸上将显示所赋参数值。

在如图 6-11 所示的对话框中可以设置的选项很多,其中常用的有以下几个:
- Address:设计者所在的公司以及个人的地址信息。
- Approved By:原理图审核者的名字。
- Author:原理图设计者的名字。
- Checked By:原理图校对者的名字。
- Company Name:原理图设计公司的名字。
- Current Date:系统日期。
- Current Time:系统时间。
- Document Name:该文件的名称。
- Sheet Number:原理图页面数。
- Sheet Total:整个设计项目拥有的图纸数目。
- Title:原理图的名称。

在上述选项中的填写信息包括:参数的值(Value)和数值的类型(Type)。用户可以根据需要编辑参数,填写的方法有以下几种:
- 单击欲填写参数名称的(Value)文本框,把 * 去掉,可以直接在文本框中输入参数。
- 单击要填写参数名称所在的行,使该行变为选中状态,然后点击对话框下方的 Edit… 按钮,进入参数属性编辑对话框,如图 6-12 所示,这时用户可以根据需要在对话框中填写参数。

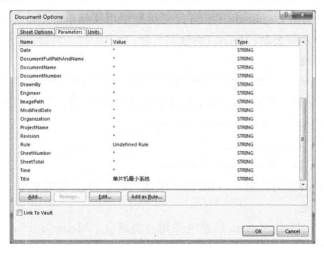

图 6-11 图纸设计信息对话框

- 双击要编辑参数所在行的任意位置,系统也将弹出参数属性编辑对话框,如图 6-12 所示。
- 在图纸设计信息对话框中按下 Add… 按钮,系统自动弹出参数属性编辑对话框,此时可以添加新的参数。
- 在如图 6-12 所示的 Parameter Properties 对话框的 Value 文本框内输入参数值。如果参数是系统提供的,其参数名是不可更改的(灰色)。确定后点击 OK 按钮,可完成参数赋值的操作。

完成参数赋值后,标题栏内如果没有显示任何信息,如在图 6-11 的 Title 栏处,赋了"单片机最小系统"值,而标题栏无显示,则需要进行如下操作:点击工具栏中的绘图工具按钮 ,在弹出的工具面板中选择添加放置文本按钮 A,按键盘上的 Tab 键,打开 Annotation 对话框,如图 6-13 所示,可在 Properties 选项区域中的 Text 下拉列表框中选择"=Title",在 Font 处按 Change 按钮,设置字体颜色、大小等属性,然后再点击 OK 按钮,关闭 Annotation 对话框,鼠标放在标题栏中 Title 处的适当位置,按鼠标左键即可。

图 6-12 Parameter Properties 对话框图

图 6-13 设置标题栏内的参数可见

6.3.7 单位设置

在如图 6-14 所示的 Document Options 对话框中用鼠标单击 Units 标签,可以设置图纸是用英制(Imperial)还是公制(Metric)单位。

(1)英制单位系统

当选中 Use Imperial Unit System 的复选框时,系统设计就采用英制单位。在下面的 Imperial unit used 下拉框中可以选取具体的英制单位,系统提供的英制单位有:

①Mils:密耳,1mil=1/1000inch=0.0254mm。

②Inches:英寸,1inch=2.54cm。

③Dxp Defaults:Dxp 默认值,1inch=10mil。

④Auto-Imperial:自动英制,500mil 以下采用 mil,500mil 以上采用 inch。

(2)公制单位系统

选中 Use Metric Unit System 后系统采用公制单位。Metric unit used 下拉框中可供选择的公制单位系统有:

①Millimeters：毫米。
②Centimeters：厘米。
③Meters：米。
④Auto-Metric：自动公制,100mm 以下采用 mm,100mm 以上采用 cm,100cm 以下采用 cm,100cm 以上采用 m。

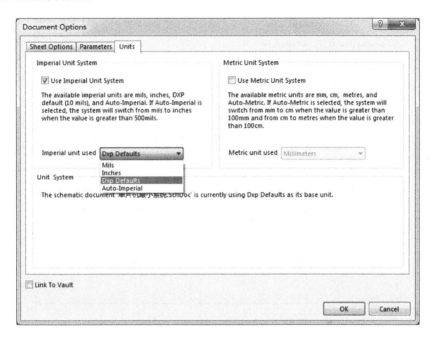

图 6-14　Document Options 对话框

6.4　原理图绘制

在本项目中,原理图图纸大小为 A4,使用的长度单位设置为英制单位,标签设置为本次项目的名字"单片机最小系统",其他保持默认设置。在基于以上的原理图图纸设置完成后,进行原理图绘制。

在"单片机最小系统.SchDoc"原理图文件中绘制如图 6-1 所示的单片机最小系统原理图。Altium Designer 系统提供了原理图元件默认库(Miscellaneous Devices.IntLib、Miscellaneous Connectors.IntLib),而单片机最小系统中的元件除了默认库中的之外还要包含一个在前面项目所建立的库文件"DZ CAD.SchLib",原理图所涉及的元件均含在这些库中,设计者可以使用这些库中的元件完成本次原理图的绘制。

6.4.1　加载库文件

在这里加载用户在前面项目中建立的集成库文件"DZ CAD.IntLib"。
(1)单击原理图编辑界面右侧的 Libraries 标签,显示 Libraries 面板。
(2)在 Libraries 面板中按下 Libraries 按钮,将打开 Available Libraries 对话框,如图 6-15

所示。

(3) 点击 Installed 标签栏。

(4) 在 Installed 标签栏中点击右下角的 Installed… 按钮,在弹出来的对话框中选择用户保存的库文件路径并单击打开保存的库文件选择安装。

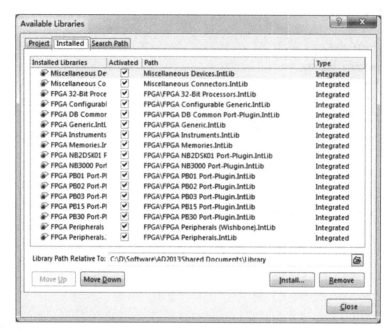

图 6-15 Available Libraries 对话框

6.4.2 原理图元件的放置

用项目 2 介绍的方法放置元件。表 6-2 给出了该电路中每个元器件的标号、原理图封装、原理图库、PCB 封装等数据。在放置元件的时候,一定要注意该元件的封装要与表 6-2 中的 PCB 封装相符。

表 6-2 单片机最小系统原理图元器件数据

序号	标号	原理图封装	原理图库	值	PCB 封装
1	11.0592M	XTAL	Miscellaneous Devices. IntLib	11.0592M	XTAL
2	24M	XTAL	Miscellaneous Devices. IntLib	24M	XTAL
3	C1~C8	CAP	Miscellaneous Devices. IntLib	1UF	RAD-0.3
4	D2	DO-201DN	Miscellaneous Devices. IntLib	1N4148	Diode 1N541
5	P1~P2	Header 16	Miscellaneous Connectors. IntLib	HDR1X16	AXIAL-0.4
6	R1~R2	Red	Miscellaneous Devices. IntLib	300R	Res2

续表

序号	标号	原理图封装	原理图库	值	PCB 封装
7	S2	SW-PB	Miscellaneous Devices.IntLib	SW-PB	LED0
8	U1A	74LS04	Protel DOS Schematic TTL.Schlib		DIP-14
9	U1	STC15F2K60S2	自定义库		PID40
10	U3	CH340T	自定义库		SOP20
11	USB	USB	自定义库		MINIUSB

在放置元件的过程中，可以随时更改封装规格为元件数据表中的规格，具体更改方法如下：

(1)用户放置元件的时候，当光标上"悬浮"着一个元件时，可以按 Tab 键在弹出的属性窗口中编辑元件的属性。

(2)在如图 6-16 所示的 Component Properties 对话框的 Models 单元下，检查 Type 选项为 Footprint 的 Name 属性与表 6-2 中的 PCB 封装是否一致，若不一致可以点击 Edit… 进行修改。

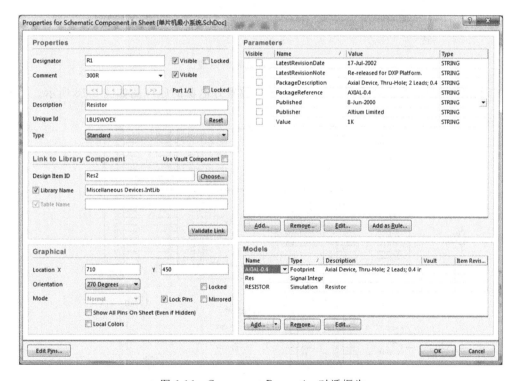

图 6-16 Component Properties 对话框为

(3)在原理图内也可以不修改元器件的 PCB 封装，用缺省的值。然后在 PCB 内，根据实际元器件的尺寸修改封装。

(4)将所有需要用到的元件放入原理图中，放置好元件的原理图如图 6-17 所示。

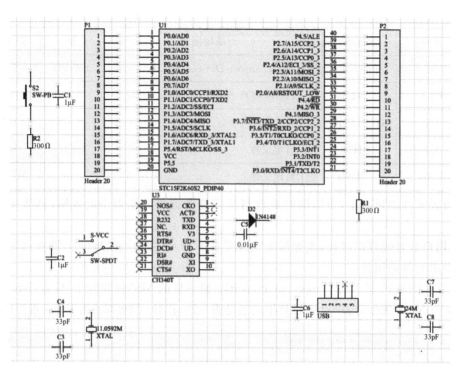

图 6-17　放置好元件的原理图

（5）在原理图中放置电源（Power Sources），放置好电源的原理图如图 6-18 所示。

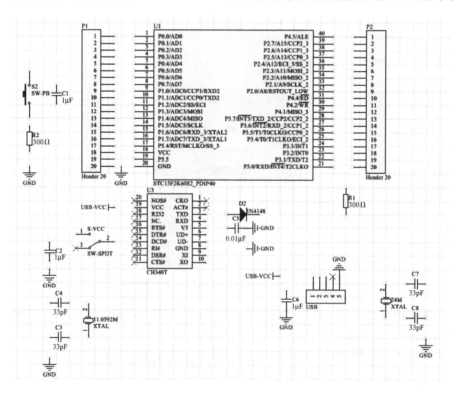

图 6-18　放置好电源的原理图

(6) 对原理图中的元件和电源进行连线,连好线后的原理图如图 6-19 所示。

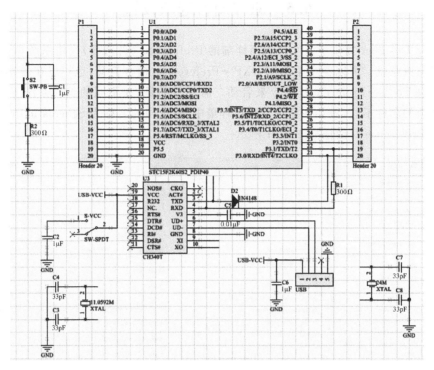

图 6-19 连好线后的原理图

(7) 最后放置网络标签,放置完网络标签的原理图如图 6-20 所示。

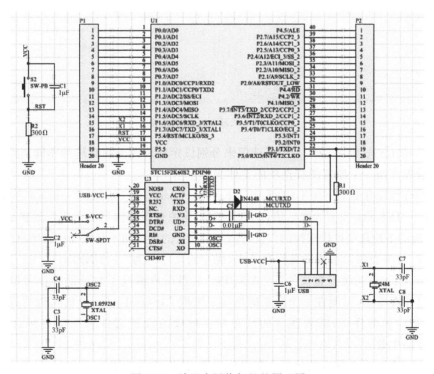

图 6-20 放置完网络标签的原理图

6.5　原理图首选项设置

Altium Designer 提供了一个强大而详细的 Preferences(首选项)设定系统,可以通过多种方法启动该系统。可以在主菜单用 DXP→Preferences 命令打开,也可以在各编辑系统的界面中选取 Tools→Preferences 命令来启动。需注意的是,在不同的编辑系统下,Tools 菜单中首选项的名称不同,例如在原理图编辑环境中,首选项的名称为 Schematic Preferences。打开后的 Preference 对话框如图 6-21 所示。

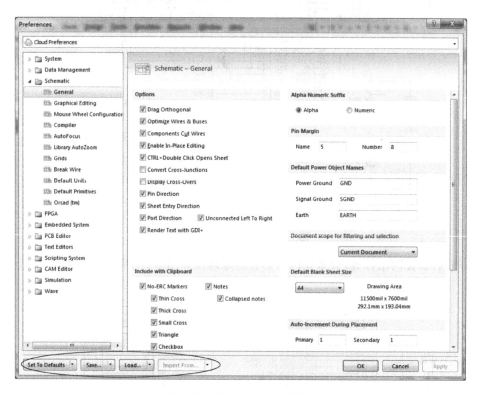

图 6-21　Preferences 对话框

在 Schematic 选项中共有 11 个子选项来分别设定原理图编辑环境的不同属性。在介绍各分项之前先介绍一下原理图首选项的整体操作。

属性的整体操作共有 Set To Defaults、Save…、Load… 和 Import From… 4 个按钮。

①Set To Defaults:设置为默认值,点击此按钮,则原理图编辑器的设定恢复到系统默认状态,按钮旁边的下拉选项可供选择的仅仅是恢复当前页的设置而不是恢复所有项目的设置。

②Save…:将当前的系统设置保存下来,保存的文件名为"*.DXPprf"。

③Load…:加载系统设置文件"*.DXPprf"。当用户形成了自己的操作习惯时可将系统设置信息保存下来,以便在一个全新的环境下使用 Altium Designer 时可以将设置文件加载,尽快地适应新的环境;需要注意的是在加载现成的设置文件后需要重新启动 Altium Designer 才能生效。

④Import From…:导入其他版本的操作设置,该操作不常用。

6.5.1 General(通用)设定

General 选项包括 Altium Designer 原理图的一些常规设定,如图 6-21 所示,现对各区域分别介绍。

(1)Options(选项)区域

①Drag Orthogonal(直角拖拽):拖拽与移动不同,移动器件时器件上的电器连线不会随着移动,所以会破坏原先的电气连接,拖拽则是在保持电气连接关系的情况下移动器件。可以选择菜单命令 Edit→Move→Drag,即可使鼠标进入拖拽状态,进而拖拽器件。直角拖拽时,电气连线会以直角的模式走线;而非直角拖拽时,电气连线可以沿任何方向走线。直角拖拽效果如图 6-22 所示。

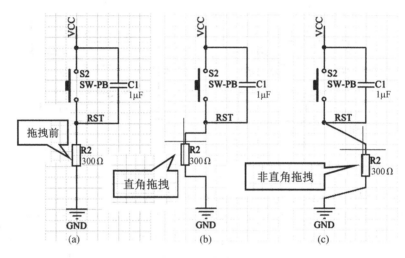

图 6-22 直角拖拽效果

②Optimize Wires & Buses(导线和总线优化):该优化是针对布线的,在线路出现重复走线时,优化程序会将重复的部分去掉。如图 6-23 所示,先画从 A 到 B 的导线,然后继续走

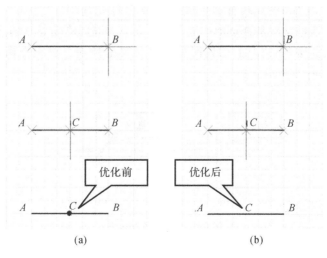

图 6-23 导线优化效果

线到 C 点完成画线,此时如果没有启动优化选项的话,画出的导线由 AB 和 BC 两段组成,C 点为交点,启动优化选项后系统会删掉重复的 BC 走线。

③Components Cut Wires(器件切除导线):该功能设定当器件插入导线中时,是否将器件自动串入导线,启用前后的效果如图 6-24 所示。

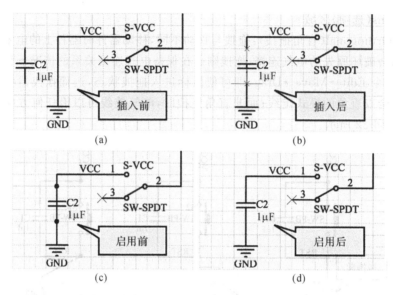

图 6-24 器件切除导线效果

④Enable In-Place Editing(允许在线编辑):该功能针对绘图区内的文字内容,允许直接在绘图区内编辑文字,而不需要打开属性页。如图 6-25 所示,鼠标左键点击 XTAL 选中该字符串,再次左键单击选中的字符串即可进入在线编辑状态。

⑤Ctrl+Double Click Opens Sheet(按住 Ctrl 键+鼠标双击打开图纸):在层次式电路图设计中,选取此项后按住 Ctrl 键+鼠标左键双击选定图纸符号即可打开相关联的图纸。

⑥Convert Cross-Junctions(自动生成交叉节点):该选项用于设定当两条导线相交时是否自动产生电气节点。选取后将在导线的连接处产生交叉式电气节点形成电气连接,不选取的话则两条导线仅仅是外观上的相交而并没有电气关系。交叉节点效果如图 6-26 所示。

图 6-25 允许在线编辑

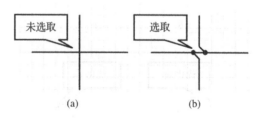

图 6-26 交叉节点效果

⑦Display Cross-Overs（显示交叉跨越）：选取该选项后，两条没有电气关系的导线相交时会在相交处显示弧形跨越符号，若是没有选取该项，交叉处仅仅是直角相交。交叉跨越效果如图 6-27 所示。

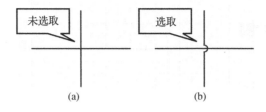

图 6-27　交叉跨越效果

⑧Pin Direction（引脚方向）：设定元器件引脚是否显示信号方向，选中此项后则在元器件的引脚上显示信号流向；反之则不显示。引脚方向显示效果如图 6-28 所示。

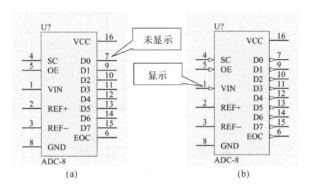

图 6-28　引脚方向显示效果

⑨Sheet Entry Direction（方块图纸入口方向）：该选项用来设定采用层次式原理图设计时子图的入口方向。选中该复选框后，原理图中的图纸连接端口将通过箭头的方式显示该端口的信号流向，这样能避免原理图中电路模块间信号流向矛盾的错误。

⑩Port Direction（端口入口方向设定）：该选项与 Sheet Entry Direction 设置类似。单击端口符号后按 Tab 键，弹出如图 6-29 所示的对话框，该对话框中有 Style 和 I/O Type 两个下拉框设置项。Style 用来设置该端口入口符号的样式，而 I/O Type 则用来设定该 I/O 口的信号流向。选取该项时，端口方向由 I/O Type 参数决定；未选取该项的话，则由 Style 参数决定。端口的样式如图 6-30 所示。

⑪Unconnected Left To Right（未连接端口样式）：该选项用来设定图纸中未连接的端口样式，一律采用从左到右的方式。必须在选中 Port Direction 选项时该选项才有效，若不选取该选项，端口的样式由其属性对话框中的 I/O 参数决定。

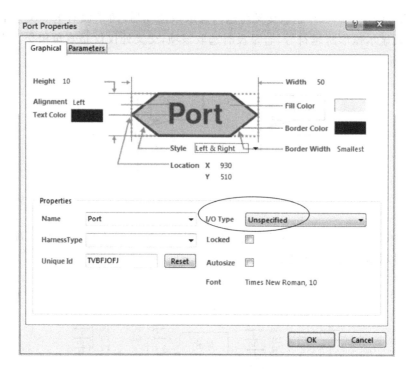

图 6-29　Port Properties 对话框

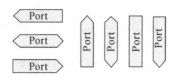

图 6-30　端口的样式

(2) Include with Clipboard 选项

该选项可以设定在使用剪切和打印功能时是否包含 No-ERC Markers 和 Parameter Sets 方式。

①No-ERC Markers：此复选框决定在使用剪贴板进行复制时，对象的 No-ERC 标识是否随图形文件被复制。

②Parameter Sets：该复选框决定在使用剪贴板进行复制操作时，是否将对象的参数设置随图形文件被复制。

(3) Alpha Numeric Suffix(字母数字后缀)选项

该选项用于设定当放置具有复合封装的器件里面的单个元器件时，各单位器件的标号显示方式。Alpha 表示以字母的形式显示，Numeric 则表示以数字的形式显示。例如放置一个器件(由两个单元组成)时，当放置第一个单元后，标号会自动增加为同一块芯片的第二个单元，第二单元放置有不同后缀的效果：字母顺序 U1：B 或者数字顺序 U1：2。

(4) Pin Margin(引脚边距)选项

如图 6-31 所示，该选项用于设定元件名称与器件引脚数字编号和元件边框之间的距离。其中，Name 用于设定元件名称与元件边框之间的距离，Number 用于设定引脚编号与元件边框之间的距离。

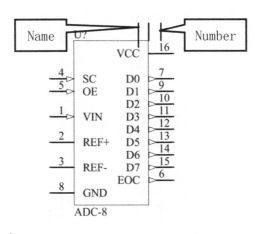

图 6-31 边距设定

(5) Default Power Object Names(默认电源对象名称)选项

该选项用于设定各种电源接地符号的默认网络名，如 Power Ground(电源地)的默认网络名称为 GND，Signal Ground(信号地)的默认网络名称为 SGND，Earth(机壳接地)的默认网络名称为 EARTH。

(6) Document scope for filtering and selection(文档过滤和选择的范围)选项

该选项用于设定进行筛选或是选择时的作用域，其下可选择的范围有：

①Current Document：当前文档。

②Open Documents：所有打开的文档。

(7) Default Blank Sheets Size(默认空白图纸尺寸)选项

该选项用于设定新建电路图纸时默认图纸的尺寸大小，用户可以将其设置为最习惯使用的一种图纸尺寸。对于每个新建的原理图文档，对于最终的图纸尺寸，可以在文档选项中进行修改。

(8) Auto-Increment During Placement(放置器件时自动增加)选项

该选项用于设定连续地放置图件时，倘若器件上包含数字，像元件标号、网络标号、引脚标号等，标号数字量的大小自动增加，如图 6-32 所示，放置电阻 R1 后，再次放置电阻时其标号会自动增加为 R2。Primary 和 Secondary 分别用来设定电路图编辑和元器件编辑时数字增量的大小。

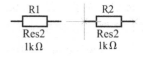

图 6-32 标号的自动增加

(9) Defaults(默认设置)选项

该选项用于设定图纸使用的模板。可以通过 Browse 添加模板或是通过 Clear 来清除当前选择的模板。

(10) Port Cross References(交叉端口设置)选项

该选项用于设定端口交叉引用时的样式。可以设定图纸样式 Sheet Style，包括是否显示图纸名或是编号，以及是否显示坐标。

6.5.2 Graphical Editing(图形编辑)设定

Graphical Editing 选项包含原理图编辑中的图形编辑属性的相关设定,比如鼠标指针类型、栅格、后退或重复操作次数等。图形编辑设定对话框如图 6-33 所示。

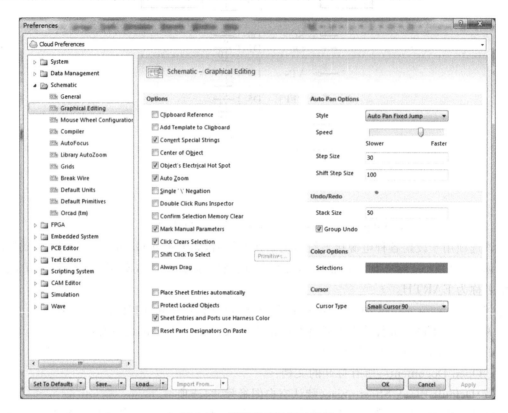

图 6-33 图形编辑设定对话框

(1)Options(选项)区域

①Clipboard Reference(剪贴板参考点):该选项用于设定在剪切和复制操作时,执行剪切或复制命令后是否还要用鼠标选择一个参考点,粘贴时再以该参考点为原点放置图件。该选项是为了满足 Protel 99SE 用户而设定的,在以前的版本中,为了准确定位,剪切和复制操作需要选取参考点。

②Add Template to Clipboard(将模板加入剪切板):该选项用于设定执行剪切和复制命令时是否将模板一起选入。若选择该选项的话,图纸中的模板会一同复制到剪切板中。

③Convert Special Strings(转换特殊字符串):该选项用于设定是否将特殊字符串转化为其内容显示。如图 6-34 所示,当选择该项后,对应的 Title 就会变成实际的标题名。

④Center of Object(对象居中):若选取该选项,当鼠标拖拽圆形、矩形等非电气对象时,鼠标指针会指向该对象的中心点;如不选取该项,则鼠标指针会固定在最初的选取点。

⑤Object's Electrical Hot Spot(对象的电气热点):该选项用于设置选取电气对象时光标的位置。若选取该项,选取电气对象并拖动时,光标会移至离光标最近的引脚;若不选取该项,则光标会固定在最初的选取点。

项目 6　单片机最小系统电路原理图绘制

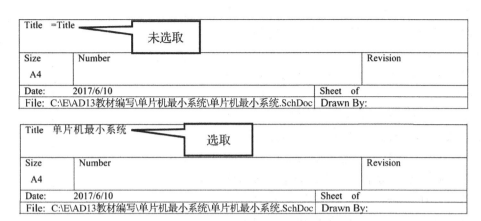

图 6-34　特殊字符串的转化效果

⑥Auto Zoom（自动缩放）：该选项用于当着重显示某个电气元件时，编辑区是否自动缩放以便将该器件以最佳的方式显示。

⑦Single"\"Negation（单字符"\"表示否定）：该选项用于设定在设置网络名时，是否可以在网络名前添加"\"符号，从而使整个网络名的上方出现上划线。将一个引脚项"CKO"设置为"C\K\O\"，在选中该项前后的显示情况如图 6-35 所示。

图 6-35　Single"\"Negation 选项的显示效果

⑧Double Click Runs Inspector（双击运行检查器）：该选项用于设定当双击图件时，该图件的属性是以属性对话框的形式显示还是以 Inspector 的形式显示，两种不同的显示效果如图 6-36 所示。选中该项则以 Inspector 的形式显示，未选中该项则以属性对话框的形式显示。

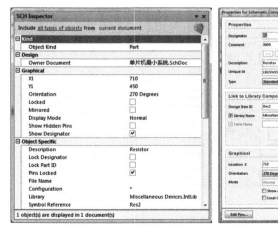

（a）以 Inspector 的形式显示　　　　　　　　（b）以属性对话框的形式显示

图 6-36　图件属性显示方式

⑨Confirm Selection Memory Clear（确认选择存储器消息框）：该选项设定当清除选定的内存区域时，是否需要确认。

⑩Mark Manual Parameters（标记人工参数）：该选项用于设定是否显示人工参数标记。

⑪Click Clears Selection（点击清除选择）：该选项用于设定当编辑区内选择了器件时，若要取消选择，只需将鼠标移至绘图区空白处后单击即可；若是不选取该项，取消选择就只能通过选择菜单命令Edit中的DeSelect或点击按钮来执行。

⑫Shift Click To Select（按住Shift键单击鼠标选择）：选择该选项后，需要在按住Shift键的同时点击鼠标左键才能选中图件。点击Primitives按钮后，会弹出如图6-37所示的对话框，设定选择哪些图件时必须按住Shift键。

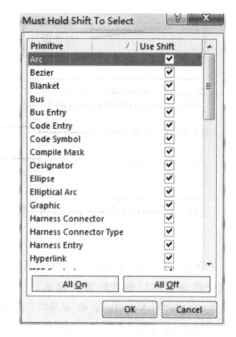

图6-37 Must Hold Shift To Select 对话框

⑬Always Drag（总是拖拽）：前面已经介绍过拖拽与拖动的区别，该选项用于设定当用鼠标左键选取电气元件并移动时，系统默认是拖动还是拖拽。若选择该项，则元件移动时保持原来的电气关系不变；不选取该项，则元件原先的电气连接会改变。

⑭Place Sheet Entries automatically（自动产生图纸入口）：该选项用于设定当有器件连线至图纸符号时，图纸是否自动产生一个图纸入口，图6-38是选取该项后自动产生图纸入口的效果。

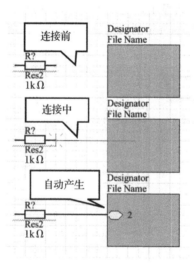

图6-38 自动产生图纸入口效果

⑮Protect Locked Objects(保护锁定对象)：该选项用于设定是否保护锁定了的对象。若选取该项目，当对象属性设定为锁定时，对该对象不能进行拖动或拖拽等操作；若没有选取该项，移动锁定的对象时会产生如图 6-39 所示的锁定对象操作确认对话框。

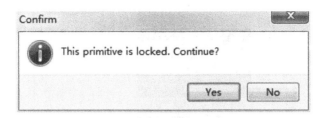

图 6-39　锁定对象操作确认对话框

⑯Sheet Entries and Ports use Harness Color(图纸端口颜色设置)：该选项用于设定图纸入口和端口是否使用和 Harness 相同的颜色设置。

(2)Auto Pan Options(自动边移选项)区域

该选项区域用来设置当光标移至绘图区的边缘时，图纸自动边移的样式。

①Style：自动边移样式。Auto Pan Off 表示自动边移关闭，当光标移至绘图区边缘时，图纸不自动移动；Auto Pan Fixed Jump 表示当光标移至绘图区边缘时，图纸以固定的步长移动；Auto Pan ReCenter 表示当光标移至绘图区边缘时，系统会将此时光标所在的图纸位置移至绘图区中央，即将图纸整体移动半个绘图区。

②Speed：自动边移速度。拖动滑块向右移动，则自动边移的速度变快；向左移动则自动边移的速度变慢。

③Step Size：图纸自动边移时的步长。此选项必须配合 Auto Pan Fixed Jump 设置。

④Shift Step Size：此选项设置按住 Shift 键时自动边移的步长，同理，此选项也需配合 Auto Pan Fixed Jump 设置。

(3)Undo/Redo(撤销/重做)选项

此选项用来设置最多"撤销/重做"命令的次数，可在 Stack Size 文本框中设置，系统默认的可撤销或重做的次数为 50 次，即最多可进行 50 步操作的撤销或重做，当然设置次数越多，系统所需要的内存就越大，这将会影响编辑操作的速度。Group Undo 复选框是设置相同的操作命令可以一次性全部撤销的。

(4)Color Options(颜色设置)选项

该选项用来设置原理图中处于选中状态的图件所标识的颜色，单击 Selections 后面的颜色框，弹出如图 6-40 所示的颜色设置对话框，可从中选择合适的颜色。

(5)Cursor(光标)选项

该选项用来设置鼠标处于选取状态时的光标样式，有 4 种 Cursor Type 供用户选择。4 种光标样式如图 6-41 所示。

①Large Cursor 90：90°的大游标，其中的水平线和垂直线贯穿整个绘图区；

②Small Cursor 90：90°的小游标，正常的十字形指针；

③Small Cursor 45：45°的小游标，正常的"×"形指针；

④Tiny Cursor 45：45°微型指针，微型"×"形指针。

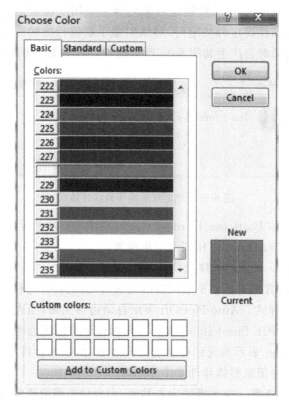

图 6-40 Choose Color 对话框

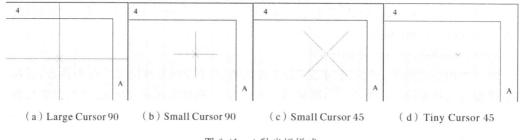

(a) Large Cursor 90　　(b) Small Cursor 90　　(c) Small Cursor 45　　(d) Tiny Cursor 45

图 6-41 4 种光标样式

6.5.3 Mouse Wheel Configuration(鼠标滚轮)设定

倘若用户使用的是带有中间滚轮的鼠标,还需要对鼠标滚轮进行设置,使用鼠标滚轮可以大大方便原理图的操作。如图 6-42 所示,鼠标滚轮可对 4 个命令进行快捷操作,勾选其中的复选框就可以设置滚动鼠标滚轮时必须配合的功能键。

(1) Zoom Main Window(绘图区主窗口的缩放):按住 Ctrl 键的同时向上滚鼠标滚轮则图纸放大,向下滚鼠标滚轮则图纸缩小;

(2) Vertical Scroll(图纸的垂直滚动):向上滚动鼠标滚轮则图纸向上移动,向下滚动鼠标滚轮则图纸向下移动;

(3) Horizontal Scroll(图纸的水平滚动):按住 Shift 键的同时向上滚动鼠标滚轮则图纸向左移动,向下滚动鼠标滚轮则图纸向右移动;

(4) Change Channel(切换通道):同时按住 Ctrl 键和 Shift 键并滚动鼠标滚轮,则图纸在不同的通道之间进行切换。

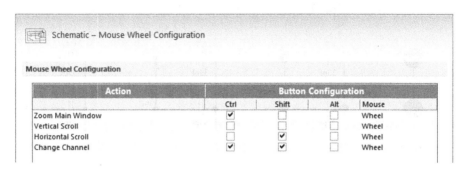

图 6-42　鼠标滚轮设置

6.5.4　Compiler(编译器)设定

编译器设置选项主要负责编译时产生的错误和警告的提示以及节点样式的设定,如图 6-43 所示。

(1) Errors & Warnings(错误和警告)区域

该区域设置不同等级错误的显示样式。错误信息主要分为 3 个等级:Fatal Error(致命错误)、Error(错误)和 Warning(警告)。在其后的 Display 复选框中可以设置该类型的错误是否在绘图区显示,显示的颜色在颜色框里面选择。当原理图界面显示了器件的编译错误时,将光标置于错误上并停留一段时间,系统便会自动显示错误的具体信息。

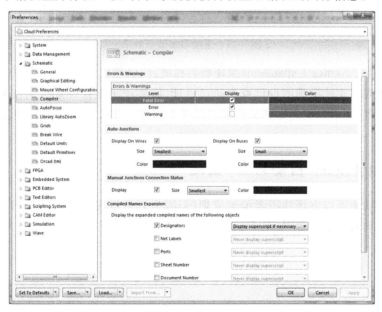

图 6-43　编译器设置选项

(2) Auto-Junctions(自动节点)区域

该区域用于设置布线时系统自动产生节点的样式,其中有 Display On Wires(线路节点)和 Display On Buses(总线上的节点)两个选项,每个选项下可以分别设置节点的大小和颜色。其中 Size 中共有 4 种类型的节点可供选择:Large(大型)、Medium(中型)、Small(小型)、Smallest(超小型)。具体图形如图 6-44 所示。

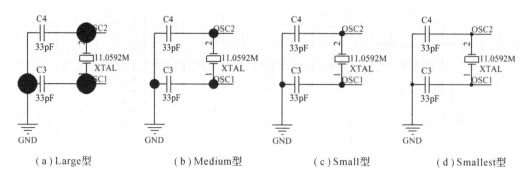

图 6-44　各类型节点显示效果

(3) Manual Junctions Connection Status(手动添加节点连接状态)区域

如图 6-45 所示,可以通过选择菜单命令 Place 中的 Manual Junction 来手动添加电气节点,手动添加的电气节点可以无实际的电气连接,通过设定有电气连接的节点,用是否显示圆晕来区分有无电气连接,本选项区域则用于设置这种状态圆晕的样式。

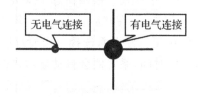

图 6-45　手动添加节点效果

(4) Compiled Names Expansion(编译后名称展开)区域

该选项针对层次式原理图设计或多通道设计时,将逻辑电路图展开为实际电路图的具体展开项目设置,还可以设定编译后的文档以灰度的形式显示,下面的拖动框调整灰度显示的强度。

6.5.5　AutoFocus(自动对焦)设定

自动对焦功能可以方便使用者编辑原理图,因为它可以突出显示待编辑的图件。主要有 3 个方面自动对焦的设置,如图 6-46 所示。

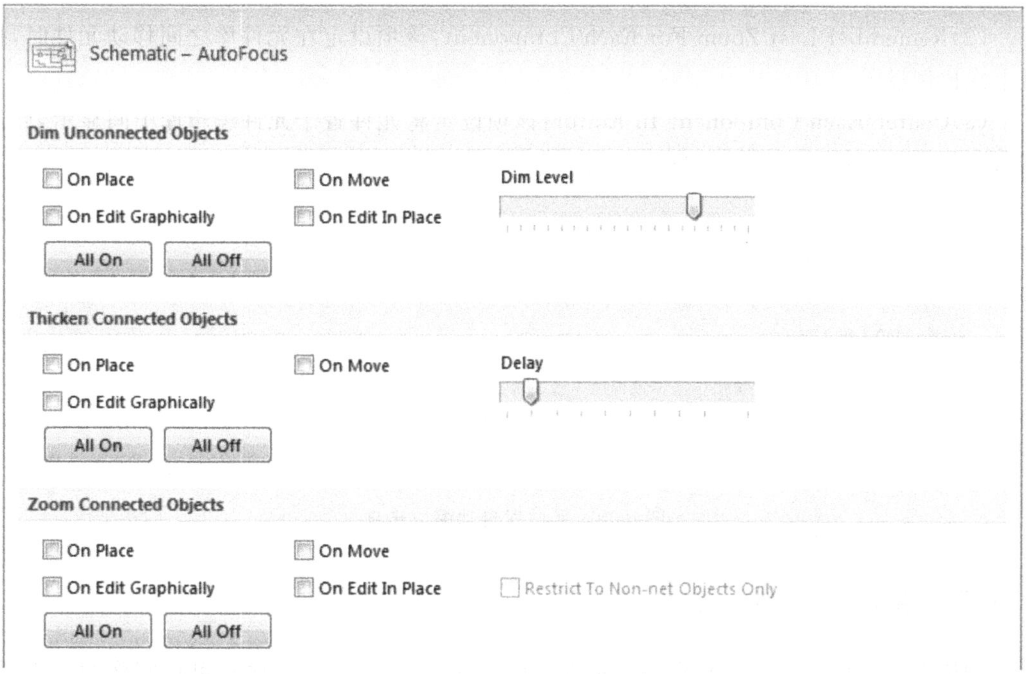

图 6-46　自动对焦设置选项

(1) Dim Unconnected Objects(淡化显示其他未连接的对象)

淡化显示其他未连接对象区域内有 4 个复选框:On Place 是指放置图件时,淡化显示其他未与其连接的图件;On Move 是指移动图件时,淡化显示未与其连接的图件;On Edit Graphically 是指在编辑图件的图形属性时,淡化显示未与其连接的图件;On Edit In Place 是指在线编辑图件的文字属性时,淡化显示未与其连接的图件。还可以点击复选框下面的 All On 或 All Off 按钮来全部选择或全部取消选项。右边的 Dim Level 滑动块用于设置淡化的效果,滑块越靠右淡化效果越明显。

(2) Thicken Connected Objects(加粗连接对象)

启用该功能后,放置对象时,将加粗显示和对象连接的导线和元件的管脚,显示效果如图 6-47 所示。选项区域内的 Delay 滑块设置连接导线加粗显示的时间。

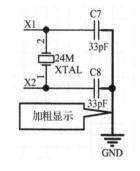

图 6-47　加粗显示对象效果

(3) Zoom Connected Objects(放大显示连接对象)

当放置导线或器件时,放大显示所有与其连接的器件。区域内的 Restrict To Non-net Objects Only 是指自动放大功能仅限于无网络的图件。

6.5.6　Library AutoZoom(元件库自动缩放)设定

元件库自动缩放选项用于设置编辑元件库时的自动缩放,仅有如图 6-48 所示的几项设置。

(1) Do Not Change Zoom Between Components:该项设定在元件库之间移动元件时是

否缩放；

（2）Remember Last Zoom For Each Component：该项设定在元件库之间移动元件时，按照上次比例显示；

（3）Center Each Component In Editor：该项设定将元件置于元件编辑库中间显示，后面的 Zoom Precision 用于设置元件显示的比例。

图 6-48　元件库自动缩放选项

6.5.7　Grids（网格）设定

网格设置选项用于设定网格的显示方式以及捕获网格、电气网格和可视网格的大小，如图 6-49 所示。

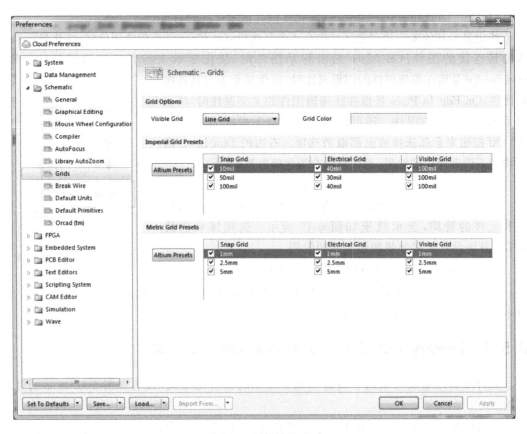

图 6-49　网格设置选项

(1) Grid Options(网格选项)

此项的 Visible Grid 设置网格显示的样式,可以选择 Line Grid(线网格)或是 Dot Grid(点网格),如图 6-50 所示。后面的颜色框可以设置网格的显示颜色。

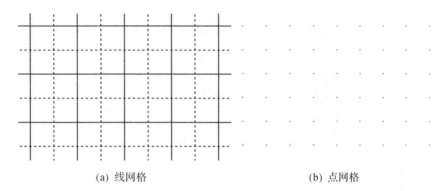

(a) 线网格　　　　　　　　　(b) 点网格

图 6-50　线网格与点网格

(2) Imperial Grid Presets(英制网格预设)项目

该区域设置预置的网格大小,在编辑中可以按快捷键 G 来进行不同大小网格的切换。在图 6-51 中可以看到,网格设置包括 Snap Grid(捕捉网格)、Electrical Grid(电气网格)和 Visible Grid(可视网格)。点击前面的 Altium Presets 按钮弹出如图 6-51 所示的选项框,其中包括 6 组设置,可以选定其中的一组设置,在右边会详细显示该组设置的具体网格规格,在绘图时可按 G 键在不同的网格规格之间切换。

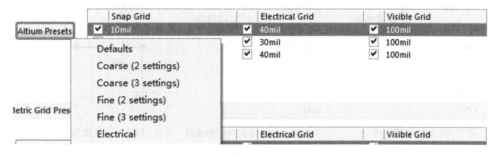

图 6-51　英制网格预设选项

(3) Metric Grid Presets(公制网格预设)项目

该区域的设置与英制网格预设相同,只不过采用了公制单位。点击 Altium Presets 按钮选定相应的设置,在绘图时就可以使用了。

6.5.8　Break Wire(切线)设定

切线顾名思义就是切断电气连线,选择 Edit→Break Wire 就可以执行切线命令,在这里是对切线的尺寸以及样式进行设定。

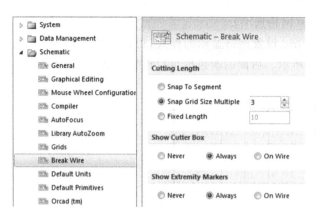

图 6-52 切线设定选项

(1) Cutting Length(切线长度)

切线长度即执行一次切线命令所截断的电气走线长度,有 3 个选项:

①Snap To Segment:切除整段,即切除光标所选择的一段电气走线;

②Snap Grid Size Multiple:切除网格大小的整数倍,在其后的文本框中设置网格大小的倍数;

③Fixed Length:切除固定长度,在后面的文本框中设置切除的长度。

切除效果如图 6-53 所示,分别为切除整段线段、切除网格大小的 20 倍的线段和切除固定长度为 10mil 的线段。

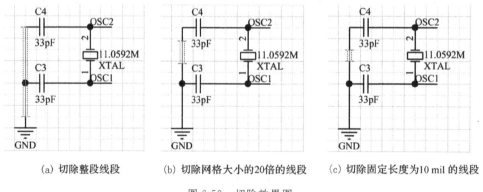

(a) 切除整段线段　　(b) 切除网格大小的20倍的线段　　(c) 切除固定长度为10 mil 的线段

图 6-53　切除效果图

(2) Show Cutter Box(显示剪切框)

可以设定 Never(从不)、Always(总是)或者 On Wire(置于导线上)时显示剪切框。

(3) Show Extremity Markers(显示末端标记)

可以设定 Never、Always 或者 On Wire 时显示末端标记,末端标记的显示效果如图 6-54 所示。该图为选择从不显示末端标记的情况。

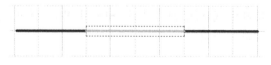

图 6-54　不显示末端标记效果

6.5.9 Default Units(默认单位)设定

系统的单位设定主要是指选择采用英制系统还是公制系统。可以在图 6-55 中的选项页中选定英制系统或是公制系统,并在下拉框中选用系统的单位,下面的 Unit System 显示了当前系统所采用的单位制。详细的单位设置在单位选项卡参数设置中已经介绍,在此就不详细论述了。

图 6-55 默认单位设定选项

6.5.10 Default Primitives(默认图件参数)设定

默认图件参数设定是用来设置编辑原理图放置图件时图件的默认参数的,如图 6-56 所示。

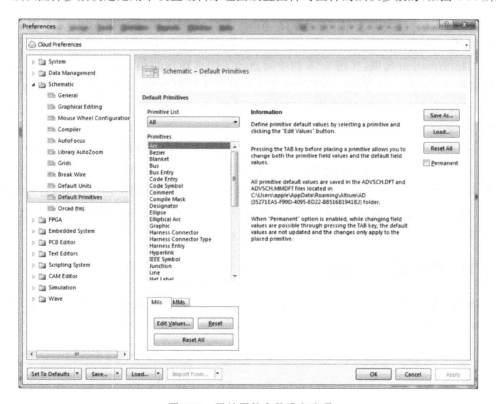

图 6-56 默认图件参数设定选项

(1) Primitive List 为图件的分类表，点击该下拉框可看到如图 6-57 所示的图件的分类，选择相应的分类则在下面的 Primitives 框中显示该分类所有的图件，All 选项为显示全部图件。

在 Primitives 中选取相应的图件双击或是点击下面的 Edit Values… 按钮打开图件默认属性设置对话框，例如双击 Wire 选项打开如图 6-58 所示的导线默认属性对话框，该对话框与布线时按下 Tab 键所显示的属性对话框相同，只不过这里设置的是放置图件时的默认属性。

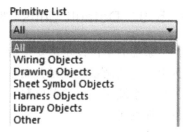

图 6-57　图件的分类

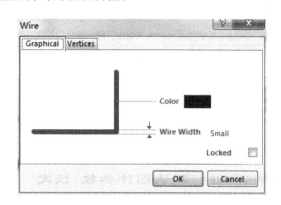

图 6-58　导线默认属性设置

下方还有 Reset、Reset All 两个按钮，Reset 复位选中图件，Reset All 则是复位英制或者公制单位下所有的图件属性。另外还可以对英制和公制下的默认参数分别设定。

(2) Information 选项：在图 6-56 的中间显示了图件操作的相关帮助信息。右方有 3 个按钮，其中 Save As… 可将当前的图件默认属性设置并保存为"∗.dft"文件；同理，Load… 按钮可以载入现成的"∗.dft"图件默认属性设置文件；Reset All 则复位所有图件英制和公制的默认属性。

Permanent(永久)设置选框：设定默认参数的改变是否在原理图的整个编辑过程中都有效。若不选取该项，则在原理图中第一次放置某图件时，图件的属性与系统设置的默认属性相同，但是若在放置过程中按下 Tab 键修改图件属性，下次放置同类的图件时，图件的默认属性就变成了修改后的值；若选取该选项，在原理图的绘制过程中不论修改图件的属性多少次，新放置的同类图件的属性均为系统设定的默认值。

6.5.11　Orcad(tm)设定

OrCAD 是另外一款著名的电子电路设计软件，Orcad 选项则是设置 OrCAD 原理图与 Altium Designer 原理图之间的转换接口，如图 6-59 所示。

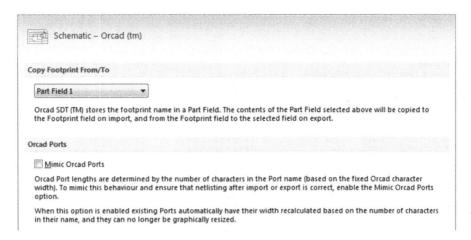

图 6-59　Orcad 设定选项

(1) Copy Footprint From/To

由于 OrCAD 软件中器件的封装是放置在字段中的,在这里设置 Altium Designer 里面元器件封装与字段的关系,方便两者之间的转换。

(2) Orcad Ports

由于 OrCAD 的端口长度是由端口名的字段长度决定的,而 Altium Designer 中端口的长度可以自己设定,这就导致两者之间的转换可能出现问题。所以如果要正确实现两者之间的转换,必须选定 Mimic Orcad Ports 模拟 OrCAD 端口选项,让系统自动根据端口的长度来计算端口的宽度。

6.6　检查所有元件的封装

在完成了以上原理图元件的摆放和连线之后,在将原理图信息导入新的 PCB 之前,需要确保所有与原理图和 PCB 相关的库都是可用的。在本例中只用到了默认安装的集成元件库,所有元件的封装也已经包括在内了。但是为了掌握用封装管理器检查所有元件的封装方法,用户还需要执行以下操作:在原理图编辑器内,选择 Tools→Footprint Manager 命令,显示如图 6-60 所示的 Footprint Manager(封装管理器检查)对话框。在该对话框的元件列表(Component List)区域,显示原理图内的所有元件。用鼠标左键选择每一个元件,当选中一个元件时,用户可以在对话框右边的封装管理编辑框内添加、删除、编辑当前选中元件的封装。如果对话框右下角的元件封装区域没有出现,可以将鼠标放在 Add… 按钮的下方,把这一栏的边框往上拉,封装图的区域就会显示。核对所有原件的封装,如果所有元件的封装都正确,点击 Close 按钮关闭对话框。

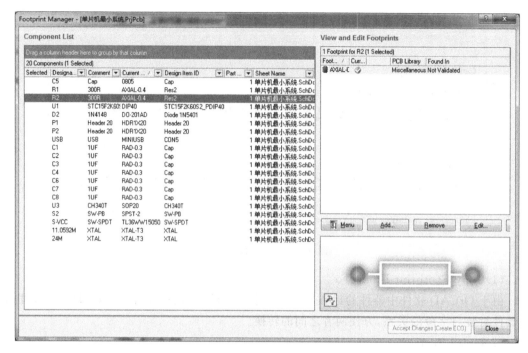

图 6-60 Footprint Manager 对话框

6.7 检查原理图电气规则

编辑项目可以检查出设计文件中的设计原理图和电气规则的错误,并提供给用户一个排除错误的环境。

(1)要编辑数码管显示电路,选择"Project\Compile PCB Project\单片机最小系统.PrjPCB"。

(2)当项目被编辑后,任何错误都将显示在 Messages 面板上。如果电路图有严重的错误,Messages 面板将自动弹出,否则 Messages 面板不出现。如果报告给出错误,则需要检查电路并纠正错误。

6.8 小 结

原理图绘制流程详见项目 5 的小结。

习 题

6-1 画出电源转换电路原理图,并按图 6-61 设置元器件参数,要求编译无错误,并生成元器件清单。

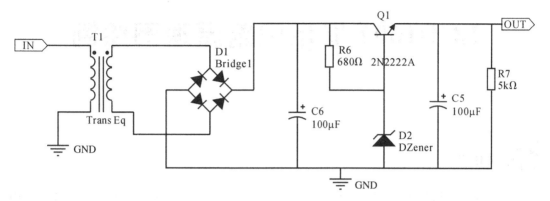

图 6-61 习题 6-1 图

项目 7

LCD1602 显示电路原理图绘制

项目引入

爱心灯点亮的同时,我们还可以用液晶屏显示"I Love You"等配文。本项目选用 LCD1602 液晶屏,用单片机控制实现动态配文,其原理图如图 7-1 所示。

LCD1602 字符型液晶模块是一种用 5×7 点阵图形来显示字符的液晶显示器,根据显示的容量可以分为 1 行 16 个字、2 行 16 个字、2 行 20 个字等,采用标准的 14 脚接口。其中 GND 为地电源,VCC 接 5V 正电源。VCOM 为液晶显示器对比度调整端,接正电源时对比度最弱,接地电源时对比度最高,对比度过高时会产生"鬼影",使用时可以通过一个 10kΩ 的电位器调整对比度。RS 为寄存器选择端,高电平时选择数据寄存器,低电平时选择指令

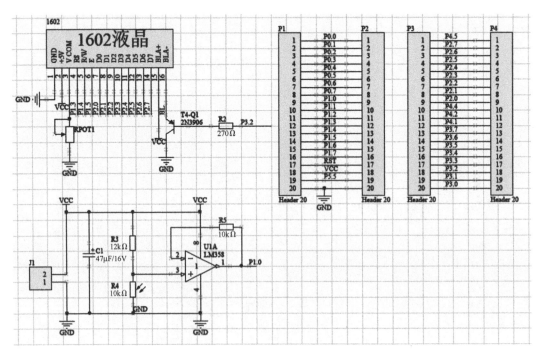

图 7-1 LCD1602 显示电路原理图

寄存器。R/W 为读写信号线,高电平时进行读操作,低电平时进行写操作。当 RS 和 R/W 共同为低电平时可以写入指令或者显示地址,当 RS 为低电平、R/W 为高电平时可以读入信号,当 RS 为高电平、R/W 为低电平时可以写入数据。E 端为使能端,当 E 端由高电平跳变成低电平时,液晶模块执行命令。D0～D7 为 8 位双向数据线。

本项目所涉及的知识点如下:
(1) 导线的连接方法;
(2) 线路节点的放置方法;
(3) 总线的放置方法;
(4) 圆弧的放置方法;
(5) 放置注释文字;
(6) 放置文本框;
(7) 对象属性整体编辑;
(8) 电气规则检查。

7.1 新建一个工程

首先在计算机硬盘上建立一个名为"LCD1602 显示电路"的文件夹,建立一个名为"LCD1602 显示电路.PrjPCB"的项目工程文件并把它保存在"LCD1602 显示电路"的文件夹下。

7.1.1 新建一个空的原理图

新建一个原理图,并自定义原理图的图纸。
(1) 从菜单选择命令 Design→Document Options,打开如图 7-2 所示的 Document Options 对话框。

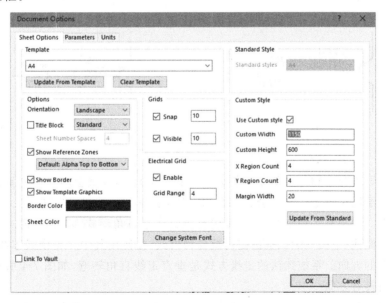

图 7-2 Document Options 对话框

(2)在 Units 标签中的 Metric Unit System 选择区域中勾选 Use Metric Unit System 选项,在激活的 Metric unit used 下拉列表中选择 Millimeters,即将原理图图纸中使用的长度单位设置为毫米。

(3)单击 Parameters 标签,打开该标签,在跳出的编辑框修改 Document Name:标签为本次项目的名字"LCD1602 显示电路"。修改 Author 为设计者的姓名,修改 Company Name 为本校名字。

7.1.2 将原理图添加到工程

对于已经设计好的独立原理图文件,设计者如果想把它加入工程中,可以选择菜单命令 File→Open…,选择需要添加的文件,选择的文件出现在 Free Documents 文件夹下,用鼠标将 Free Documents 文件夹下的文件拖到"LCD1602 显示电路.PrjPCB"工程文件中即可。也可以直接选择命令 Project→Add Existing to Project…,选择需要添加的文件。设计者甚至可以用鼠标拖出"LCD1602 显示电路.SchDoc"文件,直接使用后来加入的原理图文件。

7.2 导线的连接方法

导线就是用来连接电气元件的具有电气特性的连线。可以选择 Place 中的 Wire 命令或是点击菜单栏的按钮进入导线绘制状态,当光标移入绘图区后会变成"×"状的白色光标,此时可在绘图区的任意区域点击鼠标左键绘制导线的起始点,起始点可以是元件的引脚,当光标移至元件的引脚时,会自动捕捉到元件的引脚,此时光标变成红色的"米"字状,点击即可选取器件引脚为起始点,如图 7-3 所示。选取起始点后便可拖动光标绘制导线,当光标移至另外一个器件引脚时光标变成红色的"×"状,点击引脚就完成了一段导线的绘制。此时光标仍处在绘制导线状态,可以继续连接其他的引脚,也可以按 Esc 键或点击鼠标右键退出绘制导线状态。

图 7-3 选择起始点与终点

当绘制的导线起点和终点不在一条水平或垂直线上时,导线会转弯以便垂直走线,但是在一条导线的绘制过程中系统只会自动转弯一次,要想多次转弯可在转弯处点击鼠标左键形成一个节点。系统有多种走线模式,其中有垂直水平直角模式、45°布线模式、任意角度模式和自动布线模式,可按 Ctrl+空格键切换各种模式,在使用其中一种模式布线时又可按空格键改变转弯的方向。系统默认的走线方式是垂直走线直角转弯,如图 7-4 所示,可以按空格键改变直角转弯方向。

图 7-5 是 45°走线模式,转弯处可以是 90°或者 45°角,按空格键改变转角方向。

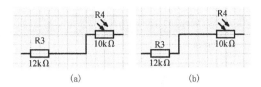

图 7-4 直角转弯模式

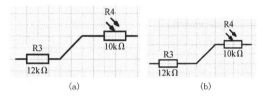

图 7-5 45°转弯模式

图 7-6 是任意角度和自动布线模式。任意角度模式下系统布线将没有固定的角度，而是直接连接两个连线的引脚；自动布线模式则是系统自动寻找水平和垂直走线模式下的最佳路径，先选出需连接的两个器件引脚，此时路径呈虚线连接，确认后系统将自动连线，结果如图 7-6 所示。在自动布线时可以点击 Tab 键进入如图 7-7 所示的自动布线设置框：Time Out After(s)是指系统计算最佳走线路径时最多允许的计算时间，超过此时间则停止自动走线；Avoid cutting wires 指设定自动走线时避免切除交叉走线的程度。

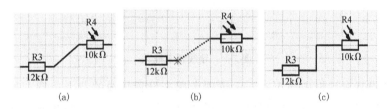

图 7-6 任意角度和自动布线模式

和元器件一样，导线也有自己的属性，可以在绘制导线时按 Tab 键或是绘制完成后双击相应的导线打开如图 7-8 所示的导线属性对话框。在 Graphical 选项卡中可以设置导线的线宽和颜色，导线默认的颜色是深蓝色，用户可点击 Color 颜色框设置自定义颜色。系统提供了 4 种线宽：Smallest(最小)、Small(小)、Medium(中)、Large(大)，点击 Wire Width 右边的线宽可弹出线宽的选项及其预览。

图 7-7 自动布线模式设置

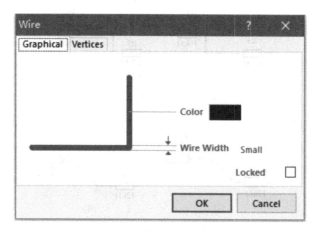

图 7-8 导线属性对话框

导线还可以锁定,勾选右下角的 Locked 复选框后,每当对该导线进行编辑操作时,就会弹出如图 7-9 所示的确认对话框,可以防止误操作。

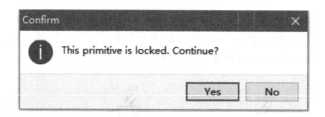

图 7-9 导线锁定确认

导线属性设置对话框中的 Vertices 选项卡用来设置导线的节点位置。如图 7-10(a)所示,虽说该条导线转了几个弯,但在电气上仍属于一条导线。该条导线共有 6 个节点,包括两端的 2 个端点和中间的 4 个节点。图 7-10(b)分别列出了这 6 个节点的坐标值,可以直接双击坐标值进行编辑而改变节点位置,也可以点击右边的 Add… 按钮增加新的节点或是点击 Remove… 按钮删除选定的节点。点击 Menu… 按钮后弹出节点编辑菜单,其功能和之前介绍的功能类似,因此不再赘述。

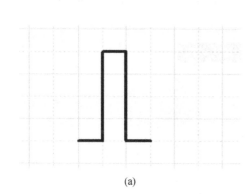

(a)

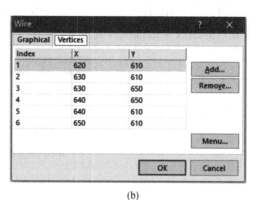

(b)

图 7-10 导线节点设置

导线可以在绘图区直接用鼠标进行拖拽编辑,根据拖拽导线的部位不同,可以分为导线端点的编辑、中间节点的编辑和导线的小节编辑。首先我们来认识一下导线的组成,倘若一段导线有转弯现象的话,则该段导线由若干小节即若干线段组成,每个转弯的拐点就是一个节点,整段导线的起始节点和终止节点称为端点。在用鼠标对导线进行编辑前首先要选中导线,使导线呈绿色的选中状态,下面分别介绍导线的各种编辑方法。

- 导线端点的编辑:如图 7-11(a)所示,首先选中需要编辑的导线,将光标移至导线的端点上,当光标呈右斜的双箭头状后就可以用鼠标左键拖动端点进行移动了。拖动端点沿着导线的方向移动可以增长或缩短导线;斜方向移动则导线会自动增加一个节点和一段小节并沿直线走线;当端点移至与其相邻的节点时,两个节点会合并为一个端点,并使这段导线减小一段小节。

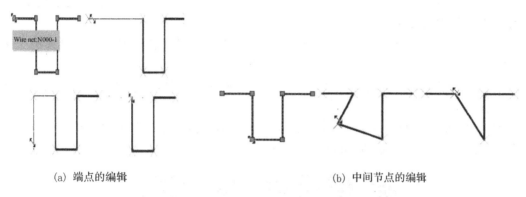

(a) 端点的编辑　　　　　　　　　　(b) 中间节点的编辑

图 7-11　导线的编辑

- 导线中间节点的编辑:如图 7-11(b)所示,与端点的编辑类似,当光标变成斜的双箭头状后,可以拖动节点移动。不同之处在于,拖动节点并不能新增节点,当拖动节点至相邻的节点后,两个节点会合并并减少一段小节。

- 导线小节的编辑:导线节的移动其实是两个节点的移动。如图 7-12 所示,导线处于

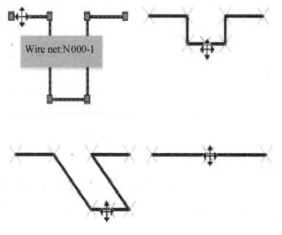

图 7-12　导线的节编辑

选中状态后移动光标至导线的一节上,当光标变成"十"字箭头状后就可以拖动该节导线移动了。拖动时本段导线的形状不会变化,但是与其相邻的导线会伸长、缩短或是变斜。当移动的小节导线与其他导线处于同一条直线上时,两节导线就会合并为同一节导线。

7.3 线路节点的放置方法

所谓线路节点,是指两条导线交叉时相连接的点。

对电路原理图中的两条相交的导线,如果没有节点存在,则认为该两条导线在电气上是不相通的;如果存在节点,则表明两者在电气上是相互连接的。

放置电路节点的操作步骤如下:

(1)选择绘制线路节点的菜单命令 Place→Junction。此操作也可用下面的方法代替:用鼠标左键单击 Wiring 工具栏中的 按钮。

(2)带着节点的十字光标出现在工作平面内时,用鼠标将节点移动到两条导线的交叉处,单击鼠标左键,即可将线路节点放置到指定的位置。

(3)放置节点的工作完成之后,单击鼠标右键或按下 Esc 键,可以退出放置节点命令状态,回到闲置状态。

如果用户对节点的大小等属性不满意,可以在放置节点前按下 Tab 键或放置节点后双击节点,打开如图 7-13 所示的 Junction 对话框。

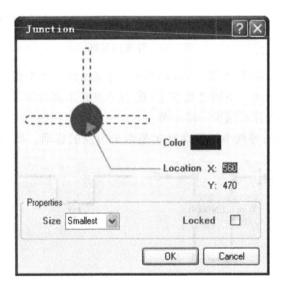

图 7-13　Junction 对话框

Junction 对话框包括以下选项:

(1)Location:节点中心点的 X 轴、Y 轴坐标一般不用设置,随着节点移动而变。

(2)Size:选择节点的显示尺寸,设计者可以选择节点的尺寸为 Large(大)、Medium(中)、Small(小)或 Smallest(最小)。

(3)Color:选择节点的显示颜色。

(4)Locked:设置是否锁定显示位置。当没有选中该复选框时,如果原先的连线被移动以至于无法形成有效的节点,节点将自动消失;当选中该复选框时,无论如何移动连线,节点都将维持在原先的位置上。

7.4 网络标号的放置方法

网络标号是实际电气连接的导线的序号,它可代替有形导线,可使原理图变得整洁美观。具有相同的网络标号的导线,不管图上是否连接在一起,都被看作同一条导线。因此网络标号多用于层次式电路或多重式电路的各个模块电路之间的连接,这个功能在绘制印制电路板的布线时十分重要。

对单页式、层次式或多重式电路,用户都可以使用网络标号来定义某些网络,使它们具有电气连接关系。

设置网络标号的具体步骤如下:

(1)选择菜单命令 Place→Net Label。此操作也可用下面的方法代替:用鼠标左键单击 Wiring 工具栏中的 Net 按钮。

(2)光标变成"×"状,并且将随着虚线框在工作区内移动,如图 7-14 所示,此框的长度是按最近一次使用的字符串的长度确定的。接着按下 Tab 键,工作区内将出现如图 7-15 所示的 Net Label 对话框。

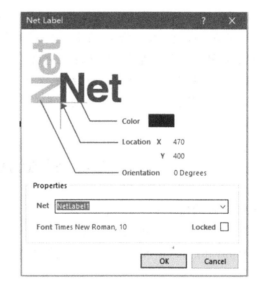

图 7-14 放置网络标号　　图 7-15 Net Label 对话框

(3)设置对话框的图形区选项。

①Color:用来设置网络名称的颜色。

②Location X 和 Y:设置网络名称所放位置的 X 坐标值和 Y 坐标值。

③Orientation:设置网络名称放置的方向。将鼠标放置在角度的位置,则会显示一个下拉按钮,单击下拉按钮即可打开下拉列表,其中包括 4 个选项:0 Degrees、90 Degrees、180 Degrees 和 270 Degrees。

(4)设置 Properties 栏,它用来定义网络标号的属性。

①Net:设置网络名称,也可以点击其右边下拉按钮选择一个网络名称。

②Font:设置所要放置文字的字体,点击 Change 按钮,会出现字体对话框。

(5)设定结束后,点击 OK 按钮加以确认。将虚线框移到所需标注的引脚或连线的上方,单击鼠标左键,即可将设置的网络标号粘贴上去。

(6)设置完成后,单击鼠标右键或按 Esc 键,即可退出设置网络标号命令状态,回到待命状态。

注意:网络标号要放置在元器件管脚引出导线上,不要直接放置在元器件引脚上。

7.5 总线的放置方法

所谓总线,就是用一条线来代表数条并行的导线。设计电路原理图的过程中,合理的总线设置可以缩短绘制原理图的过程,简化原理图的画面,使图样简洁明了。下面介绍绘制总线的步骤:

(1)选择绘制总线的菜单命令 Place→Bus。此操作也可用下面的方法代替:用鼠标左键单击 Wiring 工具栏中的 按钮。

(2)光标变成十字状,系统进入画总线命令状态。与画导线的方法类似,将光标移到合适位置,单击鼠标左键,确定总线的起点,然后开始画总线。

(3)移动光标拖动总线线头,在转折位置单击鼠标左键确定总线转折点的位置,每转折一次都需要单击一次。当总线的末端到达目标点后,再次单击鼠标的左键确定总线的终点。

(4)单击鼠标右键,或按 Esc 键,结束这条总线的绘制过程。

(5)画完一条总线后,系统仍然处于画总线命令状态。此时单击鼠标右键或按 Esc 键,退出画总线命令状态。

7.6 圆弧的放置方法

绘制圆弧的操作步骤如下:

(1)要绘制圆弧,可用鼠标左键单击 Drawing 工具栏中的 按钮,也可选择菜单命令 Place→Drawing Tools→Elliptical Arc,这时光标变为十字形,并拖带一个虚线弧,如图 7-16 所示。

(2)在待绘的圆弧中心处单击鼠标左键,然后移动鼠标,会出现圆弧预拉线。接着调整好圆弧半径,然后单击鼠标左键,指针会自动移动到圆弧缺口的一端,调整好其位置后单击鼠标左键,指针会自动移动到圆弧缺口的另一端,调整好其位置后单击鼠标左键,就完成了该圆弧线的绘制,绘制好的圆弧如图 7-17 所示。这时会自动进入下一个圆弧的绘制过程,下一次圆弧的默认半径为刚才绘制的圆弧半径,开口也一致。

(3)结束绘制圆弧操作后,单击鼠标右键或按下 Esc 键,即可将编辑模式切换回等待命令模式。

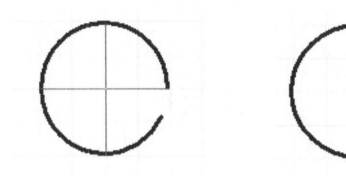

图 7-16　绘制圆弧　　　　　　　　图 7-17　绘制好的圆弧

(4) 编辑图形属性。如果在绘制圆弧线或椭圆弧线的过程中按下 Tab 键，或单击已绘制好的圆弧线或椭圆弧线，则可打开其属性对话框。图 7-18 为圆弧属性对话框，Elliptical Arc 对话框有 X-Radius、Y-Radius(X 轴、Y 轴半径)两种。其他的属性有 Location X、Location Y(中心点的 X 轴、Y 轴坐标)、Line Width(线宽)、Start Angle(缺口起始角度)、End Angle(缺口结束角度)、Color(线条颜色)。

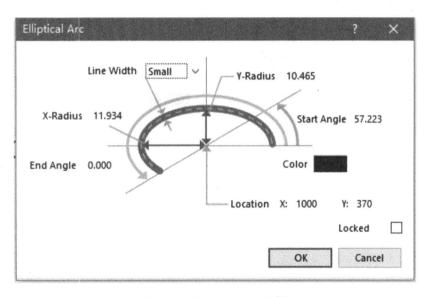

图 7-18　Elliptical Arc 对话框

如果用鼠标左键单击已绘制好的圆弧线或椭圆弧线，可进入选取状态，此时其半径及缺口端点处会出现控制点，我们拖动这些控制点来调整圆弧线或椭圆弧线的形状。此外，也可以直接拖动圆弧线或椭圆弧线本身来调整其位置。

7.7　放置注释文字

放置注释文字的操作如下：

(1) 点击 Drawing 工具栏中的 **A** 按钮，也可选择菜单命令 Place→Text String。

(2)执行放置注释文字的命令后,鼠标指针旁边会多出一个十字和一个字符串虚线框,如图 7-19 所示。

图 7-19　放置注释文字

(3)在完成放置动作之前按下 Tab 键,或者直接在"Text"字串上双击鼠标左键,即可打开 Annotation 对话框,如图 7-20 所示。

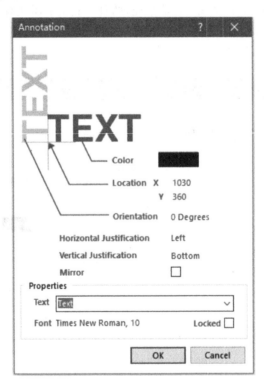

图 7-20　Annotation 对话框

在 Annotation 对话框中,最重要的选项是 Text 栏,它是显示在绘图页中的注释文字串(只能是一行),可以根据需要修改。此外还有其他一些选项:Location X、Location Y(注释文字的坐标)、Orientation(字串的放置角度)、Color(字串的颜色)、Font(字体)。

如果要将编辑模式切换回等待命令模式,可单击鼠标右键或按下 Esc 键。

如果想修改注释文字的字体,则可以点击 Change 按钮,系统将弹出一个字体设置对话框,此时可以设置字体的属性。

7.8 放置文本框

放置的注释文字长度仅限于一行,如果需要放置多行的注释文字,就必须使用文本框(Text Frame)。放置文本框的操作步骤如下:

(1) 点击 Drawing 工具栏中的 按钮,也可选择菜单命令 Place→Text Frame。

(2) 执行放置文本框命令后,鼠标指针旁边会多出现一个十字符号,在需要放置文本框的一个边角处单击鼠标左键,然后移动鼠标就可以在屏幕上看到一个虚线的预拉框,用鼠标左键单击该预拉框的对角位置,就结束了当前文本框的放置过程,并自动进入下一个放置过程。

放置文本框后,当前屏幕上应该有一个白底的矩形框,其中有一个"Text"字符串,如图 7-21 所示。如果要将编辑状态切换回等待命令模式,可以单击鼠标右键或按下 Esc 键。

图 7-21 待编辑的文本框

(3) 在完成放置文本框的动作之前按下 Tab 键,或者直接单击文本框,就会打开 Text Frame 对话框,如图 7-22 所示。

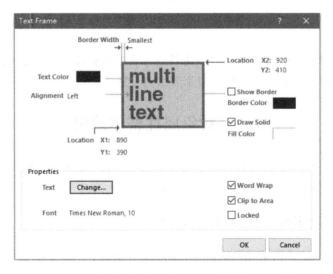

图 7-22 Text Frame 对话框

在 Text Frame 对话框中最重要的选项是 Text 栏,它显示在绘图页中的注释文字串,但在此处并不局限于一行。点击 Text 栏右边的 Change 按钮可打开如图 7-23 所示的 TextFrame Text 窗口,这是一个文字编辑窗口,用户可以在此编辑显示字串。

图 7-23　TextFrame Text 窗口

在 Text Frame 对话框中还有其他一些选项:Location X1、Location Y1(文本框左下角坐标)、Location X2、Location Y2(文本框右上角坐标)、Border Width(边框宽度)、Border Color(边框颜色)、Fill Color(填充颜色)、Text Color(文本颜色)、Font(字体)、Draw Solid(设置为实心多边形)、Show Border(设置是否显示文本框边框)、Alignment(文本框内文字对齐的方向)、Word Wrap(设置字回绕)、Clip To Area(当文字长度超出文本框宽度时,自动截去超出部分)。

如果直接用鼠标左键单击文本框,可使其进入选中状态,同时出现一个环绕整个文本框的虚线边框,此时可直接拖动文本框本身来改变其位置。

7.9　对象属性整体编辑

Altium Designer 13 不仅支持对单个对象属性的编辑,而且可以对当前文档或所有打开的原理图文档中的多个对象同时实施属性编辑。

7.9.1　Find Similar Objects 对话框

进行整体编辑,要使用 Find Similar Objects 对话框,下面以电阻元件为例说明打开 Find Similar Objects 对话框的操作方法。

打开进行整体编辑的原理图,并将光标指向某一对象,单击鼠标右键,将弹出如图 7-24 所示的快捷菜单。然后从菜单中选择 Find Similar Objects… 命令,即可打开 Find Similar Objects 对话框,如图 7-25 所示。

项目 7　LCD1602 显示电路原理图绘制　187

图 7-24　右键快捷菜单　　　　图 7-25　Find Similar Objects 对话框

在对话框中可设置查找相似对象的条件,一旦确定,所有符合条件的对象将以放大的选中模式显现在原理图编辑窗口内。然后可以对所查找的多个对象执行全局编辑。

下面简单介绍对话框中各项的含义。

(1) Kind 区域

显示当前对象的类别(是元件、导线还是其他对象),用户可以单击右边的选择列表,选择所要搜索的对象类别与当前对象的关系,是 Same(相同)、Different(不同),还是 Any(任意)类型。

(2) Graphical 区域

在该区域内可设定对象的图形参数,如位置 X1、Y1,是否镜像(Mirrored),角度(Orientation),显示模式(Display Mode),是否显示被隐含的引脚(Show Hidden Pins),是否显示元件标识(Show Designator)等。这些选项都可以当作搜索的条件,可以设定图形参数按 Same(相同)、Different(不同),还是 Any(任意)方式来查找对象。

(3) Object Specific 区域

在该区域内可设定对象的详细参数,如对象描述(Description),是否锁定元件标识(Lock Designator),是否锁定引脚(Pins Locked),文件名(File Name),元件所在库文件(Library),库文件内的元件名(Library Reference),元件标识(Component Designator),当前组件(Current Part),组件注释(Part Comment),当前封装形式(Current Footprint)及元件类型(Component Type)等。这些参数也可以当作搜索的条件,可以设定查找详细参数是 Same、Different,还是 Any 的对象。

(4) Zoom Matching 复选项

设定是否将条件相匹配的对象,以最大显示模式居中显示在原理图编辑窗口内。

(5) Mask Matching 复选项

设定是否在显示条件相匹配的对象的同时,屏蔽掉其他对象。

(6) Clear Existing 复选项

设定是否清除已存在的过滤条件。系统默认为自动清除。

(7) Create Expression 复选项

设定是否自动创建一个表达式,以便以后再用。系统默认为不创建。

(8) Run Inspector 复选项

设定是否自动打开 Inspector(检查器)对话框。

(9) Select Matching 复选项

设定是否将符合匹配条件的对象选中。

7.9.2 执行整体编辑

以任意电容为例,可按下面的操作步骤完成整体编辑:

(1)以任意一个电容作为参考,执行右键菜单命令 Find Similar Objects,打开 Find Similar Objects 对话框。

(2)在本例中将 Current Footprint(当前封装)作为搜索的条件,并设定搜索方式为 Same,以搜索相同封装的元件。勾选 Zoom Matching、Clear Existing、Select Matching、Mask Matching、Run Inspector 复选项,其他选项采用系统默认值。点击 OK 按钮,原理图编辑窗口内将以最大模式显示出所有符合条件的对象,如图 7-26(a)所示。同时,系统打开如图 7-26(b)所示的 Inspector 对话框。

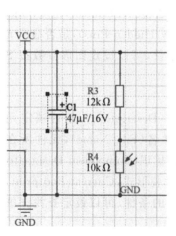
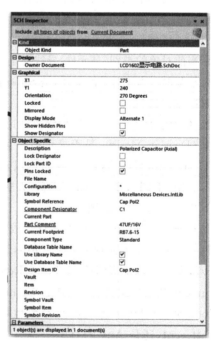

(a) 显示搜索结果　　　　　　　　(b) Inspector对话框

图 7-26　Find Similar Objects 操作举例

提示:如果未勾选 Run Inspector 复选项,当点击 OK 按钮关闭 Find Similar Objects 对话框以后,可以按 F11 键打开如图 7-26(b)所示的 Inspector 对话框。当然,也可以直接在原理图上选中多个对象,然后按 F11 键打开 Inspector 对话框。

关闭 Inspector 对话框,点击屏幕右下角的 Clear 按钮,清除所有元件的选中状态。

7.10 完成原理图绘制

(1)用前面项目所述方法放置元件。表 7-1 给出了该电路中每个元件的标号、原理图封装、原理图库、PCB 封装等数据。设置元件的参数与表 7-1 中的元件参数相符。

表 7-1 LCD1602 液晶显示电路元器件数据

序号	标号	原理图封装	原理图库	值	PCB 封装
1	1602	LCD1602	DZ CAD.IntLib		LCD1602
2	C1	Cap Pol1	Miscellaneous Devices.IntLib	$47\mu F$	RB7.6-15
3	R2	Res2	Miscellaneous Devices.IntLib	270Ω	AXIAL-0.4
4	R3	Res2	Miscellaneous Devices.IntLib	$12k\Omega$	AXIAL-0.4
5	R4	Photo Sen	DZ CAD.IntLib	$10k\Omega$	AXIAL-0.4
6	R5	Res2	Miscellaneous Devices.IntLib	270Ω	AXIAL-0.4
7	RPOT1	RPot	Miscellaneous Devices.IntLib	$10k\Omega$	VR5
8	T4-Q1	2N3906	DZ CAD.IntLib		TO-92A
9	U1	LM358AD	Miscellaneous Devices.IntLib		DIP-8
10	P1~P4	Header 20	Miscellaneous Devices.IntLib		HDR1X20

(2)将所有需要用到的元件放入原理图中,放置好元件的原理图如图 7-27 所示。
(3)在原理图中放置电源(Power Sources),放置好电源的原理图如图 7-28 所示。
(4)对原理图中的元件和电源进行连线,连好线后的原理图如图 7-29 所示。
(5)放置网络标签,放置完网络标签的原理图如图 7-1 所示。

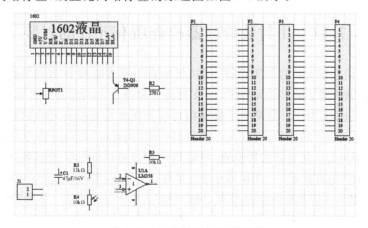

图 7-27 放置好元件的原理图

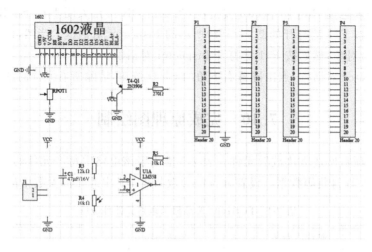

图 7-28　放好电源的原理图

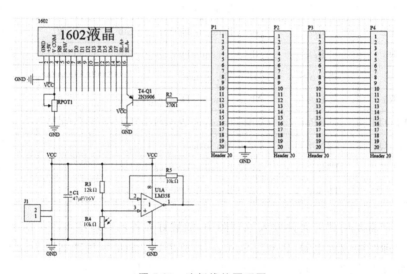

图 7-29　连好线的原理图

7.11　用封装管理器检查所有元件的封装

在将原理图信息导入新的 PCB 之前,请确保所有与原理图和 PCB 相关的库都是可用的。本项目只用到了默认安装的集成元件库,以及项目 3 和项目 4 所建的元件库、封装库,所有元件的封装也已经包括在内了。但是为了掌握用封装管理器检查所有元件的封装方法,用户还是要执行以下操作:在原理图编辑器内,选择 Tools→Footprint Manager 命令,显示如图 7-30 所示的 Footprint Manager(封装管理器检查)对话框。在该对话框的元件列表(Componene List)区域,显示原理图内的所有元件。用鼠标左键选择每一个元件,当选中一个元件时,用户可以在对话框的右边的封装管理编辑框内添加、删除、编辑当前选中元件的封装。如果对话框右下角的元件封装区域没有出现,可以将鼠标放在 Add… 按钮的下方,把这一栏的边框往上拉,封装图的区域就会显示。核对所有原件的封装,如果所有元件的封装都正确,点击 Close 按钮关闭对话框。

项目 7　LCD1602 显示电路原理图绘制

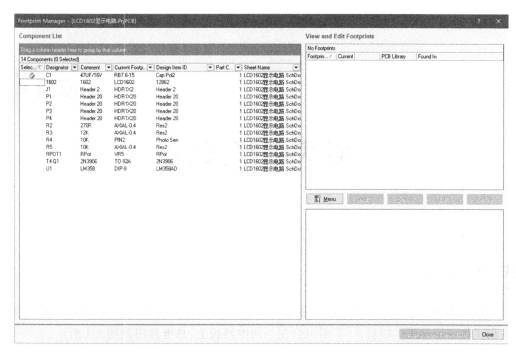

图 7-30　Footprint Manager 对话框

7.12　小　结

原理图绘制流程详见项目 5 的小结。

习　题

7-1　原理图编辑器界面常用工具栏有哪些？其用途分别是什么？

7-2　简述原理图编辑器界面 10 种快捷键及其作用。

7-3　简述 Document Options… 和 Schematic Preferences… 分别设置哪类参数。

7-4　画出加法电路原理图，并按图 7-31 设置元器件参数，要求编译无错误，生成元器件清单。

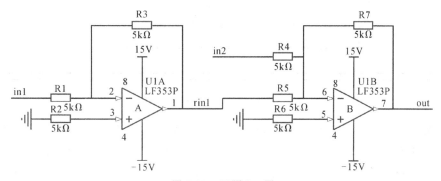

图 7-31　习题 7-4 图

项目 8

层次电路设计

项目引入

项目 7 的液晶屏显示电路必须由单片机控制,项目 5 的爱心灯也同样可以用单片机控制发出多种变幻灯光。项目 5~7 可以合在一块电路板上,总电路图如图 8-1 所示。

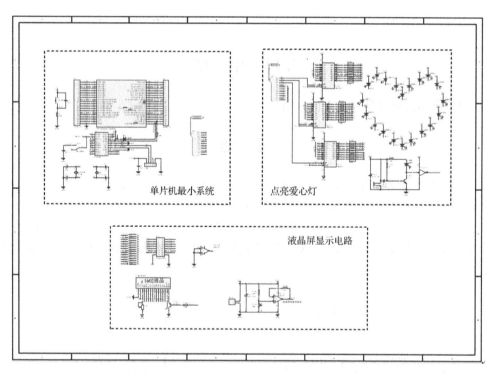

图 8-1 总电路图

该电路图需要在一张 A2 图纸上呈现,而在一张 A3 图纸上放不下。在实际应用中可能会有更大的电路图,为了便于管理与阅览,可以用层次电路的方法来设计电路。层次电路设计就是将较大的电路图划分为很多的功能模块,再对每一个功能模块进行处理或进一步细分的电路设计方法。将电路图模块化,可以大大地提高设计效率和设计速度,特别是当前计算机技术的突飞猛进,局域网在企业中的应用,使得信息交流日益密切,再庞大的项目也可以从几个层次上细分开来,做到多层次并行设计。

层次电路设计的关键在于正确地传递各层次之间的信号。在层次电路的设计中,信号的传递主要通过电路方块图、方块图输入/输出端口、电路输入/输出端口来实现,他们之间有着密切的联系。层次电路图的所有方块图符号都必须有与该方块图符号相对应的电路图(该图称为子图),并且子图符号的内部也必须有子图输入输出端口。

如图 8-1 所示的总电路图中,"单片机最小系统""点亮爱心灯""液晶屏显示电路"可以先分别用一张 A4 图纸设计,作为子图。同时,在与子图符号相对应的方块图中也必须有输入/输出端口,该端口与子图符号中的输入/输出端口相对应,且必须同名。在同一项目的所有电路图中,同名的输入/输出端口(方块图与子图)之间在电气上是相互连接的。

层次电路设计方法通常有自上而下和自下而上两种方法。

8.1 自上而下的层次电路设计方法

此方法指首先产生方块电路图,再由方块电路来产生具体原理图的方法。也就是说,用户应首先设计出主控模块图(方块电路图),再将该图中的各个模块具体化。以图 8-1 的总电路图为例,具体操作步骤如下:

(1)建立一个项目文件

启动 Altium Designer,在主菜单中选择 File→New→Project→PCB Project 命令,在当前工作空间中添加一个默认名为"PCB_Project1.PrjPCB"的 PCB 项目文件,将它另存为"自上而下层次电路.PrjPCB"的 PCB 项目文件。

(2)画一张主电路图(如:自上而下层次电路.SchDoc)来放置方块图(Sheet Symbol)符号

①选择 Projects 工作面板中的"自上而下层次电路.PrjPCB"按鼠标右键,在弹出的菜单中选择 Add New to Project→Schematic 命令,在新建的.PrjPCB 项目中添加一个默认名为"Sheet1.SchDoc"的原理图文件。

②将原理图文件另存为"自上而下层次电路.SchDoc",用缺省的设计图纸尺寸 A4。其他设置用默认值。

③点击 Wiring 工具栏中的添加方块图符号工具按钮 ,或者在主菜单中选择 Place→SheetSymbol 命令。

④点击键盘上的 Tab 键,打开如图 8-2 所示的 Sheet Symbol 对话框。

在 Sheet Symbol 对话框的属性(Properties)栏有:
- Designator(图纸的标号):用于设置方块图所代表的图纸的名称。
- Filename(图纸的文件名):用于设置方块图所代表的图纸的文件全名(包括文件的后缀),以便建立起方块图与原理图(子图)文件的直接对应关系。
- Unique Id(唯一的 ID 号):为了在整个项目中正确地识别电路原理图符号,每一个电路原理图符号在项目中都有一个唯一的标识,如果需要可以对这个标识进行重新设置。

⑤在 Sheet Symbol 对话框的 Designator 编辑框中输入"单片机最小系统",在 Filename 编辑框内输入"单片机最小系统.SchDoc",点击 OK 按钮,结束方块图符号的属性设置。

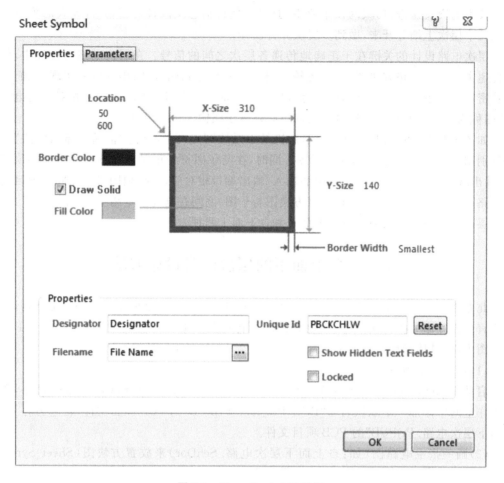

图 8-2 Sheet Symbol 对话框

⑥在原理图上合适位置单击鼠标左键,确定方块图符号的一个顶角位置,然后拖动鼠标,调整方块图符号的大小,确定后再单击鼠标左键,在原理图上插入方块图符号。

⑦目前还处于放置方块图状态,点击 Tab 键,弹出 Sheet Symbol 对话框,在 Designator 处输入"液晶显示电路",在 Filename 编辑框内输入"液晶显示电路.SchDoc",重复第 6 步在原理图上插入第 2 个方块图(方框图)符号。

⑧目前仍处于放置方块图状态,点击 Tab 键,弹出 Sheet Symbol 对话框,在 Designator 处输入"点亮爱心灯",在 Filename 编辑框内输入"点亮爱心灯.SchDoc",重复第 6 步在原理图上插入第 3 个方块图(方框图)符号,如图 8-3 所示。

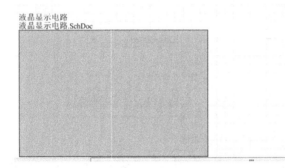

图 8-3　3 个方块图

(3) 在方块图内放置端口

①点击工具栏中的添加方块图输入/输出端口工具按钮 ，或者在主菜单中选择 Place→Add Sheet Entry 命令。

②光标上"悬浮"着一个端口，把光标移入"单片机最小系统"的方块图内，点击 Tab 键，打开如图 8-4 所示的 Sheet Entry 对话框。

在该对话框内，几个英文的含义如下：

- 端口位置(Side)：用于设置端口在方块图中的位置。
- 端口类型(Style)：用来表示信号的传输方向。
- 端口的名称(Name)：是识别端口的标识。应将其设置为与对应的子电路图上对应端口的名称相一致。
- 端口的输入/输出类型(I/O Type)：用来表示信号流向的确定参数。它们分别是：未指定的(Unspecified)、输出端口(Output)、输入端口(Input)和双向端口(Bidirectional)。

③在 Sheet Entry 对话框的 Name 编辑框中输入"MK"，作为方块图端口的名称。

④在 I/O Type 下拉列表中选择 Input 项，将方块图端口设为输入口，点击 OK 按钮。

⑤在"单片机最小系统"方块图符号右下侧单击鼠标，布置一个名为"MK"的方块图输入端口。

⑥此时光标仍处于放置端口状态，点击 Tab 键，再打开 Sheet Entry 对话框，在 Name 编辑框中输入"BLA"，在 I/O Type 下拉菜单中选择 Bidirectional 项，点击 OK 按钮。

⑦在"单片机最小系统"方块图符号靠左下侧单击鼠标，再布置一个名为"BLA"的方块图双向端口。

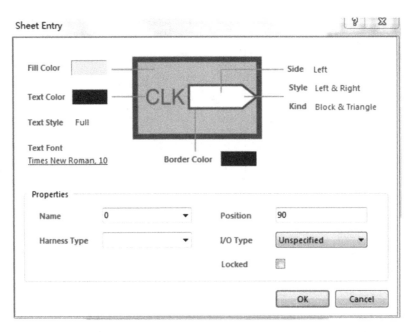

图 8-4　Sheet Entry 对话框

⑧重复第 6～7 步,完成"单片机最小系统"方块图的其他输入/输出端口(RS、RW、E、D0、D1、D2、D3、D4、D5、D6、D7、NC、BRI)的放置,如图 8-5 所示。

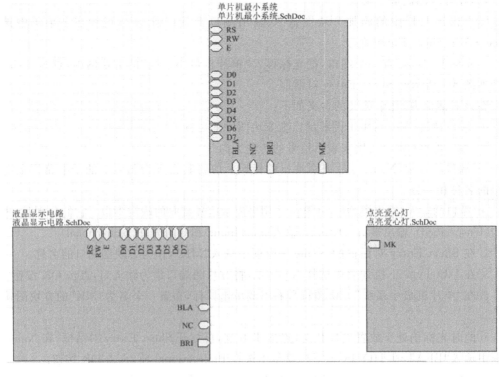

图 8-5　在方块图上放置 Sheet Entry

⑨采用第1~4步介绍的方法,再在"点亮爱心灯"和"液晶显示电路"方块图符号中放置全部输入/输出端口(MK)和(RS、RW、E、D0、D1、D2、D3、D4、D5、D6、D7、BLA、NC、BRI),如图8-5所示。

⑩采用第1~4步介绍的方法,分别在"点亮爱心灯"和"单片机最小系统"方块图符号放置Harness端口。放置过程中设置Harness端口如图8-6所示,将端口属性栏Name和Harness Type均设为Harness。并设置Harness端口信号为:Harness=E1、E2、E3、A0、A1、A2、A3、A4、A5、A6、A7。

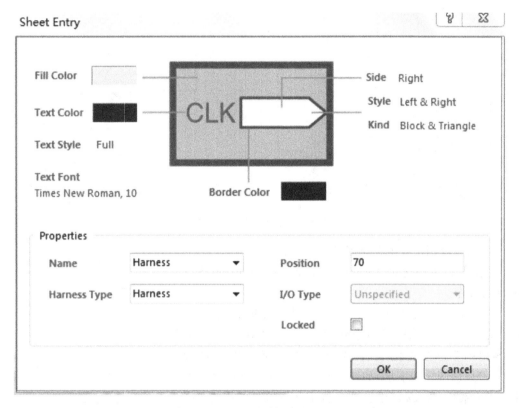

图8-6 在Sheet Entry对话框中设置Harness端口

(4)方块图之间的连线(Wire)

在工具栏上点击 ≈ 按钮,或者在主菜单中选择Place→Wire命令,绘制端口连线;在工具栏上点击 ⊢ 按钮,或者在主菜单中选择Place→Harness→Signal Harness命令,绘制Harness信号连线,从而完成3个子图相对应的方块图"单片机最小系统""点亮爱心灯"和"液晶显示电路"的上层原理图,如图8-7所示。

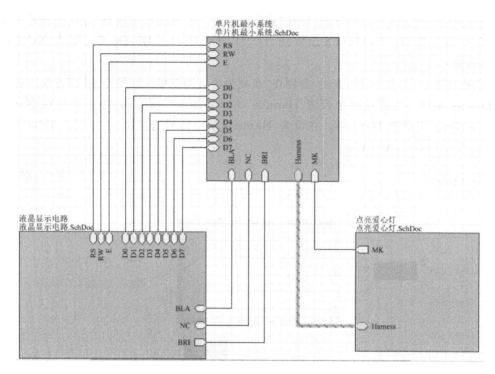

图 8-7 完整的上层原理图

(5)由方块图生成电路原理子图

①在主菜单中选择 Design→Create Sheet From Sheet Symbol 命令。

②单击"单片机最小系统"方块图符号,系统自动在"自上而下层次电路.PrjPcb"项目中新建一个名为"单片机最小系统.SchDoc"的原理图文件,置于"自上而下层次电路.SchDoc"原理图文件下层,如图 8-8 所示。在原理图文件"单片机最小系统.SchDoc"中自动布置了如图 8-9 所示的 16 个端口,其端口中的名字、类型与方块图中的一致。

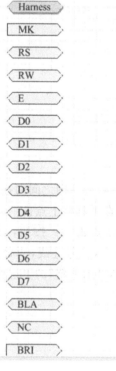

图 8-8 创建"单片机最小系统.SchDoc"

③在新建的"单片机最小系统.SchDoc"原理图中绘制如图 8-10 所示的原理图。该原理图即是图 8-1 左上侧所框的子图。

图 8-9 自动生成的"单片机最小系统.SchDoc"文件内容

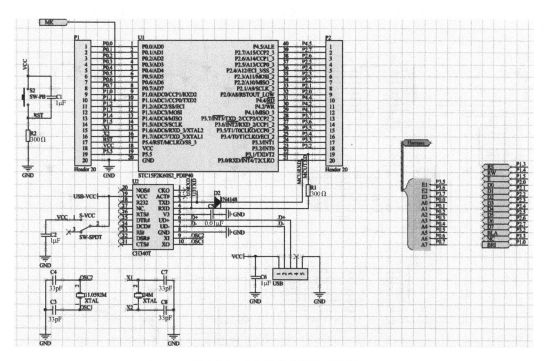

图 8-10 单片机最小系统原理图

至此,我们建立了上层方块图"单片机最小系统"与下一层"单片机最小系统.SchDoc"原理图之间的一一对应的联系。父层(上层)与子层(下一层)之间靠上层方块图中的输入/输出端口与下一层电路图中的输入/输出端口进行联系。如上层方块图中有 BLA 等 16 个端口,下层的原理图中也有 BLA 等 16 个端口,名字相同的端口就是一个点或一个集。

现在用另一种方法来建立上层方块图"点亮爱心灯"与下一层"点亮爱心灯.SchDoc"的原理图之间的一一对应关系。

④单击工作窗口上方的"自上而下层次电路.SchDoc"文件标签,将其在工作窗口中打开。

⑤在原理图中的"点亮爱心灯"方块图符号上单击鼠标右键,在弹出的右键菜单中选择 Sheet Symbol Actions→Create Sheet From Sheet Symbol 命令。

⑥在"自上而下层次电路.SchDoc"文件下层新建一个名为"点亮爱心灯.SchDoc"的原理图。

重复第 4~6 步,完成"液晶显示电路.SchDoc"的创建。完成 3 个子图创建后的工程结构如图 8-11 所示。

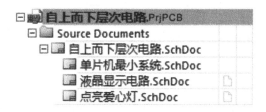

图 8-11 完成 3 个子图创建后的工程结构

⑦在"点亮爱心灯.SchDoc"原理图文件中,完成如图 8-12 所示的电路原理图。

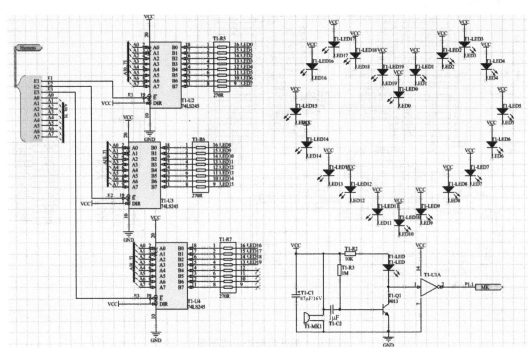

图 8-12　点亮爱心灯原理图

⑧在"液晶显示电路.SchDoc"原理图文件中,完成如图 8-13 所示的电路原理图。

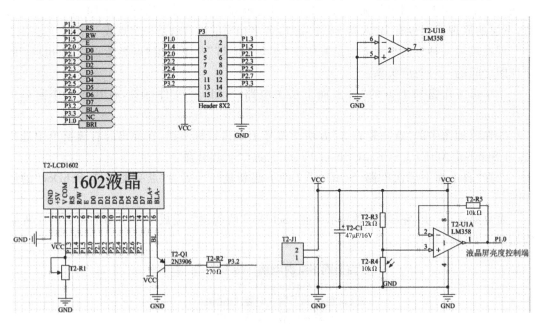

图 8-13　液晶显示电路原理图

至此,我们建立了上层原理图中的方块图"点亮爱心灯"与下层原理图"点亮爱心灯.SchDoc"之间一一对应的联系;建立了上层原理图中的方块图"液晶显示电路"与下层原理图"液晶显示电路.SchDoc"之间一一对应的联系。"点亮爱心灯.SchDoc"原理图就是如图 8-1 所示的原理图中的右上侧所框的子图;"液晶显示电路.SchDoc"原理图就是如图 8-1 所示的原理图中的下侧所框的子图。这样,我们就用如图 8-1 所示的 3 个子图完成了自上而下的层次原理图设计。

在主菜单中选择 File→Save All 命令,将新建的 3 个原理图文件按照其原名保存。

在用层次原理图方法绘制电路原理图时,系统总图中每个模块的方块图中都给出了一个或多个表示连接关系的电路端口,这些端口在下一层电路原理图中也有相对应的同名端口,它们表示的信号的传输方向也一致。Altium Designer 使用这种表示连接关系的方式构建了层次原理图的总体结构,使层次原理图可以进行多层嵌套。

(6) 编译工程

选择命令 Project→Compile PCB Project 自上而下层次电路.PrjPCB。如有错误,则自动弹出 Messages 对话框,查看并纠正错误,确保无错误;如没有错误,则 Messages 对话框不弹出,如需阅览,可以从界面右下角选择 System→Messages 查看。编译后完整的工程结构如图 8-14 所示。

图 8-14 完整的工程结构

(7) 层次原理图的切换

① 上层(方块图)→下层(子原理图),在工具栏按层次切换工具按钮 ⇅ 或在主菜单中选择 Tools→Up/Down Hierarchy 命令,光标变成"十"字形,选中某一方块图,单击鼠标左键即可进入下一层原理图。

② 下层(子原理图)→上层(方块图),在工具栏按层次切换工具按钮 ⇅ 或在主菜单中选择 Tools→Up/Down Hierarchy 命令,光标变成"十"字形,将光标移动到子电路图中的某一个连接端口并单击鼠标左键,即可回到上层方块图(对 Harness 端口未能实现这个功能)。

注意:一定要用鼠标左键单击原理图中的连接端口,否则回不到上一层。

8.2 自下而上的层次电路设计方法

Altium Designer 还支持传统的自下而上的层次电路图设计方法。此方法指首先产生原理图,再由原理图来生成方块电路图的方法。本节将在采用如图 8-10、图 8-12、图 8-13 所示的已有 3 个原理图的基础上,介绍自下而上的设计方法。

(1) 建立一个项目文件。启动 Altium Designer,在主菜单中选择 File→New→Project→

PCB Project 命令,在当前工作空间中添加一个默认名为"PCB_Project1.PrjPCB"的 PCB 项目文件,将它另存为"自下而上层次电路.PrjPCB"的 PCB 项目文件。

(2)选择 Projects 工作面板中的"自下而上层次电路.PrjPCB",按鼠标右键,在弹出的菜单中选择 Add New to Project→Schematic 命令,在新建的.PrjPCB 项目中分别添加名为"单片机最小系统.SchDoc""点亮爱心灯.SchDoc""液晶显示电路.SchDoc"的原理图文件作为 3 个子图,完成绘制各个子电路图,并在各子电路图中放置连接电路的输入/输出端口,如图 8-10、图 8-12、图 8-13 所示。

(3)在"自下而上层次电路.PrjPCB"项目中添加一个默认名为"Sheet1.SchDoc"的原理图文件。将原理图文件另存为"自下而上层次电路.SchDoc",用缺省的设计图纸尺寸 A4。其他设置用默认值。

(4)用下层原理图产生上层方块图。

①单击 Projects 工作面板中"自下而上层次电路.SchDoc"文件的名称,在工作区打开该文件。注意:一定要打开该文件,并在打开该文件的窗口下执行第 2 步。

②在主菜单中选择 Design→Creat Sheet Symbol From Sheet or HDL 命令,打开如图 8-15 所示的 Choose Document to Place 对话框。

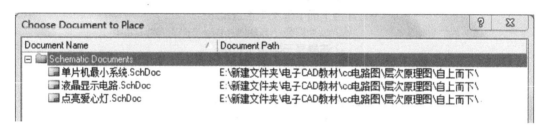

图 8-15　Choose Document to Place 对话框

③在 Choose Document to Place 对话框中选择"单片机最小系统.SchDoc"文件,点击 OK 按钮,回到"自下而上层次电路.SchDoc"窗口中,鼠标处"悬浮"着一个方块图,如图 8-16 所示,在适当的位置,按鼠标左键,把方块图放置好,如图 8-17 所示。

图 8-16　"悬浮"着的方块图

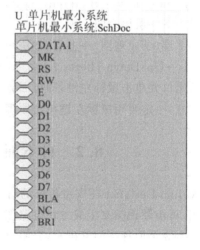

图 8-17　放置好的方块图

④重复第1~3步,完成子图"点亮爱心灯.SchDoc"及"液晶显示电路.SchDoc"的方块图,如图8-18所示。

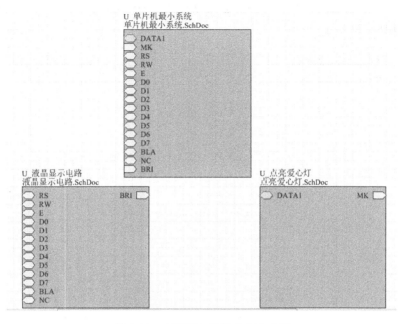

图8-18 自下而上放置全部方块图

(5)在主电路图(自下而上层次电路.SchDoc)内连线。在连线过程中,可以用鼠标移动方块图内的端口(端口可以在方块图的上、下、左、右四条边上移动),也可改变方块图的大小,完成后的主电路图(自下而上层次电路.SchDoc)如图8-19所示。

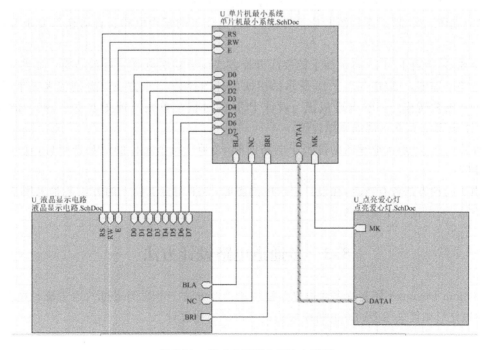

图8-19 完成自下而上层次电路图

(6)检查是否同步,也就是检查方块图入口与端口之间是否匹配,选择菜单 Design→Synchronize Sheet Entries and Ports 命令,如果方块图入口与端口之间匹配,则显示对话框 Synchronize Ports To Sheet Entries In 层次原理路.PrjPCB,告知"All Sheet symbols are matched",如图 8-20 所示。

图 8-20　Synchronize Ports To Entries 对话框

(7)选择 File→Save All 命令,保存项目中的所有文件。

(8)编译工程、层次原理图的切换方法同"自上而下的层次电路设计方法",要求编译无错误。

至此,采用自上而下、自下而上的层次设计方法设计层次电路的过程结束。如图 8-1 所示的电路原理图,可以用如图 8-19 所示的层次原理图代替,3 个方块图分别代表 3 个子图,它们的数据要转移到一块电路板里。设计 PCB 的过程与单张原理图差不多,唯一的区别是,设计 PCB 必须在顶层编译原理图。

注意:在设计层次原理图的每张子电路图时,必须把每个元件的封装选择好,这样便于设计 PCB。

由于两种方法各有特点,在设计层次电路图时,是采用自上而下的方法还是采用自下而上的方法,可根据具体情况确定。

8.3　多通道电路设计方法

Altium Designer 还支持多通道电路模块化设计方法。本案例通过六通道驱动电路(见图 8-21)介绍如何采用多通道电路模块化设计方法简化设计。

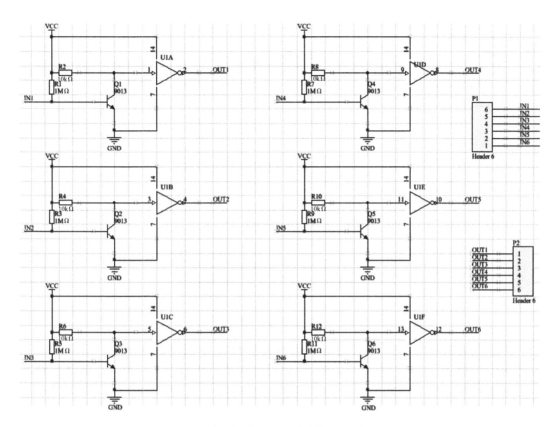

图 8-21 六通道驱动电路原理图

如图 8-21 所示的原理图有 6 个完全相同的电路图。首先将某一路电路设计为"单通道驱动电路"（见图 8-22），并接入输入、输出接口，接地的接口设为 Unspecified。

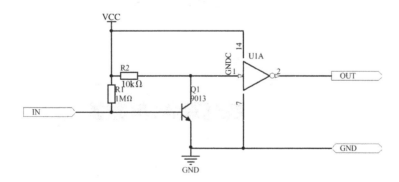

图 8-22 单通道驱动电路原理图

新建一个名为"多通道驱动电路设计.SchDoc"的原理图，在主菜单中选择 Design→Creat Sheet Symbol From Sheet or HDL 命令，打开如图 8-23 所示的 Choose Document to Place 对话框。选择"单通道驱动电路.SchDoc"，得到如图 8-24 所示的单通道驱动电路方块图。

图 8-23 Choose Document to Place 对话框

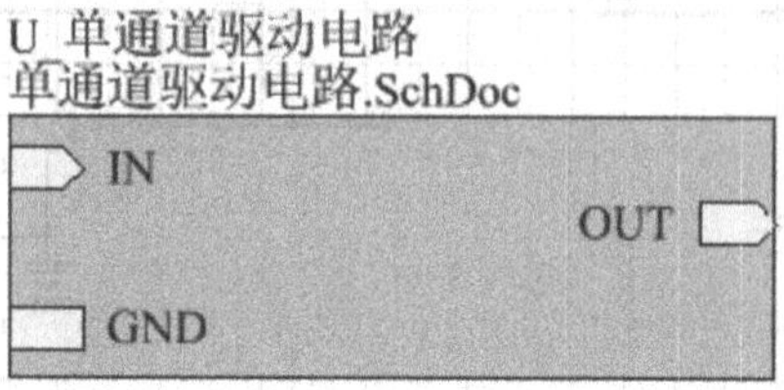

图 8-24 单通道驱动电路方块图

双击方块图符号名"U_单通道驱动电路",弹出如图 8-25 所示的 Sheet Symbol Designator(方块图符号名)对话框,将方块图符号名修改为"Repeat(单通道驱动电路,1,6)"。同时将方块内的端口 IN 和 OUT 分别修改为 Repeat(IN)和 Repeat(OUT),如图 8-26 所示。

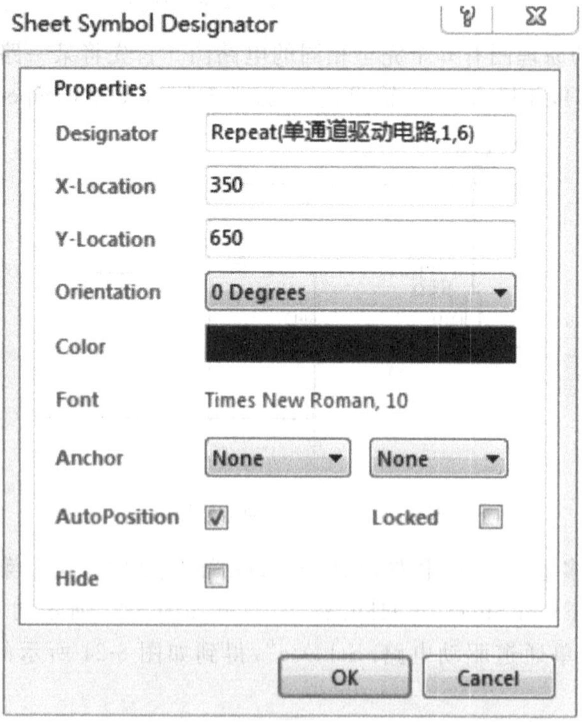

图 8-25 Sheet Symbol Designator 对话框

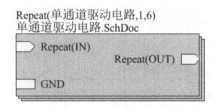

图 8-26　修改后的单通道驱动电路方块图

方块图符号名修改为"Repeat(单通道驱动电路,1,6)",表示如图 8-22 所示的单通道驱动电路复制了 6 份;方块内的端口 IN 和 OUT 分别修改为 Repeat(IN)和 Repeat(OUT),表示每个复制电路中的端口 IN 和 OUT 都被引出来;各通道其他未加 Repeat 的同名端口被互相连接在一起。

添加其他元件,连接电路,完成如图 8-27 所示的六通道驱动电路方块原理图。

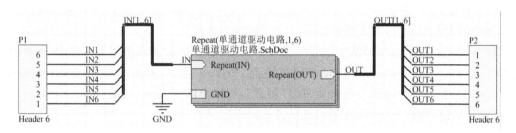

图 8-27　六通道驱动电路方块原理图

编译 PrjPcb 文件,要求编译无错误。编译后,变成了 6 张原理图,"单通道驱动电路.SchDoc"文件界面下方出现如图 8-28 所示的切换按钮,点击 Editor 和单通道驱动电路 2,分别呈现如图 8-29 和图 8-30 所示的原理图,观察其不同之处。

图 8-28　"多通道驱动电路设计.SchDoc"文件界面下方

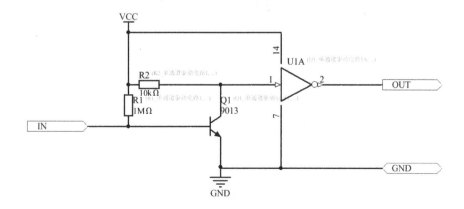

图 8-29　编译后单通道驱动电路原理图

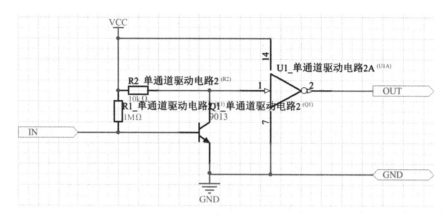

图 8-30 编译后"单通道驱动电路 2"原理图

图 8-30 中,元器件的编号都跟着"单通道驱动电路 2"的字样,设计者在设计 PCB 图时,在导入元件并布局后,选择 Tool→Re-Annotate 命令,选择 By Ascending X Then Descending Y,重新标注 PCB 的元件标号,按从左到右、从上到下的顺序排列。

PCB 的元件标号与原理图上的元件标号不一致,需要更新到原理图上。在 PCB 界面选择 Design→Update Schematics in 多通道电路.PrjPcb 命令,弹出比较结果(Comparator Results)对话框,选择"需要自动产生 ECO 报告",在弹出的 Engineering Change Order 对话框中,验证错误,执行变化,PCB 的信息就更新到原理图上了。

习 题

8-1 分别总结"自上而下"和"自下而上"层次电路设计的全流程。

8-2 本项目所述整体电路可以分为 3 个电路板,通过接插件对接,完成全部控制功能。试根据图 8-31 的布局,分别完成 3 块电路板的原理图和 PCB 图。注意板与板对接中的共地和共电源等细节。

图 8-31 3 块电路板对接布局

项目 9

电路仿真分析

📦 项目引入

元件参数的选用直接影响电路是否能达到功能要求,以及暗室和阳光下液晶屏的亮度是否能按照要求变化(见图 9-1)。

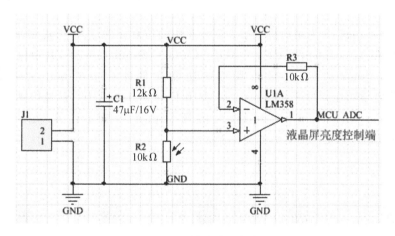

图 9-1 光控液晶屏亮度

生活用电为 220V 交流电,便携电子产品往往使用直流电,比如充电器(见图 9-2)等,其内部电路首先需要整流。元件参数的选用,尤其是电感元件参数的选用,更是直接影响电路能否实现交流到直流转换功能的关键。

Altium Designer 13 提供了强大的仿真功能,用户可以在设计阶段利用仿真功能来确定元件参数。仿真要求电路所有元件具备仿真属性,虽然 Altium Designer 13 元件库内许多元件都已经具备仿真属性,但是用户仿真前首先需要确认元件是否具有仿真属性,否则需要编辑添加仿真属性。Altium Designer 13 还具有几个专门的仿真元件库,仿真时可以进行前置设置,甚至替代一些功能元件等。

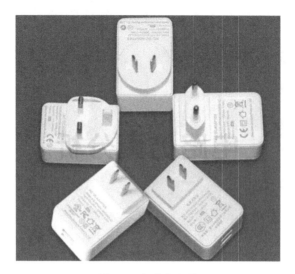

图 9-2　各种充电器

9.1　仿真元件库

Altium Designer 13 为用户提供了大部分常用的仿真元件,这些仿真元件库在安装目录 C:\Users\Public\Documents\Altium\AD13\Library\Simulation\ 下,其中包含仿真信号源库(Simulation Sources. IntLib)、仿真特殊功能元件库(Simulation Special Function. IntLib)、仿真数学功能元件库(Simulation Math Function. IntLib)、信号仿真传输线元件库(Simulation Transmission Line. IntLib)、仿真 Pspice 功能元件库(Simulation Pspice Functions. IntLib),其元件库图标如图 9-3 所示。

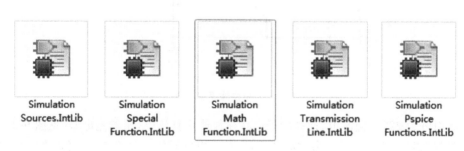

图 9-3　仿真元件库图标

选用仿真元件库内的元件,首先需要将仿真元件库添加到可用元件库内,这一步可用两种方法实现。

一种办法是点击工具栏 ,弹出如图 9-4 所示的 Place Part(放置元器件)对话框。点击 Choose 按钮,弹出如图 9-5 所示的浏览元件库对话框。点击 按钮,弹出如图 9-6 所示的 Available Libraries 可用元件库对话框。另一种办法是在原理图界面右侧点击 Libraries,再点击 Libraries... 按钮,弹出如图 9-7 所示的 Libraries(元件库)对话框。

项目9 电路仿真分析

图 9-4 Place Part 对话框

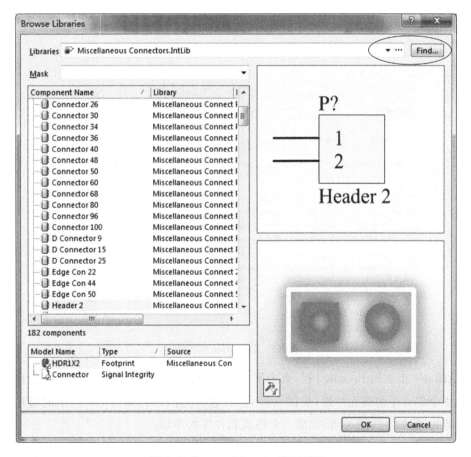

图 9-5 Browse Libraries 库对话框

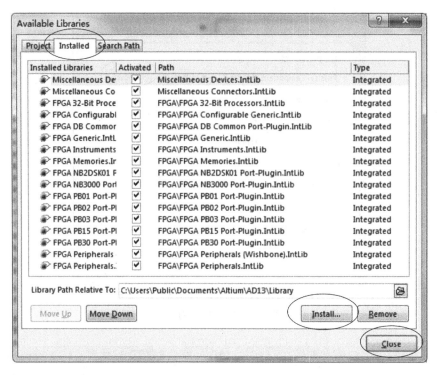

图 9-6 Available Libraries 对话框

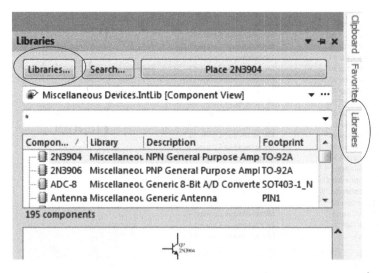

图 9-7 Libraries 对话框

激活图 9-6 上方的 Installed 栏,点击下方的 Install... 按钮,找到 5 个仿真元件库所在文件夹,选中全部 5 个仿真元件库(见图 9-8),点击 打开(O),回到如图 9-6 所示的可用元件库对话框,点击 Close 按钮关闭,完成 5 个仿真元件库的添加。

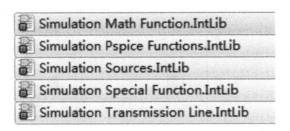

图 9-8 选中全部 5 个仿真元件库

表 9-1 分别列出了 Altium Designer 13 自带的 5 个仿真元件库的名称、元件总数、说明及典型元件。

表 9-1 Altium Designer 13 自带仿真元件库

序号	仿真元件库名称	元件总数	仿真元件库说明	典型元件
1	仿真信号源库 Simulation Sources.IntLib	23	为仿真电路提供激励源和初始条件设置等功能	IC? =ic .IC NS? =ns .NS V? VPULSE (1)IC：Initial Condition（初始条件） (2)NS：Node Set（节点设置） (3)VPULSE：电压脉冲信号
2	仿真特殊功能元件库 Simulation Special Function.IntLib	38	常用的运算函数，比如增益、加、减、乘、除、求和和压控振荡源等专用的元件	GAIN MULT SUM DIVIDE
3	仿真数学功能元件库 Simulation Math Function.IntLib	63	一些仿真数学函数元件，通过使用这些函数可以对仿真信号进行相关的数学计算，从而得到自己需要的信号	SINV COSV ABSV ASINV ACOSV SQRTV 求正弦、余弦、绝对值、反正弦、反余弦、开方等数学计算的函数

续表

序号	仿真元件库名称	元件总数	仿真元件库说明	典型元件
4	信号仿真传输线元件库 Simulation Transmission Line.IntLib	3	共3个信号仿真传输线元件	LLTRA无损耗传输线 LTRA有损耗传输线 URC
5	仿真Pspice功能元件库 Simulation Pspice Functions.IntLib	40	为设计者提供Pspice功能元件	模拟电路仿真的SPICE(Simulation Program with Integrated Circuit Emphasis)软件，主要功能有非线性直流分析、非线性暂态分析、线性小信号交流分析、灵敏度分析和统计分析，后发展为PSPICE。典型元件如： GAIN、DIFF、SQRT、TAN

9.2 仿真器的设置

完成电路的编辑后，在仿真之前，要选择对电路进行哪种分析，设置收集的变量数据类型，以及设置显示哪些变量的波形。常见的仿真分析有静态工作点分析(Operating Point Analysis)、瞬态分析(Transient Analysis)、直流扫描(DC Sweep Analysis)、交流小信号分析(AC Small Signal Analysis)、噪声分析(Noise Analysis)、极点-零点分析(Pole-Zero Analysis)、传递函数分析(Transfer Function Analysis)、温度扫描分析(Temperature Sweep)、参数扫描(Parameter Sweep)、蒙特卡洛分析(Monte Carlo Analysis)等。本项目主要分析案例中用到的静态工作点分析、瞬态分析和交流小信号分析的设置方法。

9.2.1 一般设置

选择 Design→Simulate→Mixed Sim 命令，弹出如图 9-9 所示的 Analyses Setup 仿真分析设置对话框。在仿真分析设置对话框的左侧分析选项列表中，列出了所有的分析选项，选中每个分析选项，右侧即显示出相应的设置项。选中 General Setup(一般设置)，即可在右侧的选项中进行一般设置。在 Available Signals 列表中显示的是可以进行仿真分析的信号，Active Signals 列表框中显示的是激活的信号，点击 |>| 和 |<| 可完成添加或删除激活信号，

如图 9-9 所示。

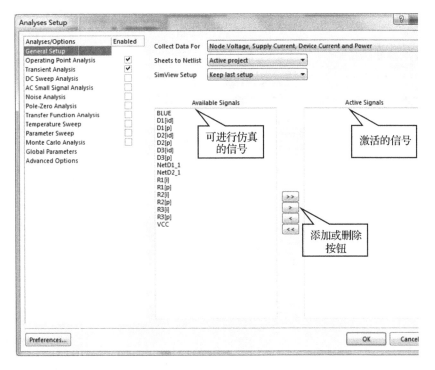

图 9-9 Analyses Setup 对话框

9.2.2 静态工作点分析

静态工作点分析通常用于对放大电路进行分析,当放大器处于输入信号为零的状态时,电路中各点就是电路的静态工作点。最典型的是放大器的直流偏置参数。进行静态工作点分析的时候,不需要设置参数。

9.2.3 瞬态分析

瞬态分析用于分析仿真电路中工作点信号随时间变化的情况。进行瞬态分析之前,用户要设置瞬态分析的起始和终止时间、仿真时间的步长等参数。在电路仿真分析设置对话框中,激活 Transient 选项,在如图 9-10 所示的瞬态分析参数设置列表中进行设置。

在 Transient Analysis 列表中共有 11 个参数设置选项,这些参数的含义分别是:

(1) Transient Start Time 用于设置瞬态分析的起始时间。瞬态分析通常从时间零开始,在开始时间,瞬态分析照样进行,但并不保存结果。而开始时间和终止时间间隔内的分析结果将被保存,并用于显示。

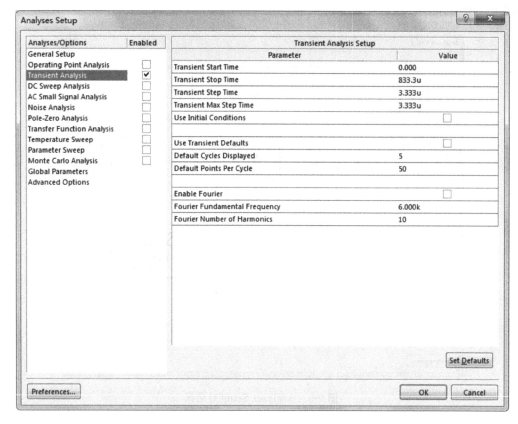

图 9-10　瞬态分析参数设置列表

（2）Transient Stop Time 用于设置瞬态分析的终止时间。

（3）Transient Step Time 用于设置瞬态分析的时间步长，该步长不是固定不变的。

（4）Transient Max Step Time 用于设置瞬态分析的最大时间步长。

（5）Use Initial Conditions 用于设置电路仿真的初始状态。当勾选该项后，仿真开始时将调用设置的电路初始参数。

（6）Use Transient Defaults 用于设置使用默认的瞬态分析设置。选中该项后，列表中的前四项参数将处于不可修改状态。

（7）Default Cycles Displayed 用于设置默认的显示周期数。

（8）Default Points Per Cycle 用于设置默认的每周期仿真点数。

（9）Enable Fourie 用于设置进行傅里叶分析。勾选该项后，系统将进行傅里叶分析，显示频域参数。

（10）Fourie Fundamental Frequency 用于设置进行傅里叶分析的基频。

（11）Fourie Number of Harmonics 用于设置进行傅里叶分析的谐波次数。

9.2.4　交流小信号分析

交流小信号分析用于对系统的交流特性进行分析，在频域响应方面显示系统的性能。该分析功能对于滤波器的设计相当有用，通过设置交流信号分析的频率范围，系统将显示该频率范围内的增益。在电路仿真分析设置对话框中,激活 AC Small Signal Analysis 选项,在如图 9-11 所示的交流小信号分析参数设置列表中进行设置。

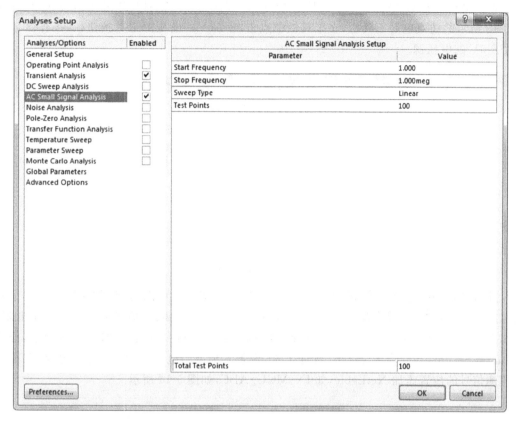

图 9-11 交流小信号分析参数设置列表

(1) Start Frequency 用于设置进行交流小信号分析的起始频率。

(2) Stop Frequency 用于设置进行交流小信号分析的终止频率。

(3) Sweep Type 用于设置交流小信号分析的频率扫描的方式。系统提供了 3 种频率扫描方式:Linear 项表示对频率进行线性扫描,Decade 项表示采用 10 的指数方式进行扫描,Octave 项表示采用 8 的指数方式进行扫描。

(4) Test Points 表示进行测试的点数。

(5) Total Test Points 表示总的测试点数。

9.3 光控液晶屏亮度电路仿真

前面介绍了关于电路仿真的基本知识,下面将对光控液晶屏亮度的电路进行仿真。电路仿真的一般步骤如下:①找到仿真原理图中所有需要的仿真元件,如果仿真元件库中没有所用的元件,必须事先建立其仿真库文件,并添加仿真模型。但对掌握元件的仿真库文件的建立方法本教材不做要求。②放置仿真元件和连接电路,并且添加激励源。③在需要绘制仿真数据的节点处添加网络标号。④设置仿真器参数。⑤进行电路仿真并分析仿真结果。

(1) 绘制仿真原理图

在前述项目中已经绘制了光控电路,其中每个元件都具有其仿真属性,因此不用更改。只需将左侧接口删除,添加一个+5(V)的电压源,方法为点击工具栏中的工具按钮,打开如图 9-12 所示的仿真电源工具栏,在工具栏中点击"+5(V)"电压源工具按钮,在工作区放置一个+5V 的电压源。

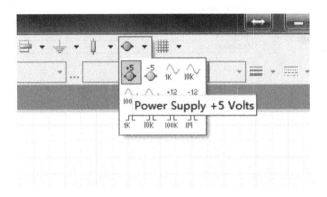

图 9-12　放置+5V 的电压源激励源

光敏电阻的亮电阻为 10kΩ,亮度越暗,电阻越大,暗电阻可以达到 1MΩ 以上。由于光敏电阻元件是自制的,没有配置仿真属性,这里用一个可变电阻来替代它。点击可变电阻,弹出 Properties for Schematic Component(可变电阻元件属性)对话框,如图 9-13 所示,修改 Value 和 Set Position 均为 10kΩ。如此类推,设置其他电阻电容的参数。连接电路,并在需要侦测信号的位置添加 NetLable,如 IN、MCU_ADC,如图 9-14 所示。

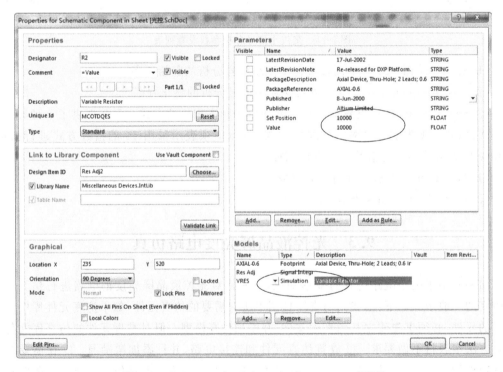

图 9-13　Properties for Schematic Component 对话框

项目 9 电路仿真分析

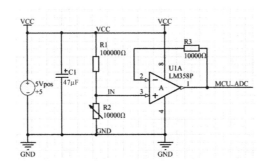

图 9-14 光控仿真原理图

(2)仿真器参数设置

①点击 Mixed Sim 工具栏的 按钮,弹出如图 9-15 所示的对话框,分别双击 IN、MCU_ADC,把它们添加到 Active Signals 内。

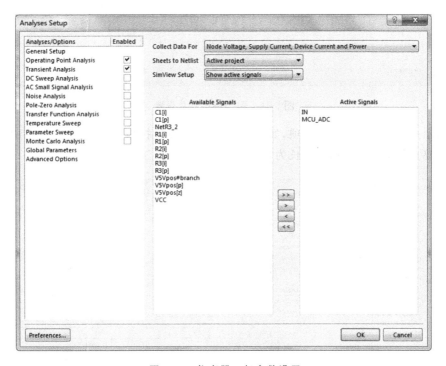

图 9-15 仿真器一般参数设置

②在 Collect Data For 栏,从列表中选择"Node Voltage,Supply Current,Device Current and Power"。

③为这个分析勾选 Operating Point Analysis、Transient Analysis 和 Parameter Sweep 复选框。

④激活 Transient Analysis 选项,设置 Transient Stop Time 为 $50\mu s$,指定一个 $50\mu s$ 的仿真窗口;设置 Transient Step Time 为 50ns,表示仿真可以每 50ns 显示一个点;设置 Transient Max Step Time 为 50ns,如图 9-16 所示。

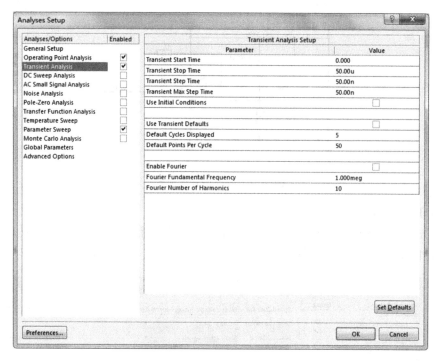

图 9-16 瞬态特性参数设置

⑤激活 Parameter Sweep 选项,如图 9-17 所示。设置扫描变量为可变电阻 R2,起始值为 10kΩ,终止值为 1MΩ,扫描步长为 100kΩ。

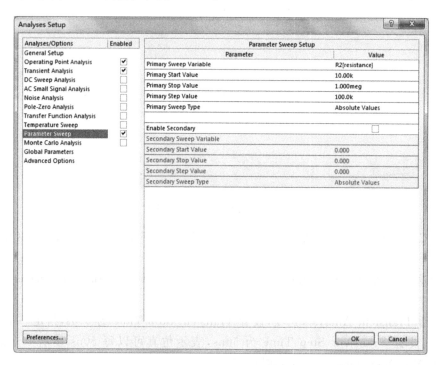

图 9-17 参数扫描设置

(3)信号仿真分析

点击 Mixed Sim 工具栏的 ![] 按钮运行仿真,静态工作点分析如图 9-18 所示,瞬态分析仿真波形如图 9-19 所示。

in	4.995 V
in_p01	454.7mV
in_p02	2.620 V
in_p03	3.388 V
in_p04	3.780 V
in_p05	4.020 V
in_p06	4.180 V
in_p07	4.296 V
in_p08	4.383 V
in_p09	4.451 V
in_p10	4.505 V
in_p11	4.545 V
mcu_adc	3.495 V
mcu_adc_p01	454.6mV
mcu_adc_p02	2.620 V
mcu_adc_p03	3.387 V
mcu_adc_p04	3.495 V
mcu_adc_p05	3.495 V
mcu_adc_p06	3.495 V
mcu_adc_p07	3.495 V
mcu_adc_p08	3.495 V
mcu_adc_p09	3.495 V
mcu_adc_p10	3.495 V
mcu_adc_p11	3.495 V

图 9-18 静态工作点分析

图 9-18 显示了光敏电阻在不同光照不同阻值(10kΩ~1MΩ)的情况下,两个观测点的静态工作电压变化情况。光照越强,阻值越小,观测点的电压也越小;光照越暗,阻值越大,观测点的电压也越大。单片机可以根据 MCU_ADC 的电压值,调整 PWM 输出占空比,来控制液晶屏的亮度。

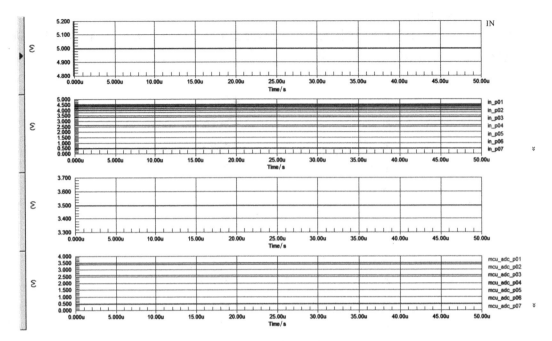

图 9-19 瞬态分析仿真波形

用户可以改变一些原理图中的元件参数,再运行仿真看看其变化。

9.4 整流电路仿真

生活用电为交流电,手机等小电子产品使用直流电,从交流电到直流电,首先需要经过整流电路,这就免不了电感和电容元件的选用。元件参数的选择在整流电路中至关重要,可以通过仿真获取参数值,少走弯路。

(1)绘制仿真原理图

绘制如图 9-20 所示的整流电路仿真图,点击每一个元件,弹出如图 9-13 所示的可变电阻元件属性对话框,修改 Value 值,确认元件仿真属性。在左侧接口添加一个交流信号源,设置交流信号幅值为 10V、频率为 1kHz。

连接电路,并在需要侦测信号的位置添加 NetLable,如 VIN、VOUT1、VOUT2、VOUT3,如图 9-20 所示。

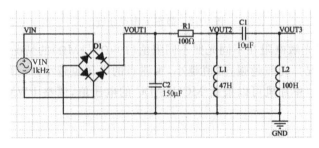

图 9-20 整流电路仿真图

(2) 仿真器参数设置

①点击 Mixed Sim 工具栏的 按钮,弹出如图 9-21 所示的对话框,分别双击 VIN、VOUT1、VOUT2、VOUT3,把它们添加到 Active Signals 内。

②在 Collect Data For 栏,从列表中选择"Node Voltage,Supply Current,Device Current and Power"。

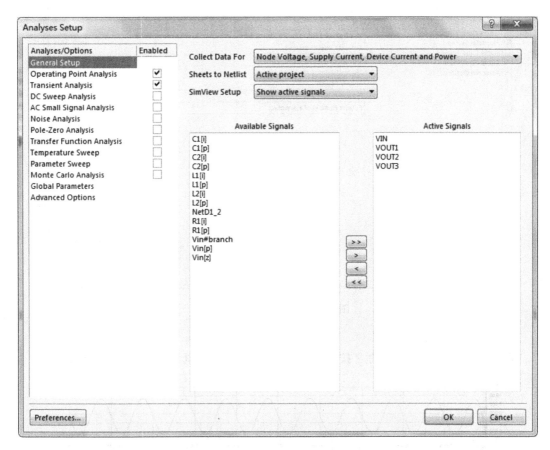

图 9-21　仿真器一般参数设置

③为这个分析勾选 Operating Point Analysis、Transient Analysis 复选框。

④激活 Transient Analysis 选项,设置 Transient Stop Time 为 10ms,指定一个 10ms 的仿真窗口;设置 Transient Step Time 为 $10\mu s$,表示仿真可以每 $10\mu s$ 显示一个点;设置 Transient Max Step Time 为 $10\mu s$。瞬态特性参数设置如图 9-22 所示。

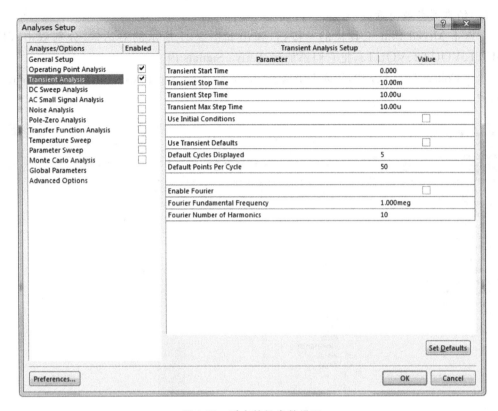

图 9-22 瞬态特性参数设置

(3) 信号仿真分析

点击 Mixed Sim 工具栏的 按钮运行仿真，瞬态分析仿真波形如图 9-23 所示。

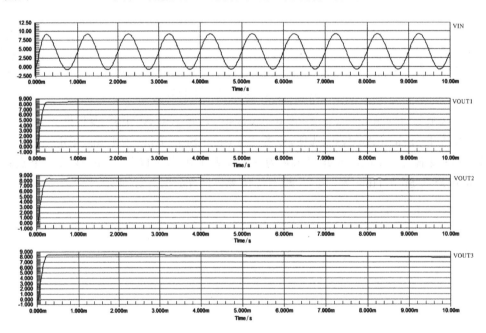

图 9-23 瞬态分析仿真波形

用户可以改变一些原理图中的元件参数,比如更改输入为生活用交流电 220V/50Hz,调整其他电阻、电容和电感的参数,再运行仿真看看其变化,以达到所需的稳定直流电压。

9.5　典型单管放大电路仿真

三极管单管放大电路是最基本最典型的放大电路,其元件参数决定了放大倍数。用户根据放大倍数的需要,事先进行仿真确定参数,可以达到事半功倍的效果。

(1)绘制仿真原理图

绘制如图 9-24 所示的单管放大电路仿真图,点击每一个元件,弹出如图 9-13 所示的可变电阻元件属性对话框,修改 Value 值,确认元件仿真属性。在左侧接口添加一个交流信号源,设置交流信号幅值为 100mV、频率为 6kHz、信号源内阻为 50Ω。在电源端添加一个 +12V 的电压源,方法为点击工具栏中的工具按钮,打开如图 9-12 所示的仿真电源工具栏,在工具栏中点击"+12(V)"电压源工具按钮,在工作区放置一个 +12V 的电压源。

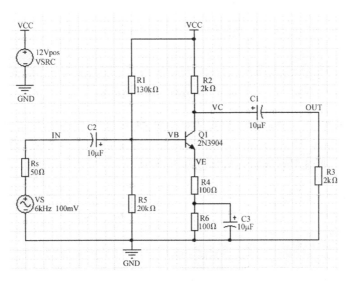

图 9-24　单管放大电路仿真图

连接电路,并在需要侦测信号的位置添加 NetLable,如 IN、OUT、VB、VC、VE,如图 9-24 所示。

(2)仿真器参数设置

①点击 Mixed Sim 工具栏的 按钮,弹出如图 9-25 所示的对话框,分别双击 IN、OUT、VB、VC、VE,把它们添加到 Active Signals 内。

②在 Collect Data For 栏,从列表中选择"Node Voltage, Supply Current, Device Current and Power"。

③为这个分析勾选 Operating Point Analysis、Transient Analysis 和 AC Small Signal Analysis 复选框。

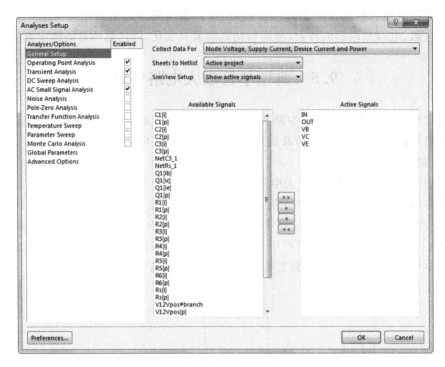

图 9-25 仿真器一般参数设置

④激活 Transient Analysis 选项,设置 Transient Stop Time 为 1ms,指定一个 1ms 的仿真窗口;设置 Transient Step Time 为 $10\mu s$,表示仿真可以每 $10\mu s$ 显示一个点;设置 Transient Max Step Time 为 $10\mu s$。瞬态特性参数设置如图 9-26 所示。

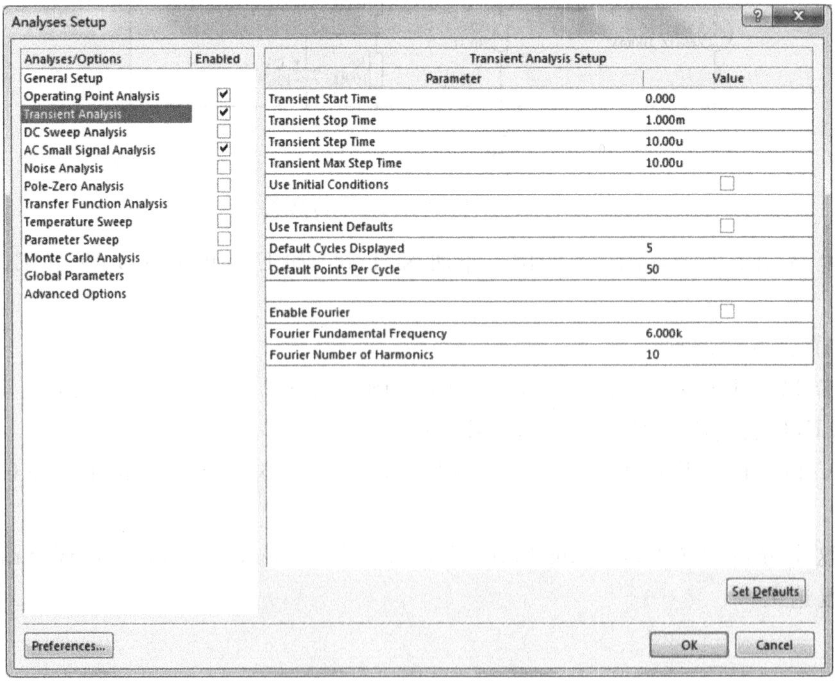

图 9-26 瞬态特性参数设置

⑤激活 AC Small Signal Analysis 选项,设置起始频率为 10Hz,终止频率为 10kHz,扫描类型为线性,测试点 100 个,如图 9-27 所示。

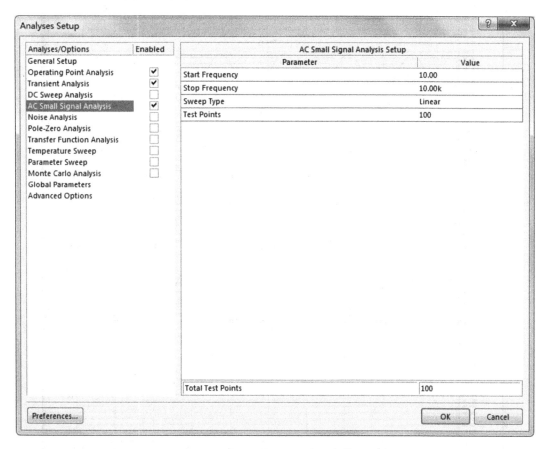

图 9-27 交流小信号分析特性参数设置

(3)信号仿真分析

点击 Mixed Sim 工具栏的 按钮运行仿真,瞬态分析仿真波形如图 9-28 所示,交流小信号分析仿真波形如图 9-29 所示。输入信号为 100mV,输出信号为 1V,可见放大倍数为 10。

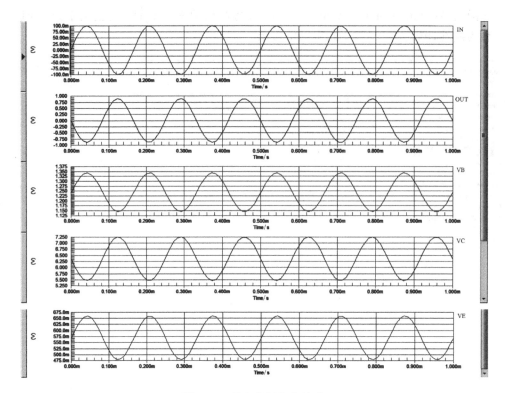

图 9-28　瞬态分析仿真波形

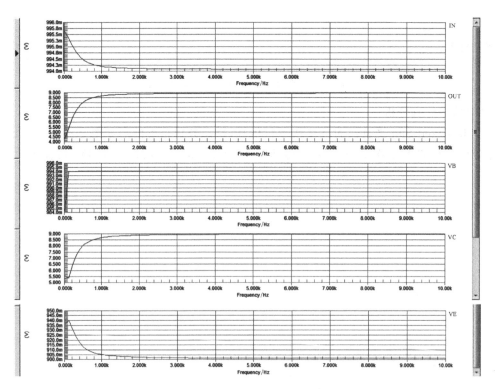

图 9-29　交流小信号分析仿真波形

习 题

9-1 更换图 9-14 光控仿真原理图中的光敏电阻参数与光敏特性,改变一些原理图中的元件参数,再运行仿真看看其变化。

9-2 令图 9-20 整流电路仿真图中的输入为生活用电交流电(220V/50Hz),并调整其他电阻、电容和电感的参数,要求输出电压 VOUT3 在 10s 内是稳定的直流电压,并运行电路仿真进行验证。

9-3 修改图 9-24 单管放大电路仿真图中相关元件的参数,使放大倍数为 8 倍,并运行电路仿真进行验证。

项目 10

心形灯驱动电路 PCB 设计

📦 项目引入

LED 灯因其应用灵活简单而被广泛用于各种场合,图 10-1 即为电子爱好者制作的简易心形 LED 电路实物,其采用了单片机控制和 USB 供电的方式在万能板上进行焊接设计。本项目将根据项目 5 心形灯 LED 电路原理图设计(见图 5-1)中的内容,对所设计的原理图进行 PCB 的设计。

图 10-1 心形 LED 电路实物

本项目的 PCB 设计调用了项目 4 建立的封装库内的一个器件:DIP-20(74LS245 驱动芯片的封装)。本项目通过 PCB 设计验证建立的封装库中的 74LS245 驱动芯片封装的正确性,并对 PCB 设计相关新知识进行介绍,涉及的知识点如下:

(1) PCB 设计步骤;
(2) PCB 向导创建 PCB 文件;
(3) PCB 设计环境;
(4) PCB 编辑器环境参数设置;
(5) PCB 设计基本常识和基本原则;
(6) 交互式布线方法。

10.1 PCB 设计步骤

PCB 的设计过程是非常繁杂的,从最原始的网络表到最后设计出的精美的电路板,需要反复修改,因为 PCB 设计的好坏直接影响最终产品的工作性能。如图 10-2 所示,PCB 设计大致可以分为以下几个步骤:

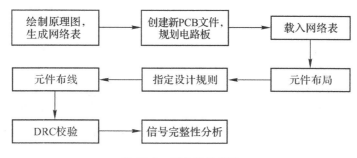

图 10-2 PCB 设计流程

(1) 绘制原理图并生成网络表:电路原理图是设计电路板的基础,在前面项目中已经详细介绍过电路原理图设计以及网络表的导出过程。

(2) 创建新 PCB 文件并规划电路板:进行设计之前,还要对电路板进行初步的规划,例如采用几层板,以及电路板的物理尺寸等。

(3) 载入网络表:网络表是原理图与电路板设计之间的桥梁,载入网络表后电路图将以元件封装和预拉线的形式存在。

(4) 元件布局:在实际应用中,需要结合设计要求对电路板进行手工布局。

(5) 指定设计规则:设计规则包括布线宽度、导孔孔径、安全间距等,在自动或手动布线过程中,系统会对布线过程进行在线检查。在设计过程中,一般还需要根据实际情况不断修改规则。

(6) 元件布线:这是 PCB 设计过程中最关键的一步。布线包括自动布线和手工布线,一般是由用户先对关键或重要的线路进行手工布线,然后启用系统的自动布线功能布线,最后对布线的结果进行修改。

(7) DRC 校验:PCB 设计完成后,还要对电路板进行 DRC 校验,以确保没有违反设计规则的错误发生。

(8) 信号完整性分析:对于高速电路板设计,在设计完成后还要进行信号完整性分析,当然对于一般的非高速电路板的设计完全可以省略这一步。

至此,PCB 的设计就完成了,用户可以按照 PCB 制板厂家的要求生成相应格式的文件以完成实际的电路板生产。

10.2 新建工程,导入原理图并添加封装

10.2.1 新建一个工程

第 2.1 节介绍了 Altium Designer 新建工程的两种方法。本节采用在菜单栏选择命令

File→New→Project→PCB Project 的方法(见图 10-3),新建一个 PCB_Project1.PrjPCB 工程文件。接着将该工程文件重命名为"LEDlovetype.PrjPCB"并保存。

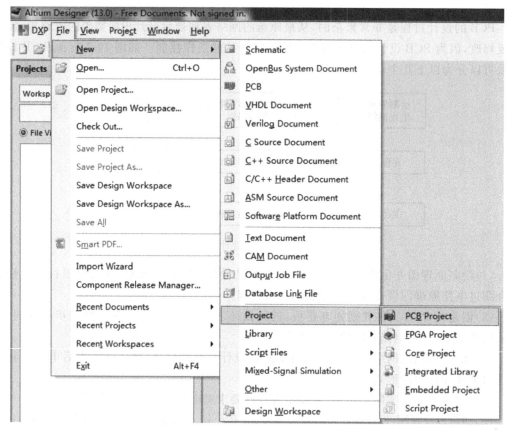

图 10-3 新建 PCB 工程

10.2.2 导入原理图

将项目 5 心形灯 LED 电路的原理图文件导入新建立的 LEDlovetype.PrjPCB 工程文件中,具体操作为:右键点击所建立的 LEDlovetype.PrjPCB 工程文件,选择 Add Existing to Project…,并选择需要添加的文件,如图 10-4 所示。需要注意的是:所添加的原理图文件需要和所建工程放到同一文件夹下,否则会出现异常提示标识,如图 10-5 所示。

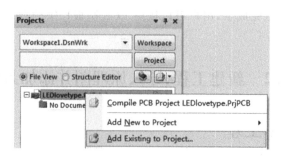

图 10-4 添加原理图到工程

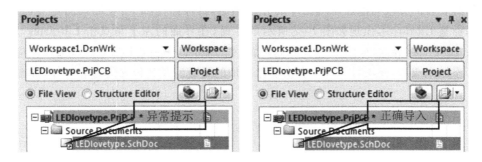

图 10-5　原理图添加效果对比

10.2.3　添加元件封装

在 PCB 设计之前,需要确认所有元件的封装设置。可以通过封装管理器来检查所有元件的封装,要确保原理图与 PCB 图相关联的库均为可用,元件封装均在可用的库内。项目 5 心形灯 LED 原理图中的元件除 74LS245 驱动芯片外,均使用了默认安装的集成元件库和封装库。设计者检查工程中元件的封装可以使用封装管理器。

在项目 5 心形灯 LED 原理图编辑界面,选择菜单命令 Tool→Footprint Manager,弹出如图 10-6 所示的 Footprint Manager(封装管理器)对话框,检查左侧元件列表中元件编号,确保编号唯一、明确;逐一点击每个元件,确保右侧封装名称和封装完全正确,用户还可以添加、删除、编辑这些封装。从该原理图编辑界面可以看到,74LS245 驱动芯片的封装 DIP-20 没有出现,因此需要将项目 3 建立的封装库添加进该工程中。

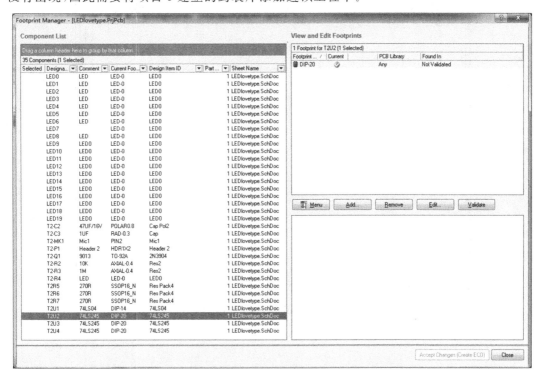

图 10-6　Footprint Manager 对话框

添加封装库的方法与添加原理图库的方法相似，具体操作如下：在原理图主界面下，点击右侧库标签 Libraries，出现如图 10-7 所示的界面，在界面的左上角点击 Libraries… 弹出 Available Libraries 界面，如图 10-8 所示，接着点击 Project→Add Library…，选择相应封装库即可。添加完成后，在项目工程中会出现已添加的封装库及其包含的封装元件，如图 10-9 所示。

图 10-7　Libraries 面板

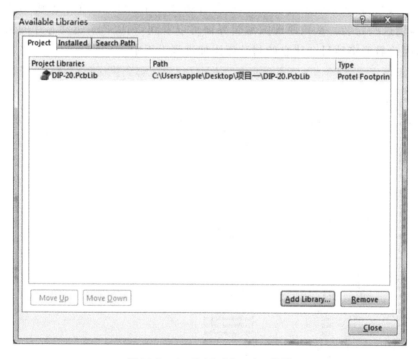

图 10-8　Available Libraries 界面

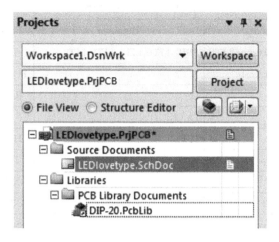

图 10-9 工程界面

完成添加后,再选择菜单命令 Tool→Footprint Manager,弹出如图 10-6 所示的 Footprint Manager 对话框,选择 74LS245 驱动芯片。对比可发现,74LS245 驱动芯片的封装 DIP-20 已经出现,如图 10-10 所示。此时,本项目的所有元件的封装检查完全正确,点击 Close 按钮关闭对话框。元件信息列表如表 10-1 所示。

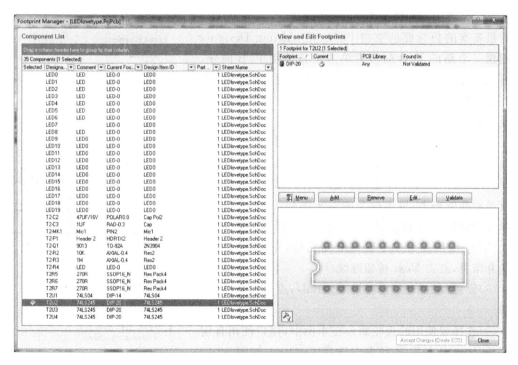

图 10-10 Footprint Manager 对话框

表 10-1　元件信息列表

Comment	Description	Designator	Footprint	LibRef	Quantity
LED	Typical INFRARED Ga As LED	T2-R4,LED0,LED1,LED2,LED3,…	LED-0	LED0	21
47UF/16V	Polarized Capacitor (Axial)	T2-C2	POLAR0.8	Cap Pol2	1
1UF	Capacitor	T2-C3	RAD-0.3	Cap	1
Mic1	Microphone	T2-MK1	PIN2	Mic1	1
Header 2	Header,2-Pin	T2-P1	HDR1X2	Header 2	1
9013	NPN General Purpose Amplifier	T2-Q1	TO-92A	2N3904	1
10K	Resistor	T2-R2	AXIAL-0.4	Res2	1
1M	Resistor	T2-R3	AXIAL-0.4	Res2	1
270R	Isolated Resistor Network	T2R5,T2R6,T2R7	SSOP16_N	Res Pack4	3
74LS04	74LS04	T2U1	DIP-14	74LS04	1
74LS245	74LS245	T2U2,T2U3,T2U4	DIP-20	74LS245	3

10.3　创建一个新的 PCB 文件

在将原理图设计转换为 PCB 设计之前，需要创建一个有最基本的板轮廓的空白 PCB。在 Altium Designer 中创建一个新的 PCB 的最简单方法是使用 PCB 向导，它可让设计者根据行业标准选择自己创建的 PCB 的大小。在向导的任何阶段，用户都可以使用 Back 按钮来检查或修改之前页的内容。

要使用 PCB 向导来创建 PCB，需按以下步骤进行。

(1) 在 Files 面板底部的 New from template 单元点击 PCB Board Wizard… 创建新的 PCB。如果这个选项没有显示在屏幕上，单击向上的箭头图标关闭上面的一些单元，如图 10-11 所示。

(2) 打开 PCB Board Wizard 对话框，用户首先看见的是介绍页，点击 Next 按钮继续。

(3) 设置度量单位为英制(Imperial)，点击 Next 按钮继续。

(4) 选择要使用的板轮廓。在本例中，用户使用自定义的板尺寸，从板轮廓列表中选择 Custom，如图 10-12 所示，点击 Next 按钮继续。

图 10-11　运行 PCB 向导

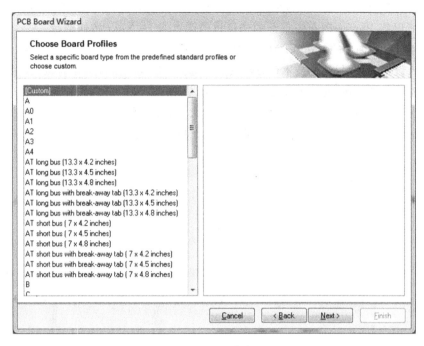

图 10-12 PCB 轮廓设置

（5）进入自定义板选项。在本例电路中，一个 3inch×3inch 的板便足够了。选择 Rectangular（长方形）单选按钮，并在 Width（宽度）和 Height（高度）文本框中都键入 3000mil。取消勾选 Title Block and Scale（标题块和比例）、Legend String（图例串）、Dimension Lines（尺寸线）、Corner Cutoff（切掉拐角）和 Inner Cutoff（切掉内角）复选框，如图 10-13 所示，点击 Next 按钮继续。

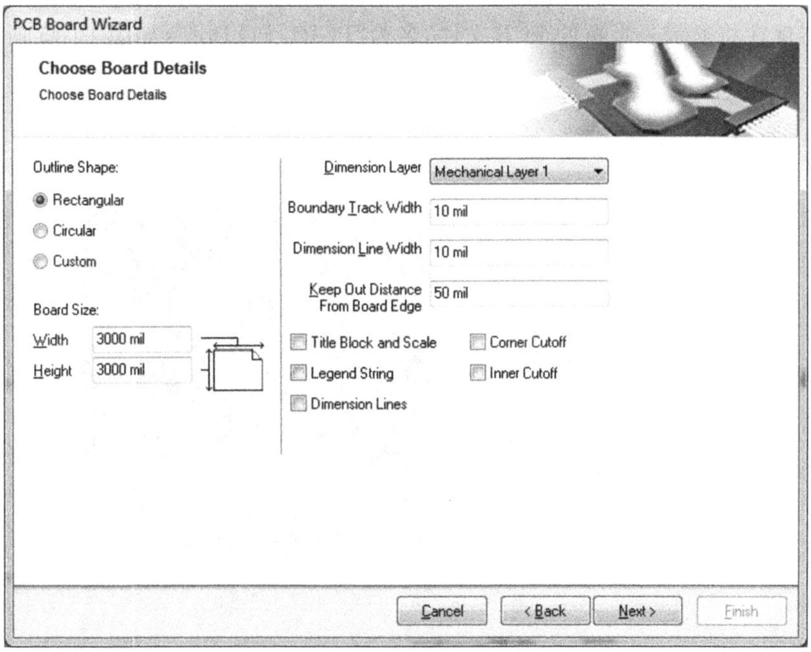

图 10-13 PCB 形状设置

(6)选择印制板的层数。本例中需要两个 Signal Layers(信号层),不需要 Power Planes(电源层),所以将 Power Planes 下面的选择框改为 0,点击 Next 按钮继续。

(7)对于设计中使用的过孔(Via)样式,选择 Thruhole Vias only(通孔),点击 Next 按钮继续。

(8)进入设置元件/导线的技术(布线)选项。选择 Through-hole Components(直插式元件)选项,将相邻焊盘(Pad)间的导线数设为 One Track(一根),点击 Next 按钮继续。

(9)设置一些设计规则,如线的宽度、焊盘的大小、焊盘孔的直径、导线之间的最小距离,如图 10-14 所示,在这里均设为默认值,点击 Next 按钮继续。

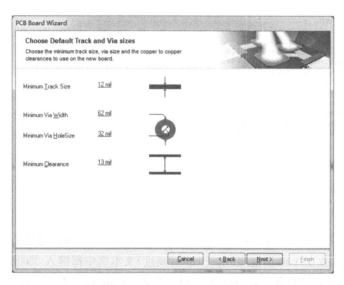

图 10-14　PCB 设计规则设置

(10)点击 Finish 按钮,PCB Board Wizard 已经设置完所有创建新 PCB 所需的信息。PCB 编辑器现在将显示一个新的 PCB 文件,名为"PCB1.PcbDoc",如图 10-15 所示。

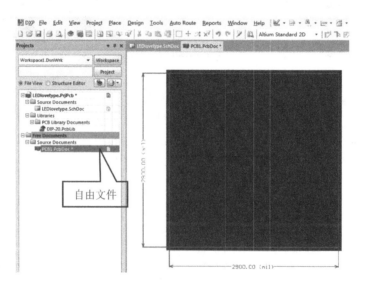

图 10-15　已完成的空白 PCB 图形

(11)在菜单栏中单击右键选择 View→Fit Board(热键 V→F)命令,将只显示板的形状。

(12)如果添加到项目的 PCB 是以自由文件格式打开的,如图 10-15 所示,设计者可以直接将自由文件夹下的 PCB1.PcbDoc 文件拖到工程文件夹 LEDlovetype.PrjPCB 下,这个 PCB 文件已经被列在 Projects 面板下的 Source Documents 中,并与其他文件相连续。

(13)选择 File→Save As 命令将新 PCB 文件重命名(用.PcbDoc 扩展名)。指定要把这个 PCB 文件保存在工程文件夹的位置,在文件名文本框里键入文件名 LEDlovetype.PcbDoc 并点击保存按钮,保存的工程文件如图 10-16 所示。

图 10-16　将 PcbDoc 文件重命名并拖入所建工程中

10.4　导入网络表

正确添加元件封装,编译原理图没有任何错误且电路板规划完成后,即可导入网络表,即将原理图的设计信息导入印制电路板设计系统中,以进行电路板的设计。从原理图向 PCB 编辑器传递的设计信息主要包括网络表文件、元器件的封装和一些设计规则信息。

Altium Designer 13 实现了真正的双向同步设计,网络表与元器件封装的导入既可以通过在原理图编辑器内更新 PCB 文件来实现,也可以通过在 PCB 编辑器内导入原理图的变化来完成。

但是需要强调的是,用户在装入网络连接与元器件封装之前,必须先装入元器件库,否则将导致网络表和元器件装入失败。

下面介绍 PCB 元器件库网络表和元器件封装的载入过程。

(1)使用从原理图到 PCB 自动更新功能,在新建的 PCB 主界面中,选择命令 Design→Import Changes From LEDlovetype.PrjPcb,如图 10-17 所示;或者在原理图主界面,选择命

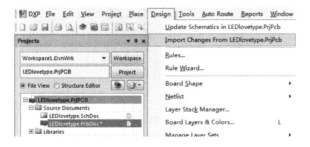

图 10-17　PCB 主界面执行导入

令 Design→Update PCB Document LEDlovetype.PcbDoc，如图 10-18 所示。这时将弹出 Engineering Change Order(工程改变顺序)对话框，如图 10-19 所示。

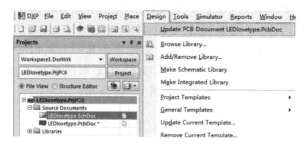

图 10-18 原理图主界面执行导入

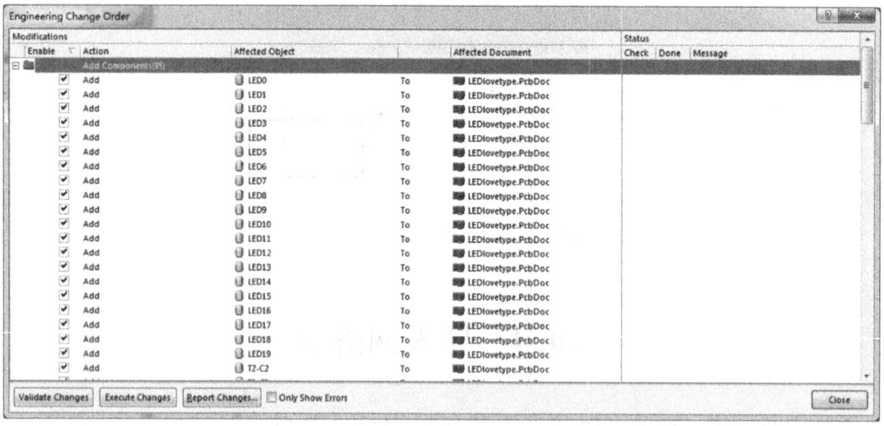

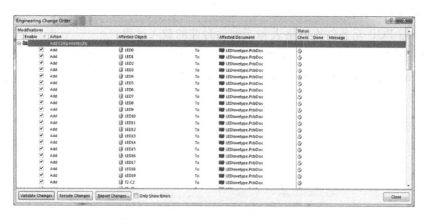

图 10-19 Engineering Change Order 对话框

(2)点击对话框中 Validate Changes 按钮，系统将检查所有的更改是否都有效。如果有效，将在右边 Check 栏对应位置打钩，如图 10-20 所示；如果有错误，Check 栏将显示红色错误标识。一般的错误都是由元件封装定义错误或者设计 PCB 时没有添加对应元件封装库造成的。

图 10-20 检查所有的更改是否都有效

(3)点击 Execute Changes 按钮,系统将执行所有的更改操作,执行结果如图 10-21 所示。如果 ECO 存在错误,则装载不能成功。

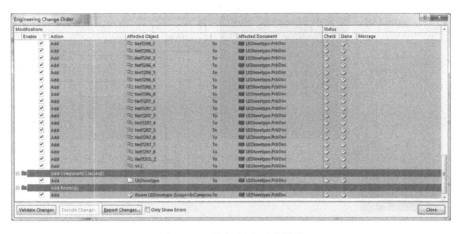

图 10-21 执行所有更改操作

(4)点击 Close 按钮关闭 Engineering Change Order 对话框,元器件和网络表将添加到 PCB 编辑器中,如图 10-22 所示。

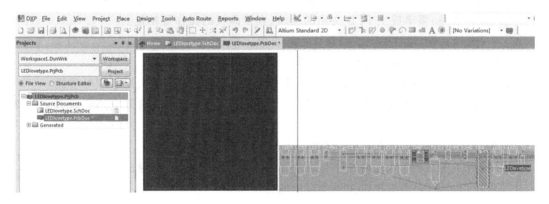

图 10-22 加载的元器件与网络表

10.5 PCB 设计环境

10.5.1 PCB 编辑器界面

无论是新建 PCB 设计文档还是打开现有的 PCB 设计文档,系统都会进入 PCB 编辑器界面,如图 10-23 所示。下面简单介绍一下常用的功能。

(1)菜单栏

编辑器内的所有操作命令都可以通过菜单命令来实现,而且菜单中的常用命令在工具栏中均有对应的快捷键按钮。

①DXP(菜单)提供 Altium Designer 中系统高级设定。

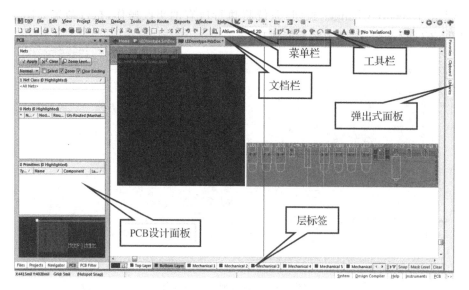

图 10-23　PCB 编辑器界面

②File(文件)菜单提供常见的文件操作,如新建、打开、保存以及打印等功能。
③Edit(编辑)菜单提供电路板设计的编辑操作命令,如选择、剪切、粘贴、移动等。
④View(查看)菜单提供 PCB 文档的缩放、查看面板的操作等功能。
⑤Project(工程)菜单提供工程整体上的管理功能。
⑥Place(放置)菜单提供各种电气图件的放置命令。
⑦Design(设计)菜单提供设计规则管理、电路原理图同步、电路板层管理等功能。
⑧Tools(工具)菜单提供设计规则检查、覆铜、密度分析、补泪滴等电路板设计的高级功能。
⑨Auto Route(自动布线)菜单提供自动布线时的具体功能设置。
⑩Reports(报告)菜单提供各种电路板信息输出,以及电路板测量的功能。
⑪Window(窗口)菜单提供主界面窗口的管理功能。
⑫Help(帮助)菜单提供系统的帮助功能。
(2)工具栏

Altium Designer 的 PCB 编辑器提供了 PCB Standard(标准)工具栏、Wiring(布线)工具栏、Utilities(公用)工具栏、Navigation(导航)工具栏等,其中有些工具栏的功能是 Altium Designer 中所有编辑环境所共用的,这里仅介绍 PCB 设计所独有的工具栏。

①布线工具栏:如图 10-24 所示,与原理图编辑环境中的布线工具栏不同,PCB 编辑器中的工具栏提供了各种各样的实际电气走线功能。该工具栏中各按钮的功能如表 10-2 所示。

图 10-24　布线工具栏

表 10-2 布线工具栏各按钮功能

按钮	功能	按钮	功能
	交互式布线		总线布线
	差分对布线		放置焊盘
	放置导孔		放置圆弧
	放置填充区		放置覆铜
	放置文字		放置元件

②公用工具栏：如图 10-25 所示，与原理图编辑环境中的公用工具栏类似，主要提供电路板设计过程中的编辑、排列等操作命令，每一个按钮均对应一组相关命令。具体功能如表 10-3 所示。

图 10-25 公用工具栏

表 10-3 公用工具栏各按钮功能

按钮	功能	按钮	功能
	绘图及阵列粘贴等		排列图件
	搜索图件		提供各种标识
	布置元件的区间		设定网格大小

(3) 层标签栏

如图 10-26 所示，层标签栏中列出了当前 PCB 设计文档中所有的层，各层用不同的颜色表示，可以点击各层的标签在各层之间切换，具体的电路板板层设置将在后面详细介绍。

图 10-26 层标签栏

10.5.2 PCB 设计面板

Altium Designer PCB 编辑器提供了一个功能强大的 PCB 设计面板，如图 10-27 所示。在标签式面板中选中 PCB 设计面板，该面板可以对 PCB 电路板中所有的网络、元件、设计规则等进行定位或是设置其属性。在面板上部的下拉框中可以选择需要查找的项目类别，点击下拉框可以看到系统所支持的所有项目分类，如图 10-28 所示。

如果用户要对 PCB 电路板中某条网络的某条走线进行定位，需要在项目选择下拉框中选择 Nets 网络项，这时下面的网络类列表框中列出了该 PCB 电路板中的所有网络类。选择其中一个网络类,则中间的网络列表框中列出了该网络类中所有的网络。选择其中一条网络,则下面的列表框中列出了该网络中的所有的走线及焊盘。

在上面的选择过程中,用鼠标选取任何一个网络类、网络、走线或是焊盘,系统的绘图区均会自动聚焦到该选取的项目上;若用鼠标双击该项目,系统则会打开该项目的属性设置对话框,可以对该项目的属性进行设置。

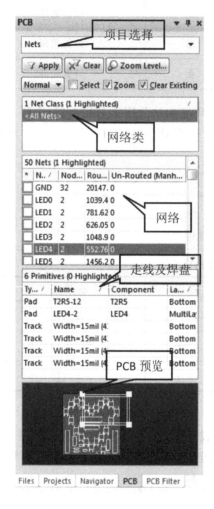

图 10-27 PCB 设计面板

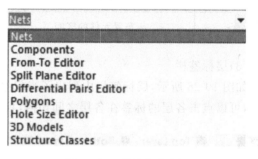

图 10-28 项目分类选择

10.5.3　PCB 观察器

当光标在 PCB 编辑器绘图区移动时,绘图区的左上角会显示出一排数据,如图 10-29 所示。这是 Altium Designer 提供的 PCB 观察器,可以在线地显示光标所在处的网络和元件信息。下面介绍 PCB 观察器所提供的信息:

①x 和 y:当前光标所在的位置。

②dx 和 dy:当前光标位置相对于上次点击鼠标时位置的位移。

③Snap:当前的捕获网络。

④1 Component 1 Net：光标所在点有一个元件和一个电气网络。

⑤Shift+H Toggle Heads Up Display：按 Shift+H 快捷键可以设置是否显示 PCB 观察器所提供的数据。按一次关闭显示，再按一次即可重新打开显示。

⑥Shift+G Toggle Heads Up Tracking：按 Shift+G 快捷键可以设置 PCB 观察器所提供的数据是随光标移动，还是固定在某一位置。

⑦Shift+D Toggle Heads Up Delta Origin Display：按 Shift+D 快捷键设置是否显示 dx 和 dy。

⑧Shift+M Toggle Board Insight Lens：按 Shift+M 快捷键可以打开或关闭放大镜工具，执行该命令后，绘图区出现一个矩形区域，该区域内的图像将放大显示，这个功能在观察比较密集的 PCB 文档时比较有用。当处在放大镜状态时，再次执行 Shift+M 可退出放大状态。

⑨Shift+X Explore Components and Nets：按 Shift+X 快捷键可以打开电路板浏览器，如图 10-30 所示，在该浏览器中可以看到网络和元件的详细信息。

⑩VCC 27222.948mils（33-Nodes）：光标所在处网络的具体信息，其中网络名为"VCC"，总长度为 27222.948mils，有 33 个节点。

⑪T2-R2 10K（AXIAL-0.4）Top Layer：光标所在处元件的具体信息，如元件的标号/封装所在的板层等。

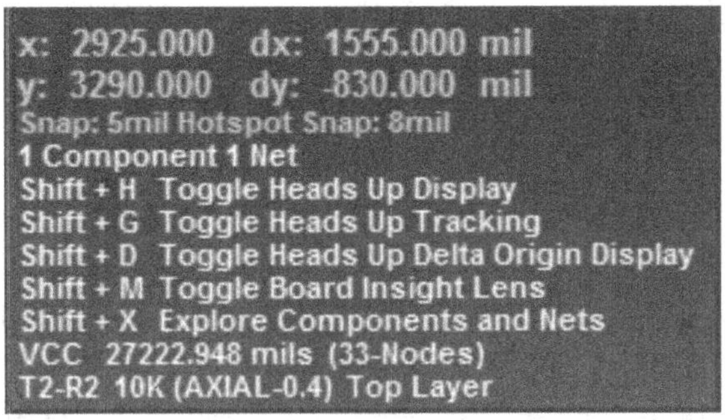

图 10-29　PCB 观察器

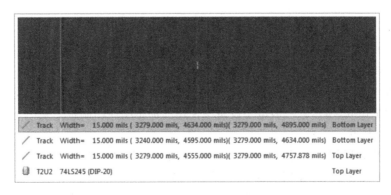

图 10-30　电路板浏览器

10.6 PCB编辑器环境参数设置

PCB编辑器环境参数的设置主要包括PCB层颜色与显示的设置、图件的显示与隐藏设置以及电路板的尺寸参数设置。

10.6.1 认识PCB层

说到PCB层,新手往往会将多层PCB设计和PCB层混淆起来,下面简单介绍一下PCB层的概念。电路板根据结构来分可分为单层板(Single Layer PCB)、双层板(Double Layer PCB)和多层板(Multi-Layer PCB)3种,目前单层板和双层板的应用最为广泛。

单层板是最简单的电路板,它仅仅在一面进行铜膜走线,而另一面放置元件,结构简单,成本较低。但是由于结构限制,当走线复杂时布线的成功率较低,因此单层板往往用于低成本的场合。

双层板在电路板的顶层(Top Layer)和底层(Bottom Layer)都能进行铜膜走线,两层之间通过导孔或焊盘连接。相对于单层板来说,双层板走线灵活得多;相对于多层板来说,双层板成本又低得多,因此当前电子产品中双层板得到了广泛应用。

多层板就是包含多个工作层面的电路板,最简单的多层板就是四层板,如图10-31所示。四层板就是在顶层(Top Layer)和底层(Bottom Layer)中间加上了电源层和地平面层,通过这样的处理可以大大提高电路板的抗电磁干扰能力,提高系统的稳定性。

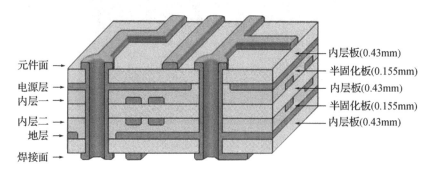

图10-31 多层板结构

另外,印制电路板按基材的性质不同,又可分为刚性印制板和柔性印制板两大类。

(1)刚性印制板

刚性印制板具有一定的机械强度,用它装成的部件具有一定的抗弯能力,在使用时处于平展状态,如图10-32所示。一般电子设备中使用的都是刚性印制板。

(2)柔性印制板

柔性印制板是以软层状塑料或其他软质绝缘材料为基材制成的。它所制成的部件可以弯曲和伸缩,在使用时可根据安装要求将其弯曲,如图10-33所示。柔性印制板一般用于特殊场合,如某些数字万用表的显示屏是可以旋转的,其内部往往采用柔性印制板。

图 10-32 刚性印制板

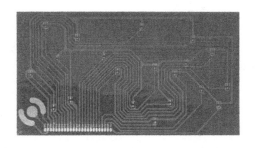
图 10-33 柔性印制板

10.6.2 PCB 层的显示与颜色

PCB 设计过程中,用不同的颜色来表示不同板层,在 PCB 编辑环境下选择菜单命令 Design→Board Layers & Colors 或者按快捷键 L 可以打开如图 10-34 所示的视图设置对话框。视图设置对话框中有 3 个选项卡,其中 Board Layers And Colors 选项卡用来设置是否显示各板层以及板层的颜色。

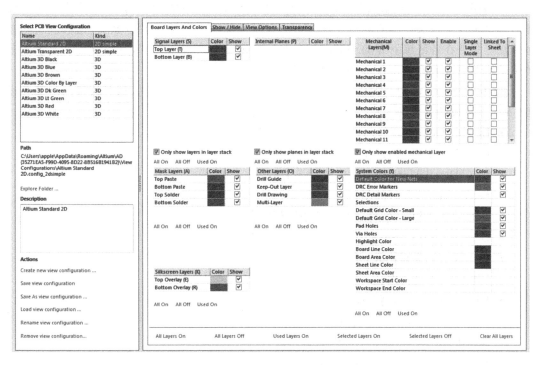

图 10-34 视图设置对话框

图 10-34 中列出了当前 PCB 设计文档中所有的层。根据各层面功能的不同,可将系统的层大致分为 6 类,现在对 Board Layers And Colors 选项卡的设置进行介绍。

• 信号层(Signal Layers):Altium Designer 提供了 32 个信号层,其中包括 Top Layer、Bottom Layer、Mid Layer 1~Mid Layer 30 等。图 10-34 仅仅显示了当前 PCB 中所存在的信号层,即 Top Layer 和 Bottom Layer,若要显示所有的层面可以取消 Only show layers in layer stack 选项。

- 内电层(Internal Planes)：Altium Designer 提供了 16 个内电层(Plane 1～Plane 16)，用于布置电源线和底线。由于当前电路板是双层板，没有使用内电层，所以该区域显示为空。
- 机械层(Mechanical Layers)：Altium Designer 提供了 16 个机械层(Mechanical 1～Mechanical 16)。机械层一般用于放置有关制板和装配方法的指示性信息，图中显示了当前电路板所使用的机械层。
- 防护层(Mask Layers)：用于保护电路板上不需要上锡的部分。防护层有阻焊层(Solder Mask)和锡膏防护层(Paste Mask)之分。阻焊层和锡膏防护层均有顶层和底层之分，即 Top Solder、Bottom Solder、Top Paste 和 Bottom Paste。
- 丝印层(Silkscreen Layers)：Altium Designer 提供了 2 个丝印层，即顶层丝印层(Top Overlay)和底层丝印层(Bottom Overlay)。丝印层只用于绘制元件的外形轮廓、放置元件的编号或其他文本信息。
- 其他层(Other Layers)：Altium Designer 还提供了其他的工作层面，其中包括 Drill Guide(钻孔位置层)、Keep-Out Layer(禁止布线层)、Drill Drawing(钻孔图层)和 Multi-Layer(多层)。对以上介绍的各层面，均可单击其 Color 区域的颜色选框，在弹出的颜色设置对话框中设置该层显示的颜色。在 Show 选框中可以选择是否显示该层，选取该项则显示该层。另外在各区域下方的 Only show layers in layer stack 选框，可以设置是显示当前 PCB 设计文件中仅存在的层面还是显示多层面。

Board Layers And Colors 选项卡中还可以设置系统显示的颜色，和层的显示与颜色设置一样，可以设置各系统组件的颜色以及是否显示：

- Default Color for New Nets：新网络默认色彩；
- DRC Error Markers：DRC 校验错误标记；
- DRC Detail Markers：DRC 校验详情标记；
- Selections：选取时的颜色；
- Default Grid Color-Small：默认小网格颜色；
- Default Grid Color-Large：默认大网格颜色；
- Pad Holes：焊盘内孔；
- Via Holes：过孔内孔；
- Highlight Color：高亮颜色；
- Board Line Color：电路板边缘颜色；
- Board Area Color：电路板内部颜色；
- Sheet Line Color：图纸边缘颜色；
- Sheet Area Color：图纸内部颜色；
- Workspace Start Color：工作区开始颜色；
- Workspace End Color：工作区结束颜色。

在 Board Layer And Colors 选项卡的下方还有一排功能设置按钮，各按钮的功能如下：

- All Layer On：显示所有层；
- All Layer Off：关闭显示所有层；

- Used Layers On：显示所有使用到的层；
- Selected Layers On：显示所有选中的层；
- Selected Layers Off：关闭显示所有选中的层；
- Clear All Layers：清除选取层的选中状态。

其实 PCB 层面显示的设置还有一个更为方便的方式：点击主界面层标签栏左边的 LS 按钮，弹出如图 10-35 所示的板层显示设置菜单。点击 All Layers 项可以显示当前所有的层，或是单击下面的选项仅仅显示某一类的层面，如 Signal Layers 仅显示信号层，Plane Layers 仅显示内电层，NonSignal Layers 仅显示非信号层，Mechanical Layers 仅显示机械层。

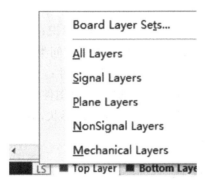

图 10-35　层显示设置

10.6.3　图件的显示与隐藏设定

Altium Designer PCB 设计环境错综复杂的界面往往让新手难以入手，在设计中，为了更加清楚地观察元件的排布或走线，往往需要隐藏某一类图件。在如图 10-36 所示的视图设置对话框中切换到 Show/Hide（显示/隐藏）选项卡，可以设置各类图件的显示方式。

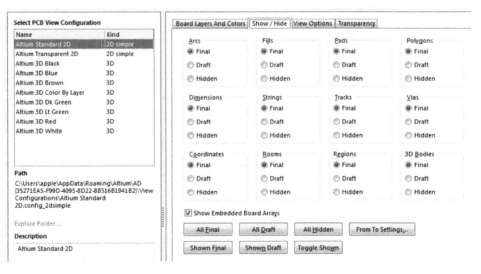

图 10-36　显示/隐藏选项卡

如图 10-36 所示，PCB 设计环境中的图件按照显示的属性可以分为以下几大类：

①Arcs(圆弧)：PCB 文件中的所有圆弧状走线；

②Fills(填充)：PCB 文件中的所有填充区域；

③Pads(焊盘)：PCB 文件中所有元件的焊盘；

④Polygons(覆铜)：PCB 文件中的覆铜区域；

⑤Dimensions(轮廓尺寸)：PCB 文件中的尺寸标识；

⑥Strings(字符串)：PCB 文件中的所有字符串；

⑦Tracks(走线)：PCB 文件中的所有铜膜走线；

⑧Vias(过孔)：PCB 文件中的所有导孔；

⑨Coordinates(坐标)：PCB 文件中的所有坐标标识；

⑩Rooms(元件放置区间)：PCB 文件中的所有空间类图件；

⑪Regions(区域)：PCB 文件中的所有区域类图件；

⑫3D Bodies(3D 元件体)：PCB 文件中的所有 3D 图件。

以上各分类均可单独设置为 Final(最终)实际的形状，多数为实心显示；Draft(草图)显示，多为空心显示；Hidden(隐藏)。

10.6.4 电路板参数设置

选取菜单命令 Design 下的 Board Options 选项，进入电路板尺寸参数设置对话框，如图 10-37 所示。下面对其中的个别项进行介绍。

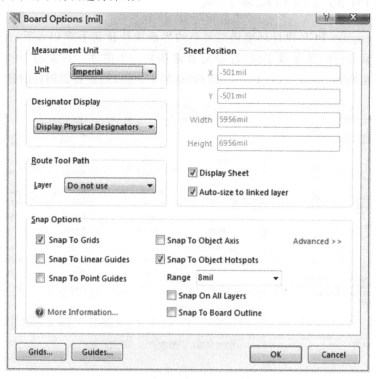

图 10-37　Board Options 选项卡设置

①Measurement Unit：系统单位设定，可以选择为 Imperial（英制）单位或是 Metric（公制）单位，其中按快捷键 Q 能实现单位的转换。

②Snap Options：光标操作，即对光标捕获图件、栅格等的选项操作。

③Sheet Position：该区域用于设置图纸的位置，包括 X 轴坐标、Y 轴坐标、宽度、高度等参数。

10.7 PCB 设计基本常识和基本原则

上面介绍了 Altium Designer 的 PCB 编辑器工作环境，接下来将进一步介绍电路板设计的基本常识。无论多么复杂的电路板，都大致由元件、铜膜走线、过孔、焊盘等电气图件组成，因此本节首先对元件、焊盘、过孔与铜膜走线这几个电路板最基本的组成元素进行介绍，其次总结 PCB 设计过程中的基本原则。

10.7.1 元件（Component）

没有元件的电路板是不能实现任何电气功能的，所以元件是电路板最重要的组成元素。PCB 编辑器中的元件主要是指元件的封装，元件只能放置在电路板的顶层或是底层。在一般情况下，元件封装都是由原理图网络表导入 PCB 中的，也有部分元件需要用户自己添加。

(1)选择菜单命令 Place→Component 或点击布线工具栏中的按钮弹出 Place Component 对话框，如图 10-38 所示。

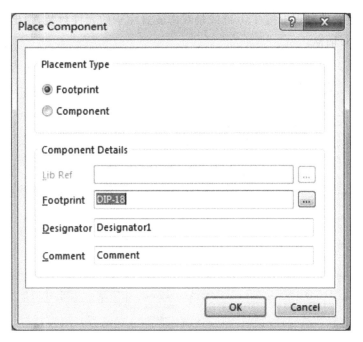

图 10-38　Place Component 对话框

(2)点击对话框中的 Footprint 后的拓展按钮，进入如图 10-39 所示的 Browse Libraries 对话框，查找选择对应的元件库，选中所需封装，如图 10-40 所示，并确认。当返回到 PCB 编辑界面时，光标上会黏附所选的封装，移至合适的位置点击鼠标左键确认放置。

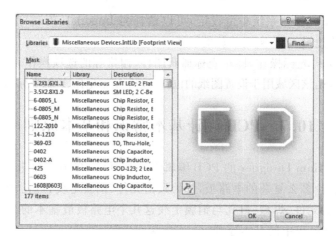

图 10-39 Browse Libraries 对话框

图 10-40 添加一个 AXIAL-0.4 封装模型

(3)在元件放置的过程中按 Tab 键或是双击放置完毕的元件封装,弹出如图 10-41 所示的元件属性设置对话框。

图 10-41 元件属性设置对话框

元件属性对话框中各常用选项的意义如下：

(1) Component Properties(元件属性)区域：

①Layer：元件可以放置的层，只有 Top Layer 和 Bottom Layer 可选。

②Rotation：元件的旋转角度，可以是任意的正负值。正值为逆时针旋转，负值为顺时针旋转。

③X-Location、Y-Location：元件在 PCB 图纸中的坐标位置。

④Type：元件的类型，可以选择为 Standard、Mechanical、Graphical 等。

⑤Height：高度，用于元件的 3D 显示。

⑥Lock Primitives：锁定图件，锁定后不能对图件的外形进行编辑。

⑦Lock Strings：锁定字符串，锁定后图件字符串不可编辑。

⑧Locked：锁定元件，锁定后元件在 PCB 中的位置将固定。

(2) Swapping Options(交换模式)区域

该区域主要是针对 FPGA 设计的。

①Enable Pin Swaps：允许引脚交换。

②Enabled Part Swaps：允许端口交换。

(3) Designator(标注)和 Comment(注释)区域

元件标注和注释设置，该区域的设置与 Component Properties 区域的内容相似，下面仅介绍不同的属性设置：

①Height、Width：字符串框的长度和宽度。

②Autoposition：字符串内容在字符串框中位置的自动调整，可以设置为手动、左上、左中、左下等。

③Hide：选中该项字符串将隐藏。

④Mirror：选中该项字符串将镜像显示。

(4) Designator Font(标注字体)和 Comment Font(注释字体)区域

该区域用来设定字符串的字体信息，可以选择 True Type 和 Stroke 字体。

(5) Footprint(封装)区域

该区域列出了元件的封装信息，如 Name(封装名称)、Library(所属的元件库)、Description(描述信息)、Default 3D model(默认 3D 模型)。

(6) Schematic Reference Information(图纸引用信息)区域

该区域列出了与 PCB 文档对应的电路原理图纸的信息，因为这里是手工放置元件，所以图纸信息为空。

10.7.2 焊盘(Pad)与过孔(Via)

(1) 焊盘

焊盘是元件组成的一部分，没有焊盘的元件是不能实现其电气功能的，但是 Altium Designer 提供了单独的焊盘放置功能。

焊盘的放置非常简单，选择菜单命令 Place→Pad，或是点击布线工具栏中的按钮，光标上将会附带一个焊盘，将其移至合适的位置后点击鼠标左键即可放置。

放置过程中按下 Tab 键或是双击放置完毕的焊盘，进入焊盘属性设置对话框，如图 10-42

所示。下面详细介绍各属性设置的意义。

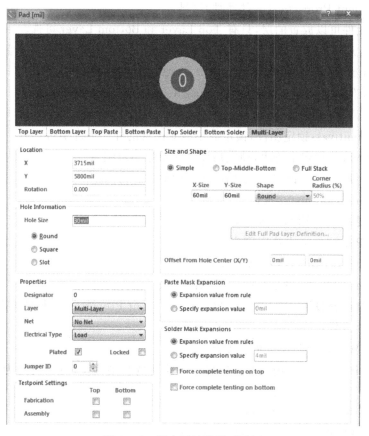

图 10-42　焊盘属性设置对话框

①焊盘预览区域：对话框的上部为焊盘预览窗口，这里显示的是当前设置下焊盘的大小和形状。预览框的下部有一排层标签，可以点击标签切换到相应的层。

②Location（位置）区域：这里列出了焊盘中心的坐标值和旋转角度。

③Hole Information（焊孔信息）区域：该区域设置焊孔的形状和大小。Hole Size 是指焊孔的直径或者边长。焊孔可以设置为 Round（圆孔）、Square（方孔）或 Slot（槽形孔）。当设置为方孔时，需设置方孔所旋转的角度（Rotation）；设置为槽形孔时，需设置插槽的长度（Length），插槽的长度必须大于孔径。图 10-43 为各种焊孔的形状。

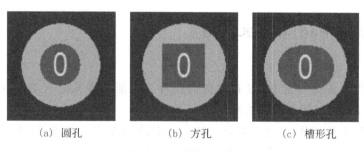

(a) 圆孔　　　　(b) 方孔　　　　(c) 槽形孔

图 10-43　焊孔的形状

④Properties(属性)区域:该区域设置焊盘的电气属性,各项的含义如下:
- Designator:焊盘的标号,通常指元件引脚号。
- Layer(板层信息):设置焊盘所在的板层,Multi-Layer 指针脚式焊盘,Top Layer 和 Bottom Layer 则指表面黏着式焊盘。
- Net:焊盘所属的网络标号。
- Electrical Type(焊盘的电气类型):可以选择 Load(信号的中间点)、Source(信号的起点)、Terminal(信号的终点)。
- Plated(镀锡):设置焊盘是否电镀。
- Locked(锁定):设置焊盘是否锁定。

⑤Testpoint Settings(测试点设置)区域:设置焊盘为顶层或是底层的测试点。

⑥Size and Shape(尺寸和形状)区域:在该区域内设置焊盘的大小与形状,焊盘有 3 种设置方式。

- Simple(简单):在该种状态下仅能设置焊盘的大小、X、Y 坐标值,以及焊盘的形状,如图 10-44 所示,系统支持圆形、方形、八角形和圆角方形 4 种焊盘形状。

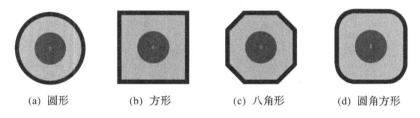

(a) 圆形　　(b) 方形　　(c) 八角形　　(d) 圆角方形

图 10-44　圆形、方形、八角形、圆角方形焊盘

- Top-Middle-Bottom(上中下):该种设置是针对多层板设计的,可以分别设置焊盘在顶层、中间层和底层的大小和形状。
- Full Stack(全堆栈):选取该设置方式将会激活 Edit Full Pad Layer Definition… 按钮,点击该按钮弹出如图 10-45 所示的 Pad Layer Editor(焊盘层编辑器)对话框,在这里面可以编辑焊盘在各层的形状以及尺寸。由于当前是双层电路板设计,所以编辑器里面只显示了顶层和底层的焊盘属性,若取消勾选 Only show layers in layerstack,则编辑器将显示所有的层。

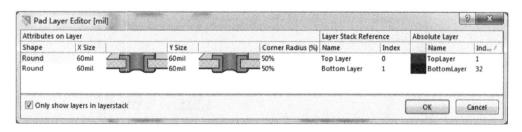

图 10-45　Pad Layer Editor 对话框

⑦Paste Mask Expansion(助焊膜延伸)区域:在此设置助焊膜的扩展模式,助焊膜扩展值是指助焊膜距离焊盘外边的距离。
- Expansion value from rule:根据规则设置助焊膜的扩展值。

- Specify expansion value：自行设定助焊膜的扩展值，并在旁边的文本框中填入设定值。
⑧Solder Mask Expansions（防焊膜延伸）区域：在此设定防焊膜的扩展模式。
- Expansion value from rules：根据规则设置防焊膜的扩展值。
- Specify expansion value：自行设定防焊膜的扩展值，并在旁边的文本框中填入设定值。
- Force complete tenting on top：在顶层强制生成突起，即顶层防焊膜直接覆盖焊盘。
- Force complete tenting on bottom：在底层强制生成突起，即底层防焊膜直接覆盖焊盘。

（2）过孔

过孔是用来穿透不同层的导体的，通常见到的过孔是穿透所有层的，即从顶层到底层。过孔还有盲孔和埋孔：盲孔是外部层面连接到内部层面的孔，但没有穿透所有层面；埋孔则是电路板内部层面之间电气连接的孔。

过孔的放置与属性设置与焊盘类似，选择菜单命令 Place→Via，或是点击布线工具栏的按钮放置过孔，放置完毕，双击进行过孔的属性设置，如图 10-46 所示。过孔与焊盘的属性设置所不同的地方在于，过孔的形状必须是圆形的，而且必须穿透两个不同的层面，而焊盘可以只在某一个层面上，如贴片元件的焊盘就是在顶层或是底层。

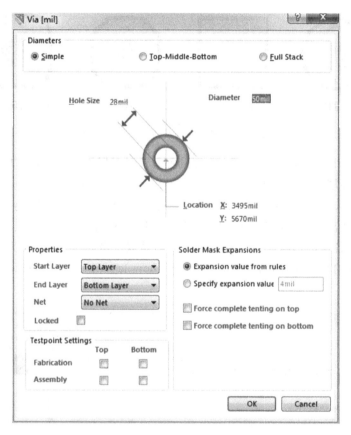

图 10-46　过孔属性设置对话框

无论是焊盘还是过孔，当将其放置在空白位置上时，它是不连接到任何网络的；当将其放在已有的焊盘或过孔上而且中心重合时，它将会替代原有的焊盘或过孔；当其与电气走线相交时，该焊盘或过孔将连接到该网络。

10.7.3 铜膜走线(Track)

元件之间的信号传递需要通过铜膜走线来完成,走线就是在同一板层内传递电气信号或能量的导线,通常将走线布在信号板层(Signal Layers)中传递信号或是布在内电层(Internal Planes)中传递能量。当然走线也可以布在其他板层中,如布在 Keep-Out Layer 中绘制禁止区域。

放置走线的方式多种多样,最常用的方式就是交互式布线,这种布线方式下的铜膜走线必须依附于特定的电气网络。选择菜单命令 Place→Interactive Routing 或是点击布线工具栏的 按钮,进入交互式布线状态。

在 PCB 编辑环境中绘制走线的方式与在原理图编辑环境中绘制导线的方式相同,在起点处点击鼠标左键确定起点,并移动鼠标拉出走线,移动过程中可点击左键确定中间点,到达终点处双击鼠标左键确定,并单击鼠标右键退出布线状态。

在放置走线的过程中可以按键盘空格键切换走线转角的方向,同时也可以按 Shift+Ctrl+空格键切换走线的模式。Altium Designer 提供了 5 种走线模式,分别为 45°/90°走线、圆角走线、直角走线、圆弧走线和任意角度走线模式,各种走线的效果如图 10-47 所示。

图 10-47 走线方式的切换

双击绘制完毕的走线,进入走线属性设置对话框,如图 10-48 所示。该属性对话框定义了走线的起点和终点坐标、Layer(所在的板层)、Net(所属的网络),以及 Locked(是否锁定)。Keepout 属性是指是否设置该走线上禁止放置器件,当选取此项后,走线的四周将出现粉红色边框,表示该走线上不能放置器件。

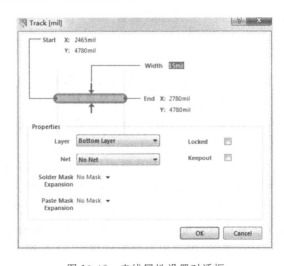

图 10-48 走线属性设置对话框

若是 Arc 圆弧状的走线,双击该圆弧则弹出如图 10-49 所示的圆弧状走线属性设置对话框。与 Track 属性类似,对于圆弧,要设置圆弧的 Center(圆心坐标)、Radius(半径)、Start Angle(起始角度)、End Angle(终止角度)以及 Width(宽度)。

与导线有关的另外一种线,常常被称为"飞线",即预拉线。飞线是导入网络表后,系统根据规则生成的,是用来指引布线的一种连线。

导线和飞线有着本质的区别,飞线只是一种在形式上表示出各个焊盘间的连接关系,没有电气的连接意义的走线。导线则是根据飞线指示的焊盘间的连接关系而布置的,是具有电气连接意义的连接线路。

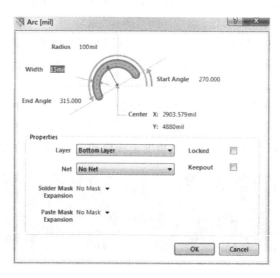

图 10-49 圆弧状走线属性设置对话框

10.7.4 PCB 设计基本原则

PCB 设计的好坏对电路板抗干扰能力影响很大。因此,在进行 PCB 设计时,必须遵循 PCB 设计的一般原则,并应符合抗干扰设计的要求。为了设计出性能优良的 PCB,应遵循下面的一般原则。

(1)布局原则

首先,要考虑 PCB 尺寸大小。PCB 尺寸过大时,印制线条长,阻抗增加,抗噪声能力下降,成本也增加;PCB 尺寸过小时,散热不好,且邻近线条易受干扰。在确定 PCB 尺寸后,再确定特殊元件的位置。最后,根据电路的功能单元,对电路的全部元器件进行布局。

在确定特殊元件的位置时要遵守以下原则:

①尽可能缩短高频元器件之间的连线,设法减少它们的分布参数和相互间的电磁干扰。易受干扰的元器件不能相互挨得太近,输入和输出元件应尽量远离。

②某些元器件或导线之间可能有较高的电位差,应加大它们之间的距离,以免放电引起意外短路。带高电压的元器件应尽量布置在调试时手不易触及的地方。

③对于重量超过 15g 的元器件,应当用支架加以固定,然后焊接。那些又大又重、发热量多的元器件,不宜装在印制板上,而应装在整机的机箱底板上,且应考虑散热问题。热敏

元件应远离发热元件。

④对于电位器、可调电感线圈、可变电容器、微动开关等可调元件的布局,应考虑整机的结构要求。若是机内调节,应将其放在印制板上便于调节的地方;若是机外调节,其位置要与调节旋钮在机箱面板上的位置相对应。

⑤应留出印制板定位孔及固定支架所占用的位置。

根据电路的功能单元,对电路的全部元器件进行布局时,要符合以下原则:

①按照电路的流程安排各个功能电路单元的位置,使布局便于信号流通,并使信号尽可能保持方向一致。

②以每个功能电路的核心元件为中心进行布局。元器件应均匀、整齐、紧凑地排列在PCB上,尽量减少和缩短各元器件之间的引线和连接。

③针对在高频下工作的电路,要考虑元器件之间的分布参数。一般应尽可能使元器件平行排列。这样不但美观而且装焊容易,易于批量生产。

④位于电路板边缘的元器件,离电路板边缘一般不小于 2mm。电路板的最佳形状为矩形。电路板面尺寸大于 200mm×150mm 时,应考虑电路板所能承受的机械强度。

(2) 布线原则

在PCB设计中,布线是设计PCB的重要步骤,布线方式有单面布线、双面布线和多层布线。为了避免输入端与输出端的相邻边线平行而产生反射干扰和两相邻布线层互相平行产生寄生耦合等干扰而影响线路的稳定性,甚至在干扰严重时造成电路板根本无法工作,在PCB布线工艺设计中一般考虑以下原则:

①连线精简原则

连线要精简,尽可能短,尽量少拐弯,力求线条简单明了。

②安全载流原则

铜线宽度应以所能承载的电流为基础进行设计,铜线的载流能力取决于线宽和线厚(铜箔厚度)。当铜箔厚度为 0.05mm、宽度为 1~15mm 时,通过 2A 的电流,温度不高于 3℃,因此导线宽度为 1.5mm 可满足要求。对于集成电路,尤其是数字电路,通常选 0.02~0.3mm 的导线宽度。当然,只要允许,还是尽可能用宽线,尤其是对于电源线和地线来说。

③PCB抗干扰原则

PCB抗干扰设计与具体电路有着密切的关系,涉及的知识比较多。下面仅就一些抗干扰设计说明如下:

电源线设计原则:根据印制线路板电流的大小,要尽量加粗电源线宽度,减少环路电阻。同时使电源线、地线的走向和数据传递的方向一致,这样有助于增强抗噪声能力。

地线设计原则:数字地线与模拟地线分开;接地线应尽量加粗,若接地线用很细的线条,则接地电位随电流的变化而变化,使抗噪性能降低,如有可能,接地线线宽应在 3mm 以上。

另外铜膜导线的拐弯处应为圆角或斜角(因为高频时直角或尖角的拐角处会影响电气性能),双面板两面的导线应互相垂直、斜交或者弯曲走线,尽量避免平行走线,减少寄生耦合等。

(3) 焊盘设计原则

焊盘中心孔要比器件引线直径稍大一些,焊盘太大易形成虚焊。焊盘外径 D 一般不小于 $(d+1.2)$mm,其中 d 为引线孔径。对高密度的数字电路,焊盘最小直径可取 $(d+1.0)$mm。

以上是一些设计PCB的基本原则,当然这很大程度上还与设计者的经验有关。

10.8 PCB 设计

10.8.1 元件布局

导入网络表后,所有元件已经更新到 PCB 上,但是元件布局不够合理。合理的布局是 PCB 布线的关键,如果 PCB 元件布局不合理,将可能使电路板导线变得非常复杂,甚至无法完成布线操作。Atmel 公司在 Altium Designer 13 软件中提供了两种元件布局方法:一种是手工布局,另一种是自动布局。由于自动布局后的元件通常非常凌乱,并不能符合设计需要,因此本书不再赘述自动布局功能。手工布局的操作方法是:

(1)用鼠标左键单击需要调整位置的对象,按住鼠标左键不放,将该对象拖到 PCB 中的 Keep-Out 布线区合适的位置,然后释放即可。可以一次拖动多个元件,如果需要旋转或者改变对象方向,可按空格键、X 键和 Y 键。在拖入元件的过程中,系统自动将元件布置到 PCB 的顶层(Top Layer),如图 10-50 所示。如果要将元件放置到 PCB 的底层(Bottom Layer),按下一步进行操作。布局可以按照第 10.7 节规则进行。

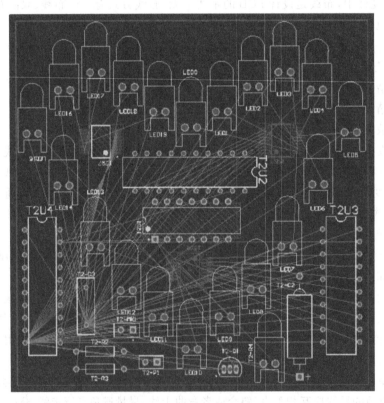

图 10-50 手动布局中的 PCB

(2)双击元件 T2R7,或者选中 T2R7 并在拖动时按 Tab 键,打开如图 10-51 所示的 Component T2R7 对话框。在 Component Properties 区域内的 Layer 下拉列表中,选中 Bottom Layer 选项,点击 OK 按钮,关闭该对话框。此时,元件 T2R7 连同其标签文字都被调到 PCB 的底层。在图 10-50 中，元件 T2R5 和元件 T2R6 均已被放置在 Bottom Layer 层中。

图 10-51　Component T2R7 对话框

（3）放置其他元件到 PCB 顶层，然后调整元件的位置。调整元件位置时，最好将光标设置成大光标，方法为：右击，在弹出的菜单中选择 Options→Preferences 命令，弹出 Preferences 对话框，在光标类型（Cursor Type）处选择 Large 90 即可。

（4）放置元件时，遵循使该元件与其他元件连线距离最短、交叉线最少的原则进行，可以按 Space 键让元件旋转到最佳位置，再放开鼠标左键。

（5）如果在手动布局时元件排列不整齐，用户可以选中对应元件，在工具栏上点击 ▪（Alignment Tools）按钮，弹出下拉工具，如图 10-52 所示，再根据排列需要对其进行排列，通过上述图标可以将元件布置整齐。

（6）在放置元件的过程中，为了让元件精确放置在对应的位置，设置 PCB 采用英制（Imperial）单位，按 G 键，设置 Grid 为 20mil，以方便元件摆放整齐。

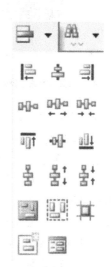

图 10-52　元件对齐排布列表

（7）单击工作区中的名称为"LEDlovetype"的 Room 框，按 Delete 键将其删除。

Room 框用于限制单元电路的位置，即某一个单元电路中的所有元件将被限制在由 Room 框所限定的 PCB 范围内，便于 PCB 电路板的布局规范，减少干扰，通常用于层次化的模块设计和多通道设计中。由于本项目未使用层次设计，不需要 Room 边框的功能，为了方便元件布局，可以先将 Room 框删除。

至此，手动元件布局完毕。布置完成后的 PCB 效果如图 10-53 所示。

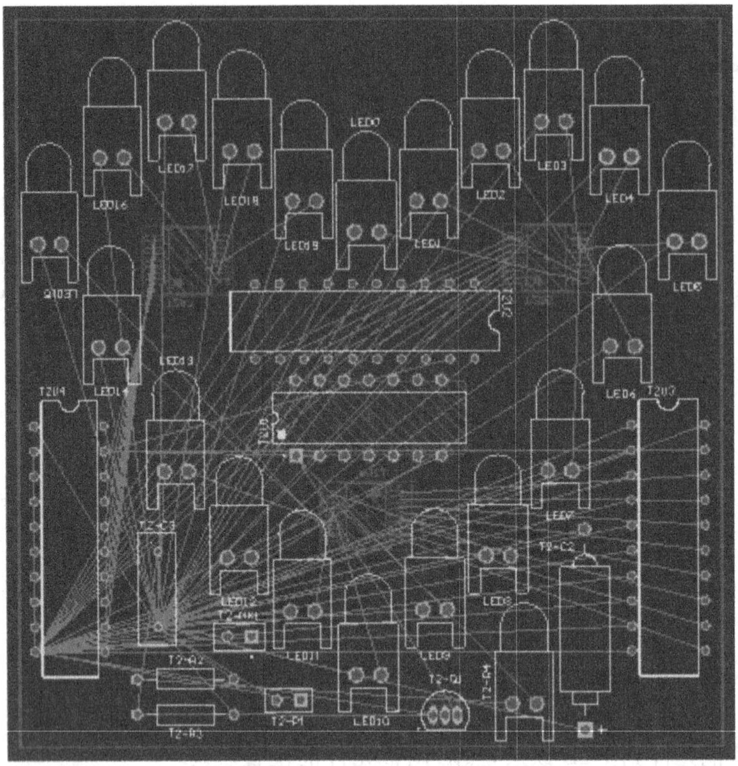

图 10-53　已布置完成的 PCB

10.8.2　设计规则设置

在开始布线之前，需要对一些规则进行设置。项目 2 重点介绍了增设电源、地线的宽度的设置方法，本项目只介绍修改并添加安全距离设置的方法，绝大多数先选择默认值。其中设计规则向导在本项目中介绍，具体设计规则在项目 11 中介绍。

(1) 修改安全距离设置

本项目因为使用了 SSOP-16 贴片封装，因此需将该元件的安全距离设置为 7mil，也可以修改所有信号的安全距离。本节对设置特殊元件的安全距离不做介绍，具体设置过程见项目 12。本节先采用对全局安全距离进行修改的方法规避报错。具体步骤如下：

①PCB 编辑器环境中，选择菜单命令 Design→Rules…，弹出 PCB Rules and Constraints Editor 对话框，如图 10-54 所示。

②双击 Electrical 展开，双击 Clearance(安全距离)，如图 10-54 所示，右侧显示安全距离的默认值，其中右上方显示该规则的应用范围，右下方显示该规则的约束。可见这个安全距离为 10mil，适用于整个 PCB。

③修改默认值为 7mil，如图 10-54 所示。

项目 10　心形灯驱动电路 PCB 设计

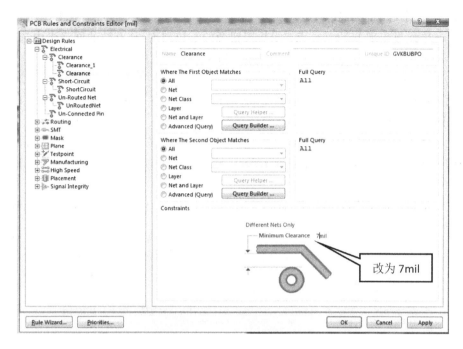

图 10-54　PCB Rules and Constraints Editor 对话框 Clearance 规则设置

(2) 添加安全距离设置

本例需要将 VCC 和 GND 之间的安全距离设置为 20mil，以下为新规则的添加方法。

① 增加新规则：在 Clearance 上单击右键并选择 New Rule…命令，则系统自动在 Clearance 的下面增加一个名称为"Clearance_1"的规则，点击 Clearance_1，弹出新规则设置对话框，如图 10-55 所示。

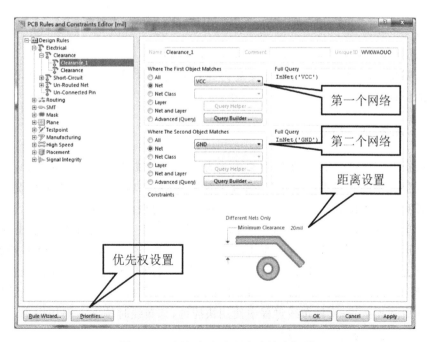

图 10-55　添加新安全距离和约束规则

②设置规则使用范围:在 Where The First Object Matches 单元中点击网络(Net),在 Full Query 单元里出现 InNet( ),点击 All 按钮旁的下拉列表,从有效的网络表中选择 VCC;按照同样的方法在 Where The Second Object Matches 单元中点击网络(Net),从有效的网络表中选择 GND。

③设置规则约束特性:将光标移到 Constraints 单元,将 Minimum Clearance 的值改为 20mil,如图 10-55 所示。

④设置优先权:此时在 PCB 的设计中同时有两个电气安全距离规则,因此必须设置它们之间的优先权。点击优先权设置 Priorities… 按钮,系统弹出如图 10-56 所示的 Edit Rule Priorities(规则优先权编辑)对话框。

通过对话框下面的 Decrease Priority 与 Increase Priority 按钮,可以改变布线规则中的优先次序。

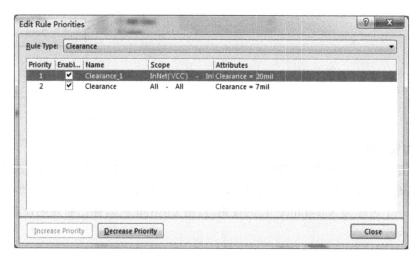

图 10-56　Edit Rule Priorities 对话框

(3)设置线宽

本例需要将 VCC 和 GND 的线宽设置为 30mil,将信号线线宽设置为 15mil,具体操作见项目 2 的设计规则设置。

10.8.3　交互式布线

在双层板的布线过程中,需要使用的方法为交互式布线(Interactive Routing)。Altium Designer 提供完整的交互式布线方案,综合了规则驱动、多功能的交互式布线模式、可预测的布线位置和动态优化的连接功能,用户可以有效地应对任何布线的问题。

选择菜单命令 Place→Interactive Routing,或点击放置工具栏中的放置走线按钮,光标变成十字形状,表示当前系统处于布线模式。当开始进行交互式布线时,PCB 编辑器不单是给用户放置线路,它还能实现以下功能:应用所有适当的设计规则检测光标位置和鼠标单击动作;跟踪光标路径,放置线路时尽量减小用户操作的次数;每完成一条布线后检测连接的连贯性和更新连接线;支持布线过程中使用快捷键,如布线时按下 * 键切换到下一个布线层,并根据设定的布线规则插入过孔。

(1) 放置走线

当进入交互式布线模式后,光标便会变成十字准线,单击某个焊盘开始布线。当单击线路的起点时,当前的模式就在状态栏或悬浮显示(如果开启此功能)。此时单击所需放置线路的位置或按 Enter 键放置线路。把光标的移动轨迹作为线路的引导,布线器能在最少的操作动作下完成所需的线路。

光标引导线路使得需要手工绕开阻隔的操作更加快捷、容易和直观。也就是说,只要用户用鼠标创建一条线路路径,布线器就会试图根据该路径完成布线,这个过程是在遵循设定的设计规则和不同的约束以及走线拐角类型规则下完成的。

在布线的过程中,在需要放置线路的地方单击然后继续布线,这使得软件能精确根据用户所选择的路径放置线路。如果在离起始点较远的地方单击放置线路,部分线路路径将和用户期望的有所差别。在没有障碍的位置布线,布线器一般会使用最短长度的布线方式,如果在这些位置用户要求精确控制线路,只能在需要放置线路的位置单击。

图 10-57(a) 为最短路径的布线,图 10-57(b) 是自定义布线后的图。该例说明通过很少的操作便可完成大部分较复杂的布线。

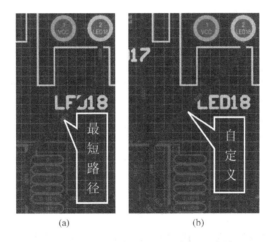

图 10-57　最短路径布线和自定义布线

若需要对已放置的线路进行撤销操作,可以依照原线路的路径逆序再放置线路,这样原来已放置的线路就会撤销。必须确保逆序放置的线路与原线路的路径重合,使得软件可以识别出要进行线路撤销操作而不是放置新的线路。撤销刚放置的线路同样可以使用退格键(Backspace)完成。当已放置线路并右击退出本条线路的布线操作后,将不能再进行撤销操作。

以下快捷键可以在布线时使用:

①Enter(回车)及单击:在光标当前位置放置线路。

②Esc:退出当前布线,在此之前放置的线路仍然保留。

③Backspace(退格):撤销上一步放置的线路。若在上一步布线操作中,其他对象被推开到别的位置以避让新的线路,它们将会恢复至原来的位置处。本功能在使用 Auto-Complete 时则无效。

(2) 智能交互式布线

智能交互式布线器(Smart Interactive Routing)是 Altium Designer 的智能交互式布线

系统。用户可以通过选择命令 Tools→Legacy Tools→Smart Interactive Routing 或者使用快捷键"TTI"打开智能交互布线器，如图 10-58 所示。使用时用户可以直观地进行智能交互式布线，使用水平、垂直和对角线区段，在最短路径上完全对连接进行布线，同时绕过该路径上的任意障碍。如果起始点和结束点在同一层，智能交互式布线会自动完成整个连接，维护任意适用的设计规则。

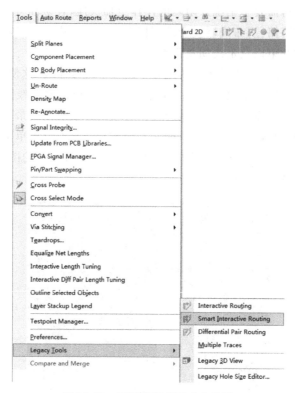

图 10-58　打开智能交互式布线器

采用智能交互式的布线工具后，用户可以使用鼠标和内建快捷键来控制其特性。基本操作模式有两个：自动完成模式和非自动完成模式。自动完成模式下，系统会尝试找到完成整个连接的路径；非自动完成模式下，系统会尝试完成到当前鼠标位置的布线。

自动完成模式下，当前鼠标的区段显示为实线时，点击即可放置，同时对光标外区段用虚线轮廓显示推荐路径。如果用户喜欢推荐路径，只需按住 Ctrl 键并单击焊盘或已放置的线路，便可以自动完成剩下的布线。这比单独手工放置每条线路效率要高得多。但本功能有两个方面的限制：超始点和结束点必须在同一个板层内；布线以遵循设计规则为基础。

如果使用自动完成功能无法完成布线，软件将保留原有的线路。交互式布线时，可用 Shift+空格键切换布线的角度，可供选择的有 90°、45°、任意角度、圆弧。空格键用来切换布线方向。

（3）设置布线冲突

在焊盘上单击，确定走线的起点，移动光标会出现一条走线。此时按下 Tab 键，可以打开交互式布线规则设置对话框，如图 10-59 所示，或者选择命令 Tools→Preferences→Interactive Routing 设置布线规则，该规则会变成下次进行交互式布线时的初始设置值。

项目 10　心形灯驱动电路 PCB 设计

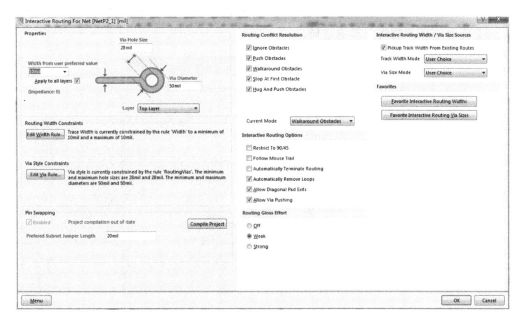

图 10-59　交互式布线规则设置对话框

Properties 区域的各个文本框用来设置布线宽度,布线时产生过孔的参数及布线层。此处设置的参数只影响本次交互式布线。

点击 Routing Width Constraints 区域的按钮,打开布线宽度规则编辑器,如图 10-60 所示,设置布线宽度的系统参数。该参数将影响全局。

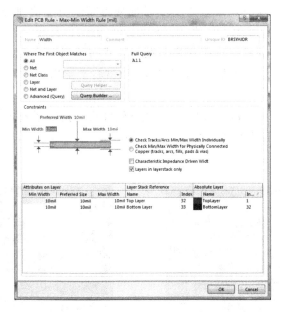

图 10-60　布线宽度规则编辑器

点击 Via Style Constraints 区域的按钮，打开过孔规则编辑器设置过孔系统参数，如图 10-61 所示。该参数将会影响全局。

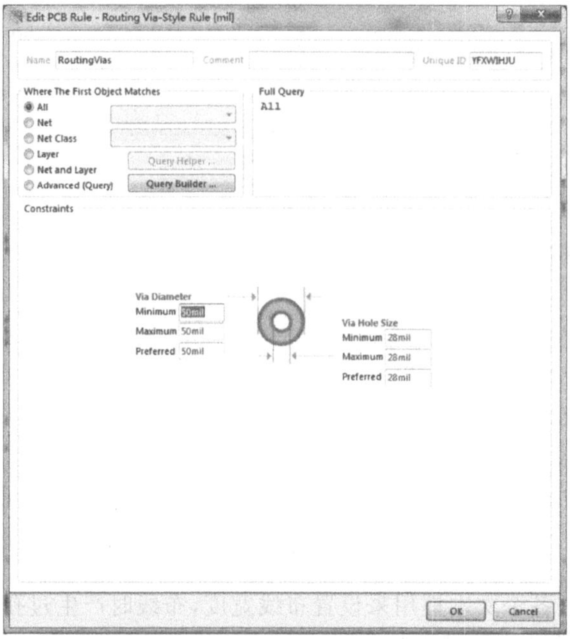

图 10-61 过孔规则编辑器

在 Routing Conflict Resolution 区域，可以设置交互式布线冲突时的解决方案。Altium Designer 具有处理布线冲突问题的多种方法，从而使得布线更加快捷，同时使线路疏密均匀、美观得体。下面介绍5种处理布线冲突的方法，这些方法可以在布线过程中随时调用，通过快捷键 Shift+R 对所需的模式进行切换。在交互式布线过程中，如果使用推挤或紧贴、推开障碍模式试图在一个无法布线的位置布线，线路端将会给出提示，告知用户该线路无法布通，如图 10-62 所示。

①Ignore Obstacles：忽略障碍物。该模式下软件将直接根据光标走向布线，不对任何冲突阻止布线。用户可以自由布线，冲突以高亮显示，如图 10-63 所示。

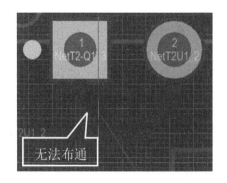

图 10-62 无法布通线路提示

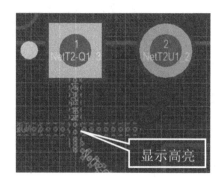

图 10-63 忽略障碍物

②Push Obstacles：推挤障碍物。该模式下软件将根据光标的走向推挤其他对象（走线和过孔），使得这些障碍与新放置的线路不发生冲突，如图 10-64 所示。如果冲突对象不能移动或经移动后仍无法适应新放置的线路，线路将贴近最近的冲突对象且显示阻碍标识。

③Walkaround Obstacles：围绕障碍物。该模式下软件试图跟踪光标寻找路径，绕过存在的障碍，它根据存在的障碍来寻找一条绕过障碍的布线方法，如图 10-65 所示。

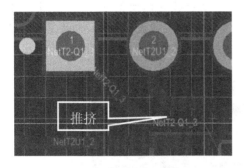 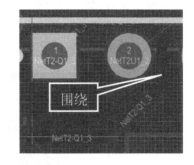

图 10-64　推挤障碍物　　　　　　　图 10-65　围绕障碍物

围绕障碍物的走线模式依据障碍，实施绕开的方式进行布线，该方法有以下两种紧贴障碍模式。

- 最短长度：试图以最短的线路绕过障碍；
- 最大紧贴：绕过障碍布线时，保持线路紧贴现存的对象。

这两种紧贴模式在线路拐弯处遵循之前设置拐角类型的原则。紧贴模式可通过快捷键Shift＋H 切换。如果放置新的线路时冲突对象不能被绕行，布线器将在最近障碍处停止布线。

④Stop at First Obstacles：在布线路径中遇到第一个冲突对象时停止，即走线不能被放置在冲突对象上。

⑤Hug and Push Obstacles：紧贴并推挤障碍物。该模式是围绕障碍物走线和推挤障碍物两种模式的结合。软件会根据光标的走向绕开障碍物，并且在仍旧发生冲突时推开障碍物。它将推开一些焊盘甚至一些已锁定的走线和过孔，以适应新的走线。

如果无法绕行和推开障碍来解决新的走线冲突，布线器将自动紧贴最近的障碍并显示阻塞标识。

在 Interactive Routing Options 区域，有关交互式布线的选项如下：

①Restrict To 90/45：限制交互式布线只能是 90°、45°走线。

②Follow Mouse Trail：跟随鼠标轨迹走线。

③Automatically Terminate Routing：自动终止布线。

④Automatically Remove Loops：自动移除环回。

⑤Allow Diagonal Pad Exits：允许斜线布置并退出。

⑥Allow Via Pushing：允许孔推挤。

在 Interactive Routing Width/Via Size Sources 区域，Pickup Track Width From Existing Routes 是指拾取现有规则。

(4)布线中添加过孔和切换板层

在 Altium Designer 交互布线过程中可以添加过孔。过孔只能在允许的位置添加,软件会阻止在产生冲突的位置添加过孔(冲突解决模式选为忽略冲突的除外)。

过孔属性的设计规则位于 PCB Rules and Constraints Editor 对话框里的 Routing Via Style(Design→Rules)。此规则将在项目 11 中具体介绍。

①添加过孔并切换板层

在布线过程中,按数字键盘的 * 或 + 键添加一个过孔并切换到下一个信号层。按 - 键添加一个过孔并切换到上一个信号层。该命令遵循布线层的设计规则,也就是只能在允许布线层中切换。单击以确定过孔位置后可继续布线。添加过孔过程如图 10-66 所示。

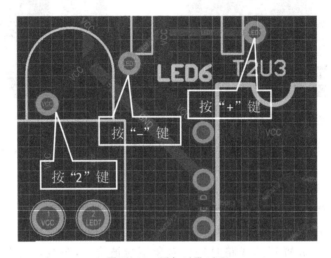

图 10-66 添加过孔过程

②添加过孔而不切换板层

按数字键盘的 2 键添加一个过孔,如图 10-66 所示,其仍保持在当前布线层,单击以确定过孔位置。

③添加扇出过孔

按数字键盘的 / 键为当前走线添加过孔,单击确定过孔位置。用这种方法添加过孔后,将返回原交互式布线模式,可以马上进行下一处网络布线。本功能在需要放置大量过孔时(如在一些需要扇出端口的器件布线中)能节省大量的时间。

④布线中的板层切换

当在多层板上的焊盘或过孔布线时,可以通过快捷键 L 把当前线路切换到另一个信号层中。本功能在当前板层无法布通而需要进行布线层切换时可以起到很好的作用。

⑤PCB 的单层显示

在 PCB 设计中,如果显示所有的层,有时显得比较零乱,此时需要单层显示,以便用户仔细查看每一层的布线情况。按快捷键 Shift+S 就可单层显示,选择哪一层的标签,就显示哪一层;在单层显示模式下,按快捷键 Shift+S 又可回到多层显示模式。

(5)本项目的手工布线

本项目只采用交互式布线和智能交互式布线的方法,先将所有的信号线均布在板的底层(Bottom Layer)。布线步骤如下：

①点击底层(Bottom Layer)标签，确保在底层进行布线。

②选择菜单命令 Place→Interactive Routing，或点击工具栏 按钮，先对 3 块 74LS245 贴片芯片（DIP-20 封装）进行规律的布线。走完布线，其对应的飞线就会消失。图 10-67 为布置完一个 74LS245 芯片的布线图，图 10-68 为所有信号线布置完成后的布线图。

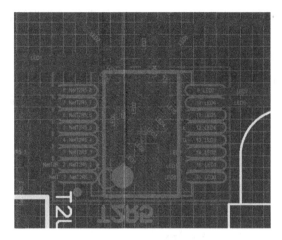 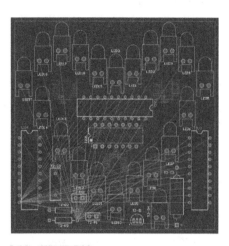

图 10-67　布完一个 74LS245 芯片的 PCB 图　　　图 10-68　信号线布置完成后的 PCB 图

③进行电源网络的布线，先布 VCC，将 VCC 主要布在 Bottom Layer，其中有两处无法布通因而布在 Top Layer(顶层)。图 10-69 为布好 VCC 电源线后的布线图。

④进行 GND 布线，将 GND 主要布在 Top Layer，因为 Top Layer 布线比较少，因此 GND 线可一次性布通。图 10-70 为布好 GND 电源线后的布线图，也是完成布线后的最终 PCB 图。

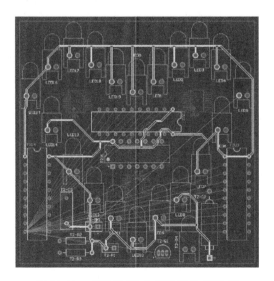 

图 10-69　布好 VCC 电源线后的 PCB 图　　　图 10-70　完成布线后的 PCB 图

10.8.4 验证 PCB 设计

PCB 设计完成后,就要进行设计规则校验,检查设计中的错误,同时根据需要生成一些报表,供后期制作 PCB 或者装配 PCB 使用。

(1)在线自动检测

Altium Designer 13 支持在线的规则检查,即在 PCB 设计过程中按照在 Design Rule(设计规则)中设置的规则,自动进行检查。如果有错误,则高亮显示,系统默认颜色为绿色。方法如下:

选择菜单命令 Tools→Perferences…,打开 Preferences(首选项)对话框,设置是否要进行在线规则检查,如图 10-71 所示;选择菜单命令 Design→Board Layers And Colors…,打开印制电路板的 Board Layers And Colors(层和颜色设置)对话框,设置是否显示错误提示层和错误颜色,如图 10-72 所示。

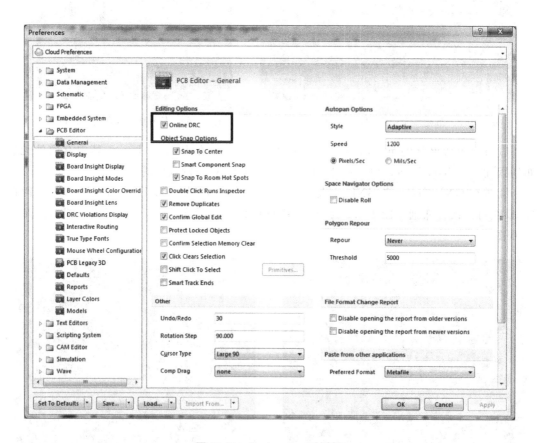

图 10-71　Preferences 对话框

图 10-72　Board Layers And Colors 对话框

(2) 手动检查

选择菜单命令 Tools→Design Rule Check…，弹出 Design Rule Checker（设计规则检查）对话框，如图 10-73 所示。在 Report Options 项中设置规则检查报告的项目，在 Rules

图 10-73　Design Rule Checker 对话框

To Check 项中设置需要检查的项目，设置完成后点击 Run Design Rule Check… 按钮开始运行规则检查。系统将弹出 Messages 面板，列出违反规则的项，如图 10-74 所示，并在目录页中生成名为"Design Rule Check-LEDlovetype.drc"的错误报告文件。

图 10-74 Messages 面板

从上面的报告中可以看出，本项目有较多违反规则的项，这是由于设置的规则较严。可以修改设置再次检测，方法是：从菜单选择 Design→Rules 命令（快捷键 D→R）打开 PCB Rules and Constraints Editor 对话框，如图 10-75 所示，双击 Manufacturing 规则类，在对话框的右栏显示所有制造规则，找到 Silk To Solder Mask Clearance、Minimum Solder Mask Sliver 和 Silk To Silk Clearance 这三行，把 Enabled 栏复选框的对勾去掉，不进行这几项检测。

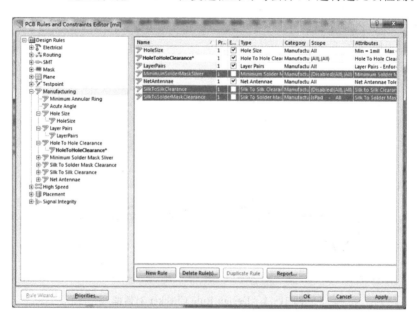

图 10-75 PCB Rules and Constraints Editor 对话框

再重新运行设计规则检查,如此就没有违反规则的项了。

至此,心形灯LED电路PCB布线成功。项目11将介绍其他布板布线方法及相关技巧。

10.9 小 结

至此,我们已经全部完成了心形灯驱动电路PCB设计,PCB设计流程如下:

(1) 在已建工程项目"*.PrjPCB"中,编译工程与运行原理图电气检查,并在确认无误的基础上,新建一个PCB文件,保存到用户目标地址,添加到工程项目*.PrjPCB中;

(2) 添加封装库Libraries,将封装库保存到用户目标地址;

(3) 导入设计到PCB文件;

(4) 运行PCB设计,布局、设定设计规则及交互式布线;

(5) 运行DRC,验证用户的板设计,确认无错误。

习 题

10-1 试画出如图10-76所示的电路,要求:

(1) 使用双层板,板框尺寸和元件布置见参考电路板图。

(2) 采用插针式元件。

(3) 镀铜过孔。

(4) 焊盘之间允许走一根铜膜线。

(5) 最小铜膜线走线宽度为10mil,电源地线的铜膜线宽度为20mil。

(6) 画出原理图,建立网络表,人工布置元件,手动布线。

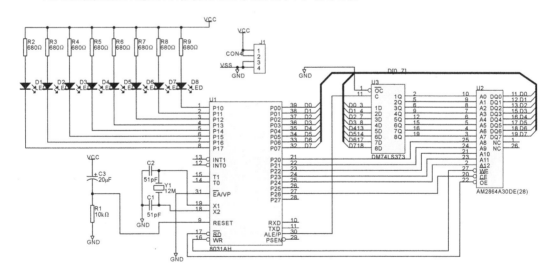

图10-76 习题10-1图

电路的元件表如表10-4所示。

表 10-4　习题 7-1 表

类别	编号	封装	元件名称
单片机	U1	DIP-40	8031AH
8KE2ROM	U2	DIP-28	AM2864A30DE(28)
8 锁存器	U3	DIP-20	DM74LS373
石英晶体	Y1	XTAL-1	CRYSTAL
电容	C1,C2	RAD0.1	CAP
电容	C3	RB-.2/.4	CAPACITOR POL
电阻	R1~R9	AXIAL0.3	RES2
发光二极管	D1~D8	DIODE0.4	LED
连接器	J1	SIP-4	CON4

项目 11

单片机最小系统电路 PCB 设计

项目引入

单片机最小系统是由单片机和一些基本的外围电路所组成的一个可以工作的单片机系统,一般来说,它包括单片机、晶振电路、复位电路和电源电路。本项目将根据项目 6 单片机最小系统原理图设计(见图 6-1)中的内容,对所设计的原理图进行 PCB 设计。单片机最小系统电路实物示例如图 11-1 所示。

图 11-1　单片机最小系统电路实物示例

在本项目的 PCB 设计中,调用了项目 4 建立的封装库内的一个器件 PID40(STC15F2K60S2 单片机的封装)。本项目通过 PCB 设计验证建立的封装库中的 STC15F2K60S2 单片机封装的正确性,并对 PCB 设计相关新知识进行介绍,涉及的知识点如下:

(1)PCB Templates 创建 PCB 文件;

(2)PCB 编辑器首选项设置;

(3)元件布局方法;
(4)设计规划向导;
(5)手动布线方法。

11.1 新建工程,导入原理图并添加封装

11.1.1 新建一个工程

第2.1节介绍了在Altium Designer中新建工程的两种方法。第10.2节采用了其中一种,本节采用在Files面板(点击工作区面板底部、左下角的Files标签)的New单元点击Blank Project(PCB)选项的方法(见图11-2),来新建一个PCB_Project1.PrjPCB工程文件。接着重新命名工程文件:选择File→Save Project As,修改工程文件名称(扩展名为.PrjPCB),指定文件保存位置,在文件名文本框中输入文件名称"单片机最小系统.PrjPCB",点击保存。

图 11-2 新建 PCB 工程

11.1.2 导入原理图

将项目6单片机最小系统的原理图文件导入新建立的"单片机最小系统.PrjPCB"工程文件中,具体操作见第10.2节,正确添加后的原理图如图11-3所示。

图 11-3 正确添加后的原理图

11.1.3 添加元件封装

在 PCB 设计之前，需要确认所有元件的封装设置。在原理图编辑界面，选择菜单命令 Tool→Footprint Manager，在弹出的封装管理器对话框中检查左侧元件列表中的元件编号。同样，本项目需要将项目 4 建立的封装库添加进该工程中。第 10.2 节具体介绍了检查封装和添加封装库的方法，这里不做赘述。图 11-4 为添加封装库完成后的工程界面。表 11-1 为本单片机最小系统工程的元件信息列表。

图 11-4 添加封装库完成后的工程界面

表 11-1 元件信息列表

Comment	Description	Designator	Footprint	LibRef	Quantity
XTAL	Crystal Oscillator	11.0592M,24M	R38	XTAL	2
1UF	Capacitor	C1,C2,C3,C4,C6,C7,C8	RAD-0.3	Cap	7
Cap	Capacitor	C5	C0805	Cap	1
1N4148	3 Amp General Purpose Rectifier	D2	DO-201AD	Diode 1N5401	1

续表

Comment	Description	Designator	Footprint	LibRef	Quantity
Header 20	Header,20-Pin	P1,P2	HDR1X20	Header 20	2
300R	Resistor	R1,R2	AXIAL-0.4	Res2	2
SW-SPDT	SPDT Switch	S-VCC	TL36WW15050	SW-SPDT	1
SW-PB	Switch	S2	SPST-2	SW-PB	1
STC15F2K60S2		U1	PID40	STC15F2K60S2_PID40	1
CH340T	CH340T	U3	SOP20	CH340T	1
USB	Connector	USB	MINIUSB	CON5	1

11.2 创建一个新的 PCB 文件并设计导入

11.2.1 创建一个新的 PCB 文件

本节要创建一个有最基本的板轮廓的空白 PCB。在 Altium Designer 中创建一个新的 PCB 文件的主要方法是使用 PCB 向导,第 10.2 节已经具体介绍了使用 PCB 向导创建 PCB 文件的方法。本节将选择 Files→New from template→PCB Templates…来新建 PCB 文件,如图 11-5 所示。

图 11-5 新建 PCB 文件

在弹出的 Choose Existing Document 对话框中选择相应大小的图纸,在这里选择 A4. PcbDoc,打开新的 PCB 文件,黑色的区域代表电路板的外形,如图 11-6 所示。当然,外形的大小需要根据实际需求而来(项目 10 的 PCB 基本设计原则中有介绍),本项目将尺寸先设定为 60mm×90mm。外形可以重新定义:用户可以选择命令 Design→Board Shape→Redefine Board Shape,直接在 Mechanical 1 层上绘制边框;也可以先定义边框,选中定义的框边,选择命令 Design→Board Shape→Define from selected objects,黑色的电路板形状则根据刚才选择的外形重新定义。

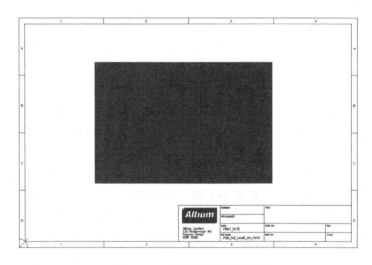

图 11-6　打开新建的 PCB 文件

定义边框时,可以在 Mechanical 1 层上绘制自己需要的形状,也可以根据 DXF mechanical file 的数据重新定义其外形(选择 File→Import 命令,打开 Import File 对话框,文件类型选择 AutoCAD 的.dxf、.dwg 类型)。此处介绍一种画固定尺寸边框的方法的步骤:

①在 Mechanical 1 层上绘制 2 条互相垂直的直线,并将交点设置为坐标原点,选择 Edit→Origin→Set 命令后将十字光标移至直线交点并单击即可,如图 11-7(a)所示。

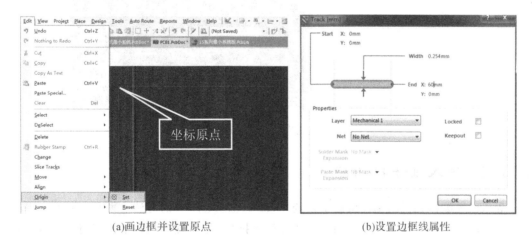

(a)画边框并设置原点　　　　　　　　(b)设置边框线属性

图 11-7　PCB 边框绘制与设置

②先按快捷键 Q 将单位转换成为公制的毫米,接着选中直线,对直线进行编辑,如图 11-7(b)所示,将 X 轴线的长度设置为 60mm,将 Y 轴线的长度设置为 90mm。

③根据已有的直线继续绘制另外 2 条直线,形成一个封闭区间。选中该 4 条直线,选择命令 Design→Board Shape→Define from selected objects,黑色的电路板形状则变为所画外

形,如图 11-8 所示。

④将新的板形移至图纸的中心。选中板形和机械层上的路径,按 M 键,出现 Move 子菜单,选择 Move Selection,拖动它们到图纸中心,单击放置。也可以点击工具栏选择功能和移动功能按钮□ ÷ 操作完成。

⑤将 Mechanical 1 层上的边框复制到 Keep out layer 层。首先取消所有的选定,选中 Mechanical layer 1 上所有的路径,选择 Edit→Copy 命令。然后将 Keep out layer 设为当前层(如果 Keep out layer 没有显示出来,按 L 键打开 Board Layers and Colors 对话框进行设置)。最后将复制的部分粘贴到当前层(Keep out layer):选择菜单命令 Edit→Paste Special,在 Paste Special 对话框中选中 Paste on Current Layer 选项,点击 OK 返回工作区,则将复制的部分粘贴到 Keep out layer。

一般添加到项目的 PCB 是以自由文件打开的,此时可以直接将自由文件夹下的 PCB1.PcbDoc 文件拖到工程文件夹单片机最小系统.PrjPCB 下,接着选择 File→Save As 命令将新 PCB 文件重命名(用.PcbDoc 扩展名)。指定要把这个 PCB 文件保存在工程文件夹下,在文件名文本框里键入文件名"单片机最小系统.PcbDoc"并点击保存按钮,保存的工程文件如图 11-8 所示。

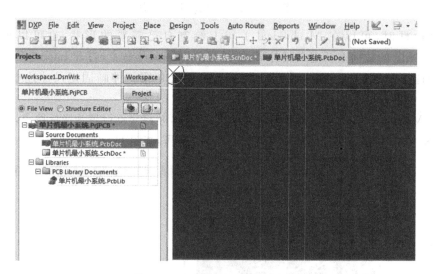

图 11-8 已完成的空白 PCB 图形

11.2.2 导入设计到 PCB

导入已经编译无误的单片机最小系统.SchDoc,导入 PCB 的方法有两种,在第 2.6 节和第 10.4 节中均有详细介绍。本节在 PCB 文件下操作,把原理图网络表信息导入目标 PCB 文件中。操作方法如下:

①在 PCB 文件中选择 Design→Import Changes From 单片机最小系统.PrjPcb,弹出 ECO 对话框,对话框中显示 PCB 必须与原理图匹配的变化信息,如图 11-9 所示。

项目 11 单片机最小系统电路 PCB 设计

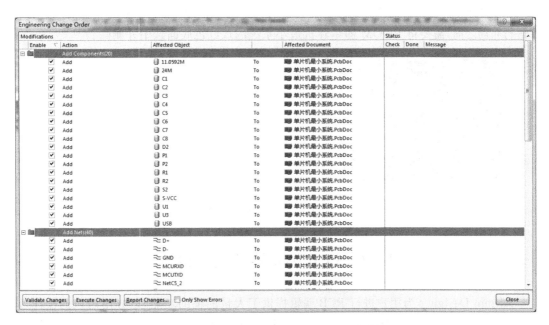

图 11-9　Engineering Change Order 对话框

②点击 Validate Changes，检查变化的信息是否有效。图 11-10 的状态栏 Check 列表中 √ 表示执行成功，× 表示出现问题，需要检查 Messages 面板，清除所有错误。

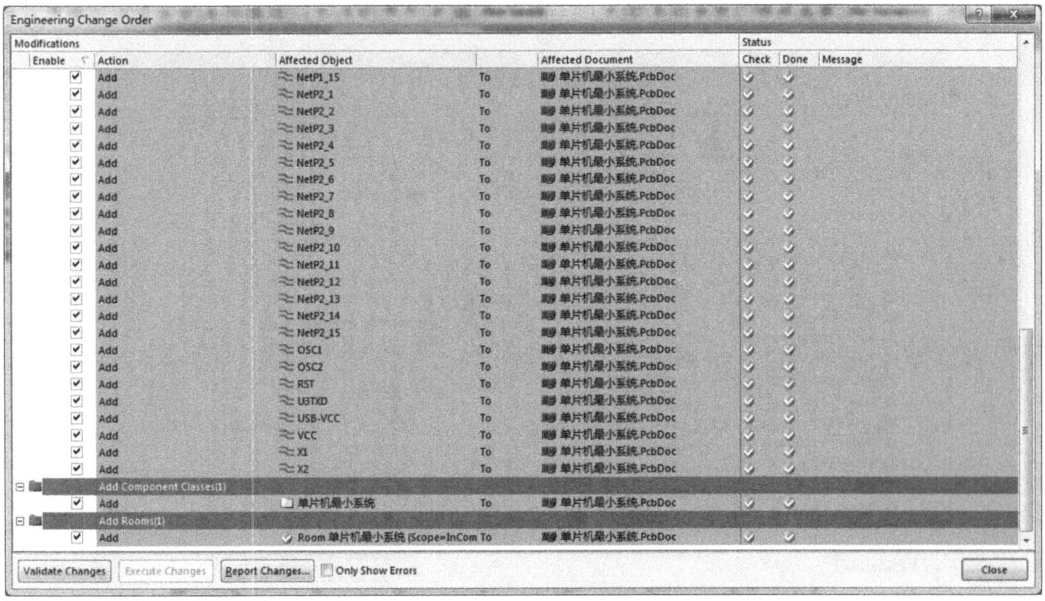

图 11-10　执行 Validate Changes 和 Execute Changes 后的对话框

③点击 Close 按钮关闭 Engineering Change Order 对话框,此时导入成功,如图 11-11 所示。在进行布局之前,需要将 ROOM 即单片机最小系统的玫红色底面选中并删除。

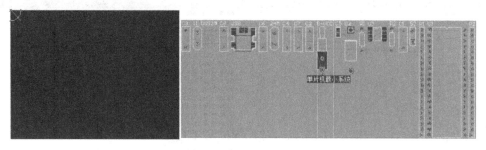

图 11-11　信息导入 PCB 后

11.3　PCB 编辑器首选项设置

Altium Designer 为用户进行 PCB 编辑提供了大量的辅助功能,以方便用户的操作,同时系统允许用户对这些功能进行设置,使其更符合自己的操作习惯,本节将介绍这些设置的具体方法。

启动 Altium Designer,在工作区打开新建的 PCB 文件,启动 PCB 设计界面。在菜单栏的 DXP 菜单中选取 Preferences 选项,或是选择菜单命令 Tools→Preferences,弹出如图 11-12 所示的 PCB 编辑器首选项设定对话框。

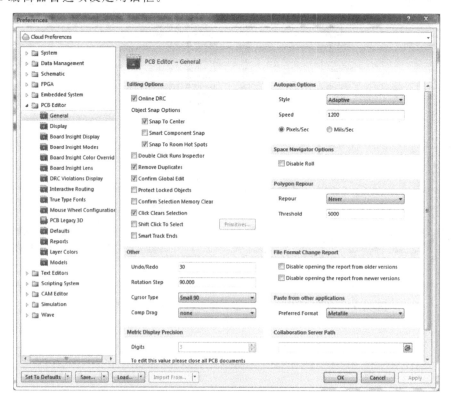

图 11-12　PCB 编辑器首选项设定对话框

项目 2 在介绍 Altium Designer 原理图开发环境的时候曾详细介绍过原理图设计系统首选项的设置,其实在 PCB 设计系统中,用户同样可以按照自己的操作习惯来设置系统的首选项。

在 Preferences 对话框左侧的树形列表中,PCB Editor 文件夹内有 15 个子选项,通过这些选项,用户可以对 PCB 设计模块进行系统的设置,下面介绍这些选项页内常用的选项功能。

11.3.1 General 选项页

General 选项页(常规参数设置选项页)主要是对 PCB 设计模块中的一些常规操作进行设置,将如图 11-12 所示的 Preferences 对话框切换至 General 选项页。各参数含义如下:

(1) Editing Options:编辑选项区域。用于 PCB 编辑过程中的功能设置,选项框的具体解释如下:

①Online DRC:在线规则检查,选取该项后,PCB 设计过程中若有违反设计规则的情况,系统会显示错误报警。建议选中此项。

②Object Snap Options:对象捕获选项,共有 3 种方式。

• Snap To Center:中心捕获,选取该项后,当用鼠标左键按住图件时,光标将自动滑至图件的中心;若是元件,光标将滑至元件的第一脚,若是导线,则滑至导线的起点处。

• Smart Component Snap:智能元件捕获,选取该项后,当用鼠标左键按住图件时,光标将移至图件最近的焊盘。

• Snap To Room Hot Spots:区域热点捕获,选取该项后,当对区域对象进行操作时,光标定位于区域的热点。

③Double Click Runs Inspector:双击运行检查,选取该项后,双击元件对象时,将打开 Inspector(查看面板),用户可对 PCB 元件对象的属性进行修改。

④Remove Duplicates:删除重复图件,选取该项后,在数据准备输出时,将检查输出数据,并删除重复数据。

⑤Confirm Global Edit:确认全局编译,选取该项后,当使用全局编辑功能修改图件属性时,会弹出确认对话框,需要用户确认。

⑥Protect Locked Objects:保护锁定的对象,选取该项后,编辑被保护对象时需要确认,避免用户对其误操作。

⑦Confirm Selection Memory Clear:确定清除被选存储,选取该项后,当清除选取的内存时需要用户确认。

⑧Click Clears Selection:单击清除选项,选取该项后,只要在编辑区的空白处单击鼠标左键即可清除当前的选择。

⑨Shift Click To Select:移动点击到所选,选取该项后,用户按住 Shift 键的同时用鼠标左键单击图件选中图件,后面的 Primitives 按钮被激活。

⑩Smart Track Ends:智能布线末端,选中该项后,进行交互式布线时,系统会智能寻找铜箔导线结束端,显示光标所在位置与导线结束端的虚线,虚线在布线的过程中会自动调整。

(2)Autopan Options：自动边移区域。该区域设置当光标移至编辑区的边缘时，图纸移动的样式和速度。其中的 Style 选项提供了 7 种自动边移的样式。

①Disable：禁止自动边移。

②Re-Center：每次边移半个编辑区的距离。

③Fixed Size Jump：固定长度边移。

④Shift Accelerate：边移的同时按住 Shift 键使边移加速。

⑤Shift Decelerate：边移的同时按住 Shift 键使边移减速。

⑥Ballistic：变速边移，指针越靠近编辑区边缘，边移速度越快。

⑦Adaptive：自适应边移，选择此项后还需设置边移的速度。

(3)Space Navigator Options：导航选项。选中 Disable Roll 将禁止导航滚动。

(4)Polygon Repour：重新覆铜。设置覆铜后，当有导线与覆铜区域重叠时，重新覆铜。该区域有 Repour 和 Threshold 选项框。

①Repour：选择重新覆铜的方式，其下拉列表中共有 3 种方式可供选择。

- Never：不启动自动重新覆铜。
- Threshold：当超过阀值时自动重新覆铜。
- Always：只要多边形发生变化就自动重新覆铜。

②Threshold：设置重新覆铜的阀值。

(5)Other：其他区域，用于设置其他选项。该区域中的选项及其功能如下：

①Undo/Redo：设置撤销和重做的次数。即指定最多取消多少次和恢复多少次以前的操作。在此文本框中输入 0 会清空堆栈。输入数值越大，则可恢复的操作数越大，但占用系统内存也越大，用户可自行配置合适的数据。

②Rotation Step：设置放置元件时按空格键元件默认逆时针旋转的角度，默认为 90°，可自行调整。同时按下 Shift 键和空格键则元件顺时针旋转。

③Cursor Type：光标类型设置。Large 90 表示跨越整个编辑区的大十字形指针，Small 90 表示小十字形指针，Small 45 表示小的×字形指针。

④Comp Drag：设定元件移动的方式。选择 none，则元件移动时，连接的导线不跟随移动，导致断线；选择 Connected Tracks，则导线随着元件一起移动，相当于原理图编辑环境中的拖拽。

(6)File Format Change Report：文件格式变化报告。其中包括：

①Disable opening the report from older versions：打开较旧版本的文件时禁止产生报告。

②Disable opening the report from newer versions：打开较新版本的文件时禁止产生报告。

11.3.2 Display 选项页

显示参数设置主要是设置 PCB 编辑器显示界面的内部引擎。Display 选项页如图 11-13 所示，下面介绍各参数的含义。

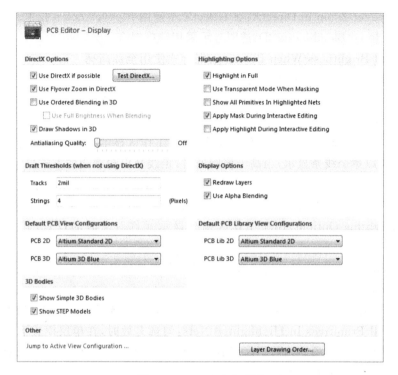

图 11-13　Display 选项页

(1)DirectX Options：用于设置 DirectX 引擎选项的相关属性。

①Use DirectX if possible：如果计算机系统支持的话，则使用 DirectX 引擎。选中该项时点击 Test DirectX… 按钮进行测试，将弹出如图 11-14 所示的当前系统的显示器信息，进而获得如图 11-15 所示的 DirectX 检测结果。

图 11-14　当前系统的显示器信息

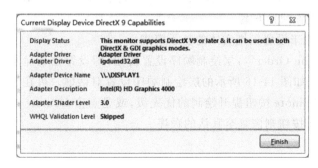

图 11-15　DirectX 检测结果

②Use Flyover Zoom in DirectX：在 DirectX 中使用 Flyover Zoom 技术。

③Use Ordered Blending in 3D：透明显示采用顺序混合。

④Use Full Brightness When Blending：混合式使用全部高亮。

⑤Draw Shadows in 3D：3D 显示时使用阴影显示。

(2) Draft Thresholds(when not using DirectX)：在不使用 DirectX 引擎时，用于设置线及字符串显示模式的转换阀值。

①Tracks：走线的阀值设置。在草图模式下，当工作区显示线条的模式转换宽度值低于该阀值时，走线以单个线条显示；当高于该阀值时，走线会以轮廓线的方式显示。

②Strings：字符串的阀值设置。在当前视图下，当工作区显示文本像素点低于该阀值时，文本以一个轮廓框的形式显示（仅显示字框）；当高于该阀值时，文本以字符的方式显示。

(3) Highlighting Options：用于工作区高亮显示元件对象时的设置，其中的选项介绍如下：

①Highlight in Full：全部高亮。设置当图件高亮显示时，所选对象全部高亮显示还是仅仅所选对象边框高亮显示。

②Use Transparent Mode When Masking：元件对象在被蒙板遮住时，使用透明模式。

③Show All Primitives In Highlighted Nets：勾选有效时，在单层模式下显示所有层的对象（包括隐藏层中的对象），当前层高亮显示。取消该项，则单层模式下仅显示当前层的对象，多层模式下所有层的对象都以 Highlighted Nets 颜色显示出来。

④Apply Mask During Interactive Editing：交互式布线时使用掩膜功能。

⑤Apply Highlight During Interactive Editing：交互式布线时使用高亮功能。

(4) Display Options：显示选项。

①Redraw Layers：层刷新，表示进行层操作时，重绘图层。当在层间切换时会自动重绘所有的层，当前层最后重绘。若只要求重绘当前层可使用 Alt＋End 快捷键。

②Use Alpha Blending：使用 Alpha Blending 技术，移动图件时产生透明感。

(5) Default PCB View Configurations：默认 PCB 电路板显示设置。

①PCB 2D：平面显示 PCB 电路板的显示设置，默认采用 Altium Standard 2D。

②PCB 3D：三维显示 PCB 电路板的显示设置，默认采用 Altium 3D Blue，可在右边的下拉框中自行设置配置方案。

(6) Default PCB Library View Configurations：默认 PCB 元件库显示设置。

①PCB Lib 2D：平面显示 PCB 元件库时的显示设置，默认采用 Altium Standard 2D。

②PCB Lib 3D：三维显示 PCB 元件库时的显示设置，默认采用 Altium 3D Blue，可在右边的下拉框中自行设置配置方案。

(7) 3D Bodies：用于设置三维实体的显示模式。

(8) Layer Drawing Order…：层绘制顺序设置按钮，即设置重新显示电路板时各层显示的顺序。点击后弹出如图 11-16 所示的层绘制顺序设置对话框。可在框中选取需要改变绘制顺序的层，点击 Promote 按钮提升绘制的优先级，或是点击 Demote 按钮降低绘制顺序的优先级，点击 Default 按钮则恢复至默认的顺序。

项目 11 单片机最小系统电路 PCB 设计

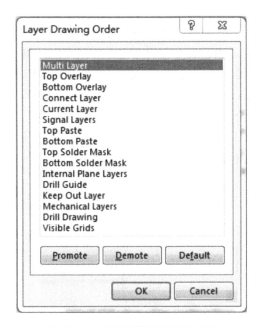

图 11-16 层绘制顺序设置对话框

11.3.3 Board Insight Display 选项页

复杂的多层电路板设计使得电路板的具体信息很难在工作空间中表现出来。Altium Designer 为我们提供了 Board Insight 这一观察电路板的利器。Board Insight 具有 Insight 透镜、堆叠鼠标信息、浮动图形浏览、简化网络显示等功能,下面将详细介绍 Board Insight 的参数设置。

将首选项对话框切换到 Board Insight Display 选项页,如图 11-17 所示。这里主要设置板观察器的显示参数。

(1) Pad and Via Display Options:焊盘和过孔显示选项。

① Use Smart Display Color:使用智能颜色显示。焊盘和过孔上显示网络名和焊盘编号的颜色由系统自动设置。若不选择该项的话,需自行设定下面的几项参数。

② Font Color:字体颜色。焊盘和过孔上显示网络名和焊盘编号的颜色,点击后面的颜色块设置。

③ Transparent Background:使用透明的背景。针对焊盘和过孔上字符串的背景,选取该项后不用设置下一项背景颜色。该选项只有在 Use Smart Display Color 无效时才可使用。

④ Background Color:背景颜色。焊盘和过孔上显示网络名和焊盘编号的背景颜色。

⑤ Min/Max Font Size:最小/最大字体尺寸,针对焊盘和过孔上的字符串。

⑥ Font Name:字体名称。在后面的下拉框中选择字体。

⑦ Font Style:字体风格。可以选择 Regular(正常字体)、Bold(粗体)、Bold Italic(粗斜体)或 Italic(斜体)。

⑧ Minimum Object Size:对象最小尺寸。设置字符串的最小像素,字符串的尺寸大于设

定值时能正常显示，否则不能正常显示。

（2）Available Single Layer Modes：该区域设置 PCB 的单层模式选项。

①Hide Other Layers：非当前工作板层不显示。该项允许用户显示有效的当前项，其他层不显示。同时按 Shift＋S 组合键可以在单层与多层显示之间切换。

②Gray Scale Other Layers：非工作板层以灰度的模式显示，灰色程度取决于层颜色的设置。同时按 Shift＋S 组合键可以在单层与多层显示之间切换。

③Monochrome Other Layers：非工作板层以单色的模式显示。同时按 Shift＋S 组合键可以在单层与多层显示之间切换。

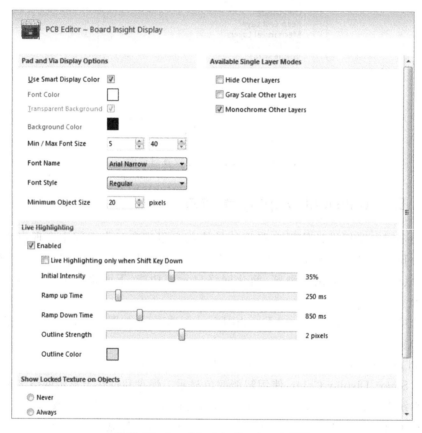

图 11-17　Board Insight Display 选项页

（3）Live Highlighting：激活高亮度区域。

①Enabled：激活。选中激活选项，当光标停留在元件上时，允许与元件相连的网络线高亮显示。如果该选项未激活，可防止任何物体高亮显示。

②Live Highlighting only when Shift Key Down：表示允许用户按 Shift 键时激活网络线高亮度显示。

③Initial Intensity：初始亮度滑块。移动右边滑块可以设置高亮度第一次出现的初始化程度。

④Ramp up Time：上升时间滑块。当光标移到高亮度的物体上时，移动右边滑块可以设置达到满刻度高亮时的时间。

⑤Ramp Down Time：下降时间滑块。当光标移开高亮度的物体时，移动右边滑块可以设置高亮显示的消失时间。

⑥Outline Strength：轮廓线宽度滑块。移动右边滑块可以设置高亮显示的网络轮廓线的宽度，单位是像素。

⑦Outline Color：轮廓线颜色选框。单击该选框可以在弹出的Choose Color（选择颜色）对话框中改变高亮显示网络轮廓线的颜色。

（4）Show Locked Texture on Objects：显示对象已锁定的结构。锁定是指用户可轻易地从未锁定的物体中区分锁定的物体，锁定物体的特征被显示为一个Key。

①Never：选中该选项，不显示锁定的特征。

②Always：选中该选项，用锁定的特征显示锁定的物体。

③Only when Live Highlighting：选中该选项后，仅当物体被高亮显示时才显示锁定的特征。

11.3.4　Board Insight Modes 选项页

切换到Board Insight Modes选项页，如图11-18所示，该选项页用于定义工作区的浮动状态栏显示选项。浮动状态栏是Altium Designer的PCB编辑器新增的一项功能，该半透明的状态栏悬浮于工作区上方，其内容如图11-19所示。

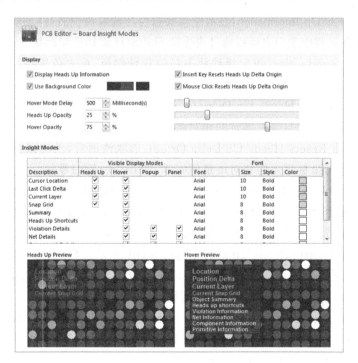

图11-18　Board Insight Modes选项页

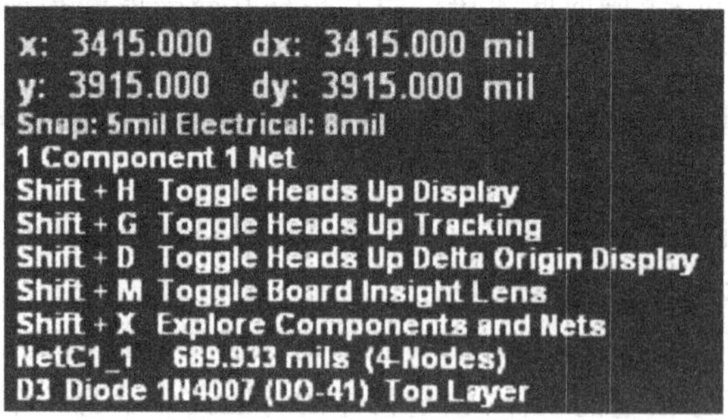

图 11-19 浮动状态栏显示内容

通过该浮动状态栏，用户可以方便地获取当前鼠标的位置坐标、相对移动坐标等操作信息。为了避免浮动状态栏影响用户的正常操作，Altium Designer 给浮动状态栏设置了两个模式：一个是 Hover 模式，当鼠标指针处于移动状态时浮动状态栏处于该模式，为避免影响鼠标移动，此时显示较少信息；另一个是 Head Up 模式，当鼠标指针处于静止状态时，浮动状态栏处于该模式，此时可以显示较多信息。为了充分发挥浮动状态栏的作用，用户可在 Board Insight Modes 选项页内对其进行设置，以满足自己的操作习惯。Board Insight Modes 选项页内的各选项功能介绍如下：

(1) Display：显示区域，用于设置浮动状态栏的显示属性。

① Display Heads Up Information：显示浮动状态栏。选取该项后，浮动状态栏将被显示在工作区中。在工作过程中用户也可以通过快捷键 Shift+H 来切换浮动状态栏的显示状态。

② Use Background Color：设定浮动状态栏的背景颜色，单击色块将打开 Choose Color 对话框，用户可以选择任意颜色作为浮动状态栏的背景颜色。

③ Insert Key Resets Heads Up Delta Origin：选取该项后，按键盘 Insert 键可设置在浮动状态栏中显示鼠标位置与坐标零点的相对增量值，即 dx、dy 值。

④ Mouse Click Resets Heads Up Delta Origin：选取该项后，单击鼠标可使浮动状态栏中显示的鼠标位置与坐标零点的相对增量值归零，即 dx、dy 值归零。

⑤ Hover Mode Delay：悬停模式延迟，用于设置浮动状态栏从 Hover 模式到 Heads Up 模式转换的时间延迟，即光标在编辑区停留多长时间后开始显示堆叠信息。在后面的文本框中填入具体数值或拖动滑块设置延迟值，时间单位为 ms。

⑥ Heads Up Opacity：Heads Up 时的不透明度，用于设置浮动状态栏处于 Heads Up 模式下的不透明度，填入具体百分数值或拖动滑块进行设置。在调整过程中，用户可通过选项页左下方的 Heads Up Preview 图例预览透明度显示效果。

⑦ Hover Opacity：Hover 时的不透明度，用于设置浮动状态栏处于 Hover 模式下的不透明度，填入具体百分数值或拖动滑块进行设置。在调整过程中，用户可通过选项页左下方的 Heads Up Preview 图例预览透明度显示效果。

(2) Insight Modes：浮动状态栏显示内容列表。

用于设置相关操作信息在浮动状态栏中的显示属性，该列表分两大栏：一栏是 Visible Display Modes，用于选择浮动状态栏在各种模式下显示的操作信息内容，用户只需勾选对应内容项即可，显示效果可参考下方内容项相关介绍；另一栏是 Font，用于设置对应内容显示的字体样式信息。Altium Designer 共提供了 10 种供用户选择是否在浮动状态栏中显示的信息，具体介绍如下：

①Cursor Location：当前光标所在位置的绝对坐标信息。
②Last Click Delta：当前光标相对于上一次单击点的相对坐标增量。
③Current Layer：当前所在的 PCB 图层的名称。
④Snap Grid：当前的对齐栅格参数信息。
⑤Summary：光标所指元件对象信息。
⑥Heads Up Shortcuts：光标静止时浮动状态栏操作的快捷键及其功能。
⑦Violation Details：PCB 图中光标所在位置违反设计规则的错误的详细信息。
⑧Net Details：PCB 图中光标所在位置的网络的详细信息。
⑨Component Details：PCB 图中光标所在位置的元件的详细信息。
⑩Primitive Details：PCB 图中光标所在位置的基本元件对象的详细信息。

（3）Heads Up Preview 和 Hover Preview 预览区域：这两个预览区域分别提供光标移动和光标停留两种状态下浮动状态栏显示信息的预览。

11.3.5　Board Insight Lens 选项页

为了方便用户对 PCB 中较复杂的区域细节进行观察，Altium Designer 在 PCB 编辑器中新增了放大镜功能。通过放大镜，用户能对鼠标指针所在位置的电路板中的细节进行观察，同时又能了解电路板的整体布局情况。为了让放大镜更适合用户的操作习惯，Altium Designer 提供了 Board Insight Lens 选项页专用于用户对放大镜的显示属性进行自定义，如图 11-20 所示，其中的选项功能介绍如下：

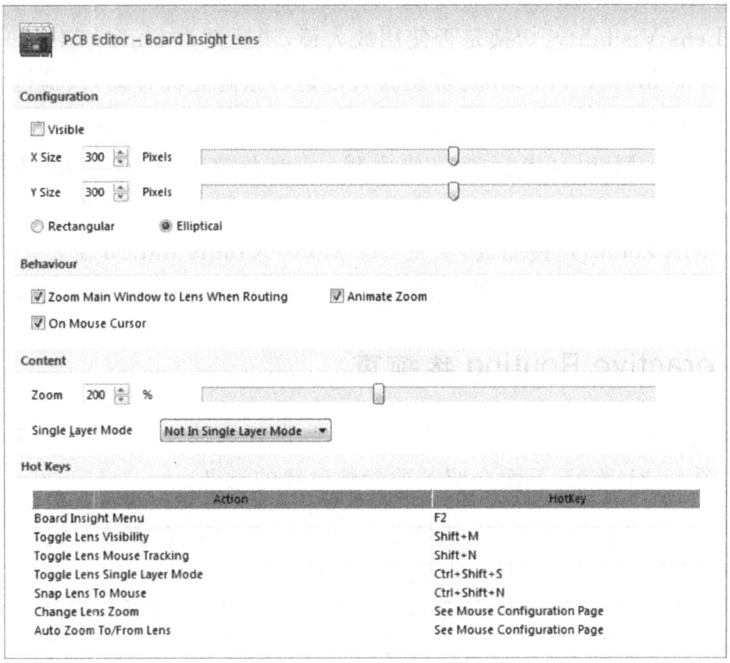

图 11-20　Board Insight Lens 选项页

(1) Configuration：配置区域，用于设置放大镜视图的大小及形状。

①Visible：是否使用提供的放大镜放大显示对象。

②X Size：设置放大镜视图的 X 轴轴向尺寸，即宽度，单位是像素。用户可以在编辑框中直接输入设置的数值，或拖动右侧滑块设置。

③Y Size：设置放大镜视图的 Y 轴轴向尺寸，即长度，单位是像素。用户可以在编辑框中直接输入设置的数值，或拖动右侧滑块设置。

④Rectangle：采用矩形的放大镜。

⑤Elliptical：采用椭圆形的放大镜。

(2) Behaviour：特性区域，用于设置放大镜的动作。

①Zoom Main Window to Lens When Routing：在自动布线时使用放大镜缩放主窗口。

②Animate Zoom：根据电路板缩放等级，自动调整观察放大镜缩放等级。

③On Mouse Cursor：选取该项后，放大镜将随光标移动，否则将固定在屏幕的某处。

(3) Content：内容区域，用于设置放大镜视图中的显示内容。

①Zoom：缩放，用于设置放大镜的放大倍率。用户可在编辑框中直接填入数值或拖动右侧滑块设定。

②Single Layer Mode：单层模式。用于设置在放大镜视图中使用单层模式，有两个选项：

- Not In Single Layer Mode：不使用单层显示模式，显示所有 PCB 图层。
- Monochrome Other Layers：使用单层模式，隐藏其他图层。

(4) Hot Keys：放大镜视图显示的快捷键设置。列表左侧为动作行为描述，右侧是设置的快捷键，系统默认设置如下：

①Board Insight Menu：启动菜单，设置浮动状态栏和放大镜视图，快捷键为 F2。

②Toggle Lens Visibility：切换是否使用放大镜，快捷键为 Shift＋M。

③Toggle Lens Mouse Tracking：切换放大镜是否跟随光标移动，快捷键为 Shift＋N。

④Toggle Lens Single Layer Mode：切换是否使用单层模式，快捷键为 Ctrl＋Shift＋S。

⑤Snap Lens To Mouse：光标捕获放大镜，使光标在放大镜中央，快捷键为 Ctrl＋Shift＋N。

⑥Change Lens Zoom：透镜缩放，参见 See Mouse Configuration 设置。

⑦Auto Zoom To/From Lens：自动缩放，参见 See Mouse Configuration 设置。

11.3.6 Interactive Routing 选项页

交互式布线参数设置就是设置手工布线时一些常规属性。Interactive Routing（交互式布线）选项页如图 11-21 所示，下面介绍各项参数设置的意义。

(1) Routing Conflict Resolution：布线冲突解决方案，该区域设置当交互式布线遇到冲突时，程序所采用的处理方式，共有 5 个选项供选择。

①Ignore Obstacles：不解决冲突，忽略障碍物或是冲突，继续进行交互式布线。

②Push Obstacles：遇到冲突或障碍物时将障碍物推开，继续进行布线。

③Walk around Obstacles：遇到冲突或障碍物时绕过障碍物，继续进行布线。

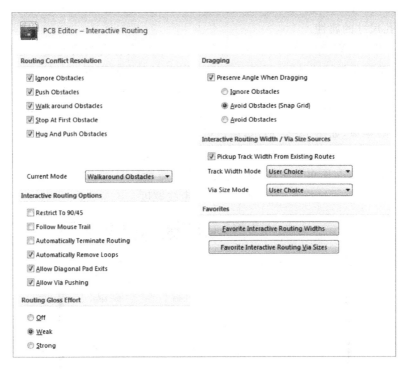

图 11-21　Interactive Routing 选项页

④Stop At First Obstacle：遇到第一个障碍物时停止布线。

⑤Hug And Push Obstacles：遇到冲突或障碍物时绕过障碍物，根据情况紧靠或推开障碍物进行布线。

（2）Interactive Routing Options：交互式布线选项区域、共有 6 个选项供选择。

①Restrict To 90/45：限制走线只能走 90°或 45°。

②Follow Mouse Trail：跟随光标轨迹。

③Automatically Terminate Routing：自动判断布线终止时机。

④Automatically Remove Loops：自动移除布线过程中出现的回路。

⑤Allow Diagonal Pad Exits：允许斜线焊盘退出。

⑥Allow Via Pushing：允许过孔推压。

（3）Routing Gloss Effort：用于设置布线光滑情况。

①Off：关闭该选项。

②Weak：较弱地执行布线光滑。

③Strong：强有力地执行布线光滑。

（4）Dragging：设置拖拽布线时，保持走线角度的模式。

①Preserve Angle When Dragging：表示拖拽时保持任意角度，只有选中该项时才可以选择下面的选项。

②Ignore Obstacles：忽略障碍物。

③Avoid Obstacles（Snap Grid）：避开障碍，但是走线捕获网络。

④Avoid Obstacles：避开障碍，走线不捕获网络。

(5)Interactive Routing Width/Via Size Sources:主要设置交互式布线时走线(铜膜导线)宽度和过孔尺寸的属性。

①Pickup Track Width From Existing Routes:采用现有走线的宽度。选取该项后,当在现有走线的基础上继续走线时,系统将直接采用现有走线的宽度。

②Track Width Mode:走线宽度模式,为用户提供了 4 种选择模式。

• User Choice:用户选择宽度模式。布线过程中按下 Shift+W 键,弹出 Choose Width(布线宽度选择)菜单,如图 11-22 所示,用户可在其中选择线宽。

• Rule Minimum:使用布线规则中的最小走线宽度。

• Rule Preferred:使用布线规则中的首选走线宽度。

• Rule Maximum:选择布线规则中的最大走线宽度。

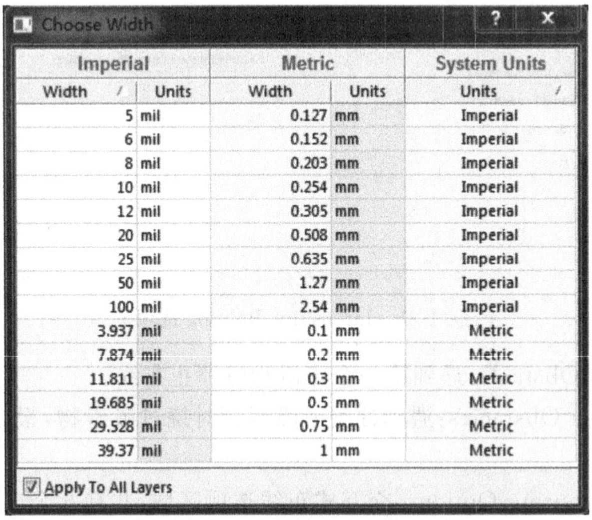

Imperial		Metric		System Units
Width	Units	Width	Units	Units
5	mil	0.127	mm	Imperial
6	mil	0.152	mm	Imperial
8	mil	0.203	mm	Imperial
10	mil	0.254	mm	Imperial
12	mil	0.305	mm	Imperial
20	mil	0.508	mm	Imperial
25	mil	0.635	mm	Imperial
50	mil	1.27	mm	Imperial
100	mil	2.54	mm	Imperial
3.937	mil	0.1	mm	Metric
7.874	mil	0.2	mm	Metric
11.811	mil	0.3	mm	Metric
19.685	mil	0.5	mm	Metric
29.528	mil	0.75	mm	Metric
39.37	mil	1	mm	Metric

图 11-22 Choose Width 菜单

③Via Size Mode:过孔尺寸模式,为用户提供了 4 种选择模式。

• User Choice:用户选择尺寸模式,布线过程中按下 Shift+V 键,弹出 Choose Via Sizes(过孔尺寸选择)菜单,如图 11-23 所示,用户可在其中选择过孔尺寸。

• Rule Minimum:使用布线规则中的最小过孔尺寸。

• Rule Preferred:使用布线规则中的首选过孔尺寸。

• Rule Maximum:选择布线规则中的最大过孔尺寸。

(6)Favorites:收藏夹。

①Favorite Interactive Routing Widths:用于设置中意的交互布线的宽度。

②Favorite Interactive Routing Via Sizes:用于设置中意的交互布线过孔的尺寸。

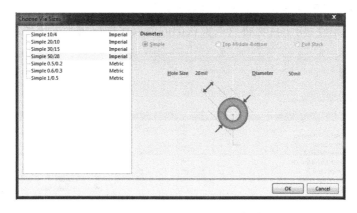

图 11-23　Choose Via Sizes 菜单

11.3.7　True Type Fonts 选项页

将 PCB 编辑器首选项设定对话框切换到 True Type Fonts（字体设置）选项页，如图 11-24 所示。True Type 字体是微软和 Apple 公司共同研制的字形标准。

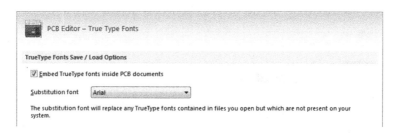

图 11-24　True Type Fonts 选项页

（1）Embed TrueType fonts inside PCB documents：设定在电路板文件中嵌入 TrueType 字体，不用担心目标计算机系统不支持该字体。

（2）Substitution font：替换字体，即找不到原先字体时用什么字体来替换。

11.3.8　Mouse Wheel Configuration 选项页

鼠标滚轮的应用大大方便了绘图，将 PCB 编辑器首选项设定对话框切换到 Mouse Wheel Configuration（鼠标滚轮设置）选项页，如图 11-25 所示。

图 11-25 中左侧的 Action 栏中列出了需要鼠标滚轮参与的操作，在 Button Configuration 栏列出了执行左侧操作所需要的所有滚轮与按键的组合方式。用户可自行设置 Ctrl 键、Shift 键、Alt 键以及滚轮滚动和滚轮点击的组合，以适应自己的操作习惯。系统默认的组合键如下：

- Ctrl＋滚轮：用于调整当前工作区域的显示比例。
- 滚动滚轮：竖直移动工作区的显示区域。
- Shift＋滚轮：用于横向移动工作区的显示区域。
- Ctrl＋鼠标中键：用于显示 Board Insight 视图窗口。
- Ctrl＋Shift＋滚轮：用于切换显示 PCB 图层。

- Alt+滚轮:用于调整放大镜视图的缩放比例。
- Alt+鼠标中键:用于自动将放大镜视图的缩放比例应用于工作区。

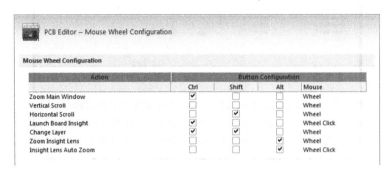

图 11-25　Mouse Wheel Configuration 选项页

11.3.9　PCB Legacy 3D 选项页

PCB Legacy 3D 选项页用来设置电路板三维实体展示时的参数,如图 11-26 所示,各项说明如下:

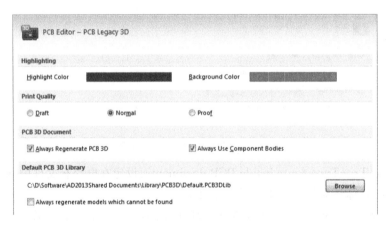

图 11-26　PCB Legacy 3D 选项页

(1)Highlighting:高亮显示区域,用于设置三维视图中高亮显示的三维元件对象的色彩和背景色彩。

①Highlight Color:电路板三维显示时,网络高亮显示的颜色。用户可单击对应的颜色框打开 Choose Color 对话框选择颜色。

②Background Color:三维显示时,高亮显示的背景颜色。用户可单击对应的颜色框打开 Choose Color 对话框选择颜色。

(2)Print Quality:打印质量。打印实体模型的显示质量可以设置为 Draft(草图)、Normal(标准)和 Proof(精细)。

(3)PCB 3D Document:电路板 3D 显示文档,用于设置 PCB 3D 文件的属性。

①Always Regenerate PCB 3D:电路板 3D 显示时,若有变动,总是重写 PCB 3D 文件。

②Always Use Component Bodies:采用元件本身所带的 3D 模型,一直显示元件形体。

(4)Default PCB 3D Library:设置 PCB 3D 库的选项。系统默认的 PCB 3D 库路径为安装该软件时的 3D 库所在的路径,用户可点击后面的 Browse 按钮自行设置库的路径。Always regenerate models which cannot be found 是指当元件没有 3D 模型时,系统重新计算元件的 3D 模型。

11.3.10 Defaults 选项页

Defaults(默认参数)选项页用来设置 PCB 编辑环境中放置图件的默认参数,如图 11-27 所示。其中 Primitives 区域内列出了所有的图件,可以双击选定的图件或是选定图件后点击下面的 Edit Values…按钮,在弹出的图件属性对话框中设置图件的默认属性。

图 11-27　Defaults 选项页

11.3.11 Reports 选项页

Reports(报告)选项页如图 11-28 所示。该页中列出了报表的 Name(名称)、Show(是否显示)、Generate(是否生成报告),以及 XML Transformation Filename(生成报告的名称及路径)。

Altium Designer 支持以下 6 种报告:

(1)Design Rule Check:设计规则检查报告。

(2)Net Status:网络状态报告。

(3)Board Information:电路板信息报告。

(4)BGA Escape Route:BGA 逃逸布线报告。

(5)Move Component Origin To Grid:移动元件原点到网格报告。

(6)Embedded Board Stack up Compatibility:嵌入式电路板堆栈兼容性报告。

其中每种报告又有 3 种格式可选：TXT、HTML 和 XML 格式。

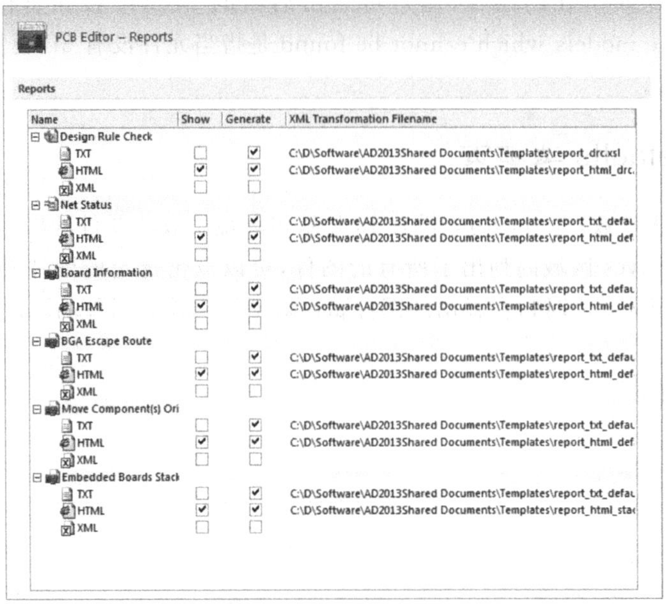

图 11-28　Reports 选项页

11.3.12　Layer Colors 选项页

PCB 层颜色设置是设置 PCB 编辑环境中不同层的显示颜色的，切换到 Layer Colors（层颜色）设置选项页，如图 11-29 所示。

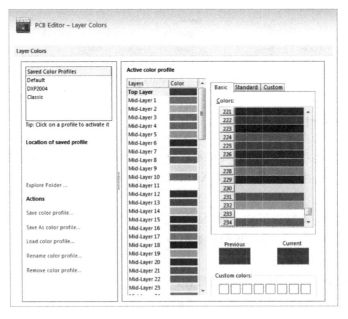

图 11-29　Layer Colors 选项页

在选项页的 Active color profile 区域中，列出了当前所使用的配色方案中各板层颜色的设置。用户若是需要改变某层的颜色，只需点击选取该层，然后在右边的颜色设置框中选取所需的颜色。另外用户也可以在选项卡左边的 Saved Color Profiles 栏中选取现成的配色方案。

11.4 元件布局

项目 10 已经介绍了手工布局基本的过程和方法。在布局过程中，需要考虑电路是否能正常工作和电路的抗干扰性等问题，可能某些元件对布局有特殊的要求，在手工布局之后还要对元件布局进行部分调整，主要是对元件进行移动、旋转、排列等操作。下面将在图 11-11 的基础上进行元件布局。

11.4.1 交互式布局

为了方便器件的找寻，需要把原理图与 PCB 对应起来，使两者之间能相互映射，简称交互。利用交互式布局，可以比较快速地完成元器件的布局问题，缩短制版时间，提高工作效率。交互式布局需设置原理图界面与 PCB 界面中的 Cross Select Mode 选项，如图 11-30 所示。

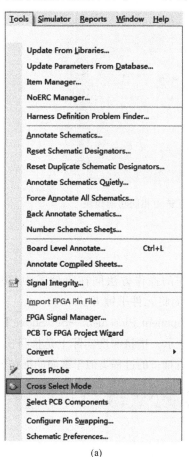
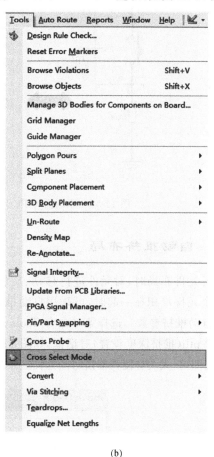

(a)   (b)

图 11-30 原理图界面与 PCB 界面中的 Cross Select Mode 选项

上述设置完成之后，我们可以看到，在原理图上选中器件之后，PCB 上器件会同步选中，反之亦然。原理图与 PCB 中交互选中相同元件的效果如图 11-31 所示。

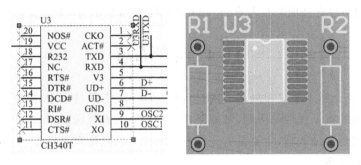

图 11-31　原理图与 PCB 中交互选中相同元件

采用该方法除了能选中单一元件外，还可以采用模块化思维在原理图上框选一个功能模块，这样原理图与 PCB 相对应的器件就会被选中，之后就可以对该功能模块进行布局，如图 11-32 所示。

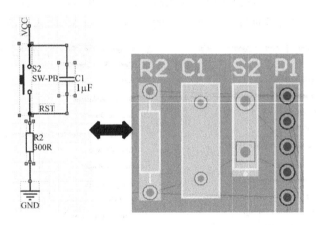

图 11-32　原理图与 PCB 中交互选中相同功能模块

11.4.2　自动推挤布局

在进行元件布局时，对元件进行移动、旋转操作的操作方法同在原理图中移动、旋转元件。当多个元件堆积在一起时，可采用自动推挤布局将元件平铺开。

设计自动推挤参数。选择菜单命令 Tools→Component Placement→Set Shove Depth…，弹出 Shove Depth(推挤深度设置)对话框，如图 11-33 所示。推挤深度实际上是推挤次数，推挤次数设置适当即可，太大会使得推挤时间延长。系统执行推挤的过程类似于雪崩的推挤方式。

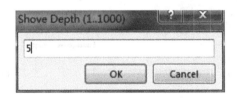

图 11-33　推挤深度设置对话框

选择菜单命令 Tools→Component Placement→Shove…,出现十字光标,在堆叠的元件上单击鼠标左键,会弹出一个窗口,显示鼠标单击处堆叠元件列表和元件预览,如图 11-34 所示。在元件列表中单击任何一个元件,开始执行推挤,自动推挤布局结果如图 11-35 所示。

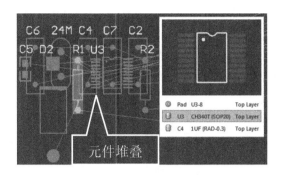

图 11-34 弹出式叠放列表和预览

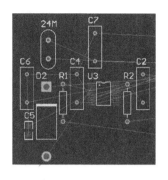

图 11-35 自动推挤布局结果

11.4.3 快速对选定的元件布局

在 PCB 中选定一部分要布局的元件,选择菜单命令 Tools→Component Placement→Reposition Selected Components,然后在 PCB 要重新布局的区域单击,放置好一个元件后软件将会自动将下一个已选的元件调到光标处,免去了反复去选中拖动的动作,实现了快速布局的功能,如图 11-36 所示。

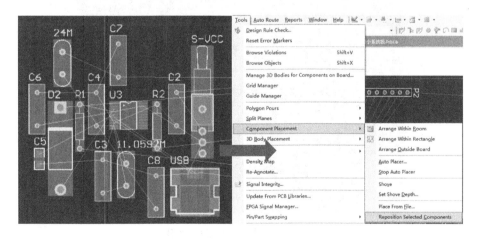

图 11-36 快速对选定的元件布局

11.4.4 自动对齐排列布局

在元件布局中,自动对齐排列功能比较实用。选中被排列的元件,选择 Edit→Align 下各子菜单命令,以整齐美观为标准,选择实际需要的排列方式即可完成。各个排列方式如图 11-37 所示。可根据具体排列需要进行对齐排列,通过菜单或图标可以将元件布置整齐。

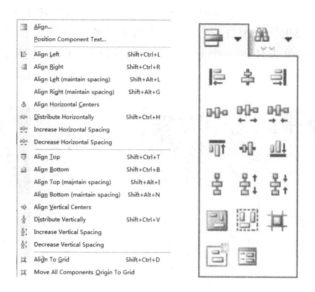

图 11-37　自动对齐排列的菜单栏及快捷图标

11.4.5　调整 PCB 及设置字体

用上述多种手动布局的方法，对本单片机最小系统进行布局。对 PCB 进行合理布局时发现，将元件排列紧凑后，PCB 边框的尺寸可以缩小，如图 11-38 所示。

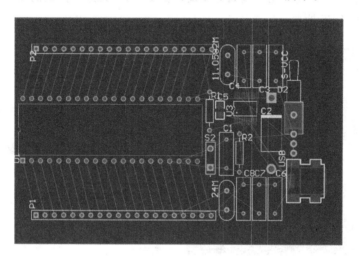

图 11-38　紧凑布局后的 PCB

选择板件周围的外框，根据元件外围尺寸重新画框，再选中该框，选择命令 Design→Board Shape→Define from selected objects，黑色的电路板形状则变为更新后的外框。在图 11-38 中还可以看到，各元件的名称字体过大，显得拥挤且非常不美观。此处介绍一种全局修改元件名称的方法：在其中一个元件名称如 C7 处单击右键，选择 Find Similar Objects…，出现 Find Similar Objects 对话框。在元件名称属性相同的 Designator 处选择 Same，点击 OK 确定，如图 11-39 所示。

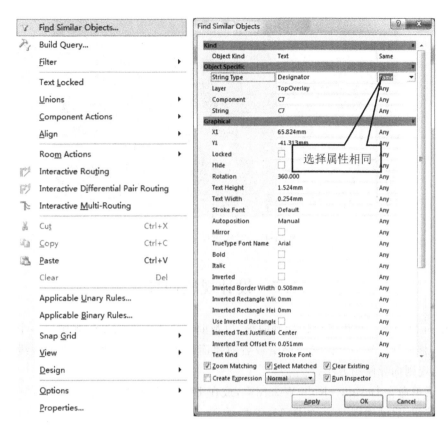

图 11-39　寻找元件名称属性相同的类别

PCB Inspector 对话框如图 11-40 所示，对其中的 Text Height 和 Text Width 进行修改，此处修改为原设置值的 1/2。图 11-41 为布局结束后的 PCB。

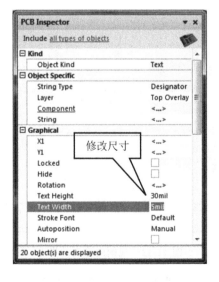

图 11-40　PCB Inspector 对话框

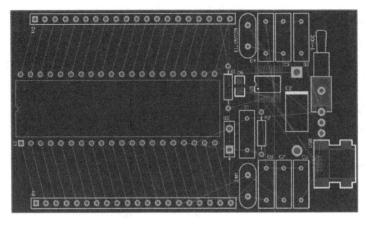

图 11-41　完成布局后的 PCB

11.5　设计规则向导

Altium Designer 提供了设计规则向导,以帮助用户建立新的设计规则。一个新的设计规则向导,总是针对某一个特定的网络或者对象而设置。本节以建立一个电源线宽度规则为例,介绍规则向导使用方法。

选择菜单命令 Design→Rule Wizard…,或在 PCB 设计规则与约束编辑器中点击 Rule Wizard… 按钮,启动规则向导,如图 11-42 所示。

图 11-42　规则向导启动界面

点击 Next 按钮,进入选择规则类型界面,填写规则名称和注释内容,在规则列表框 Routing 目录下选择 Width Constraint 规则,如图 11-43 所示。

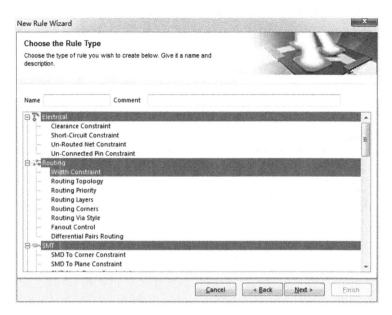

图 11-43　选择规则类型界面

点击 Next 按钮,进入选择规则适用范围界面,选择 A Few Nets 选项,如图 11-44 所示。

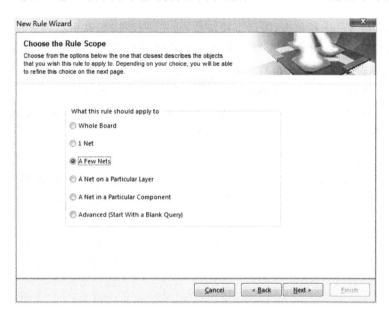

图 11-44　选择规则适用范围界面

所有选项的含义介绍如下：
(1)Whole Board:整个电路板。
(2)1 Net:一个网络。
(3)A Few Nets:几个网络。
(4)A Net on a Particular Layer:特定层的一个网络。
(5)A Net in a Particular Component:特定元件的一个网络。

（6）Advanced(Start With a Blank Query)：高级（启动查询）。

点击 Next 按钮，进入高级规则范围编辑界面，如图 11-45 所示。

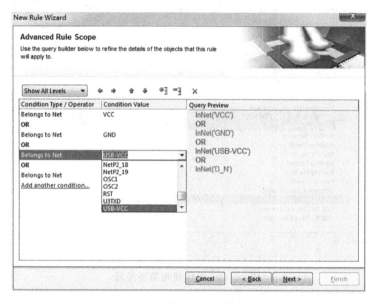

图 11-45　高级规则范围编辑界面

在 Condition Value 栏单击，激活下拉按钮，点击下拉按钮，从下拉列表框中选择当前的 PCB 文件的网络 VCC。然后再选择一个或关系的网络 GND 以及网络 USB-VCC。在多余的网络类型上单击鼠标右键，弹出右键菜单，选择 Delete 命令，删除多余的网络。

点击 Next 按钮，进入选择规则优先级界面，如图 11-46 所示。用户可以选中名称栏按钮的规则名称，点击 Decrease Priority 按钮，改变规则级别。Priority 栏的数字越小，级别越高。现在使用默认级别，其中电源为最高级别。

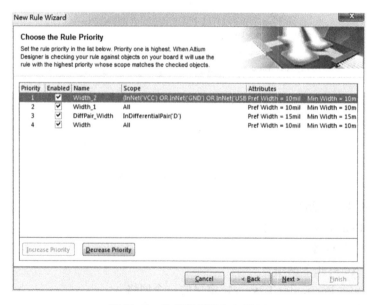

图 11-46　选择规则优先级界面

点击 Next 按钮,进入新规则完成界面,如图 11-47 所示。在该界面直接修改布线宽度为 Pref Width=20mil,Min Width=10mil,Max Width=30mil。勾选 Launch main design rules dialog 选项,即启动主设计规则对话框。

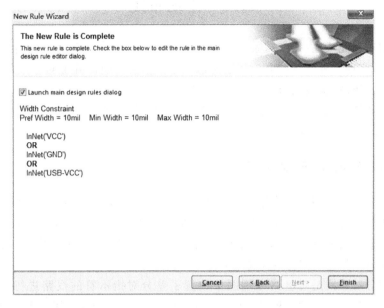

图 11-47　新规则完成界面

点击 Finish 按钮,退出规则向导,系统启动 PCB 设计规则与约束编辑器,如图 11-48 所示。

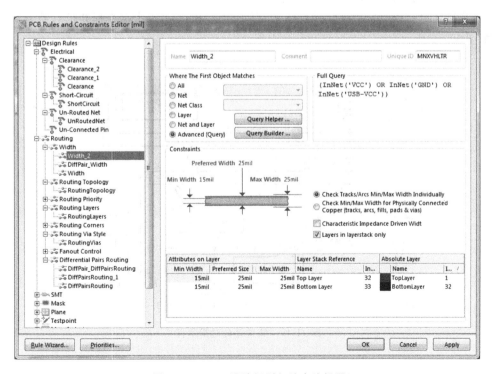

图 11-48　PCB 设计规则与约束编辑器

在 PCB 设计规则与约束编辑器的 Constraints 区域编辑宽度参数,点击 OK 按钮,新规则设置结束。

11.6 手动布线

当元件的布局完成之后,就需要对整个系统进行布线。布线就是放置导线将板上的元器件连接起来,实现所有网络的电气连接。微电子技术的发展提升了对布线的要求,布线的主要方法有等长布线、多线轨布线、交互式布线、智能交互式布线、交互式差分对布线等。其中交互式布线和智能交互式布线已在项目 10 中介绍过,下面将逐一介绍交互式差分对布线、等长布线和多线轨布线的方法和示例。

11.6.1 交互式差分对布线

差分信号系统是采用双绞线进行信号传输的,双绞线中的一条信号线传送原信号,另一条信号线传送的是与原信号反相的信号。差分信号是为了解决信号源和负载之间没有良好的参考地连接而采用的方法,它对电子产品的干扰起到固有的抑制作用。差分信号的另一个优点是它能减小信号线对外产生的电磁干扰(EMI)。

交互式差分对布线是对电路原理图中放置了差分对指示符的线路进行交互式差分布线,本项目在 USB 接口中的 2 根数据线 D+ 和 D- 就需要差分对布线。下面以该对数据线为例,简单介绍交互式差分对布线。

(1)放置差分对指示符(Differential Pair)

①打开本项目的原理图"单片机最小系统.SchDoc"。

②选择菜单命令 Place→Directives→Differential Pair,出现十字光标并带有差分对指示符,如图 11-49 所示。

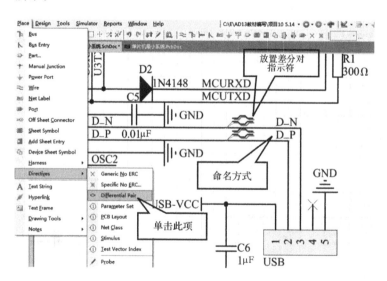

图 11-49 放置差分对指示符

③在上述两个引脚的连线上放置差分对指示符(出现的红叉),如图11-49所示。

④双击差分对指示符,打开差分对指示符参数设置对话框(如图11-50所示),设置名称参数。在放置前,按Tab键也可以打开该对话框。注意差分对的命名规则:名称要相同,名称的后缀分别以_P和_N结尾,如图11-49所示。

⑤保存并编译文件和项目。

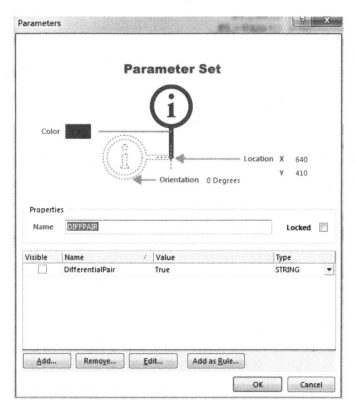

图11-50 差分对指示符参数设置对话框

(2)更新设计数据

①打开PCB文件"单片机最小系统.PcbDoc",执行命令Design→Import Changes From 单片机最小系统.PrjPCB,弹出更新命令对话框,如图11-51所示。

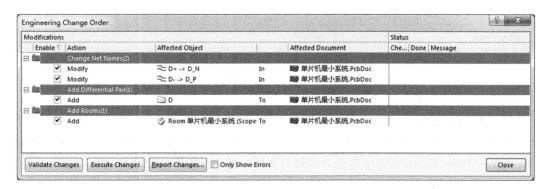

图11-51 更新命令对话框

②点击 Validate Changes 按钮,此时发现报错。找到错误对应的 NET 信号,如图 11-52 所示。这里进行一下说明:修改网络名字和放置差分对指示符不能一步进行,要分两步,不然系统找不到差分对,因为修改的网络名字还没更新到 PCB。

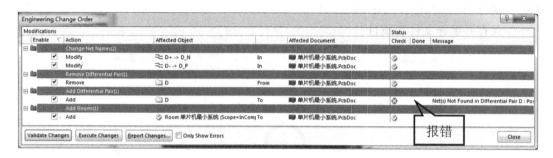

图 11-52　报错的更新命令对话框

③先回到原理图,删除差分对指示符,在只修改网络名称的情况下进行 PCB 的更新。此处更新方法同第 1 步,更新成功后再添加差分对指示符。之后再进行一次 PCB 更新,如图 11-53 所示,此时系统没有报错,成功更新了 PCB。

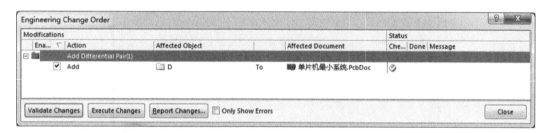

图 11-53　正确的更新命令对话框

④点击 Execute Changes 执行更新,点击 Close 按钮关闭对话框,保存 PCB 文件,如图 11-54 所示。

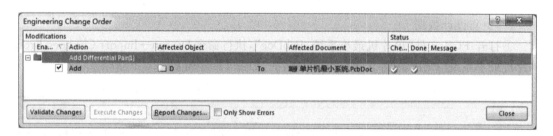

图 11-54　更新完成

(3)PCB 中显示差分对的设置

单击 PCB 编辑器窗口右下角的模板标签 PCB,从弹出的模板列表中选择 PCB,打开 PCB 面板,如图 11-55 所示。点击第一个文本框右侧的下拉按钮,选择下拉列表框中的 Differential Pairs Editor。选中差分对类别列表框中的 All Differential Pairs。

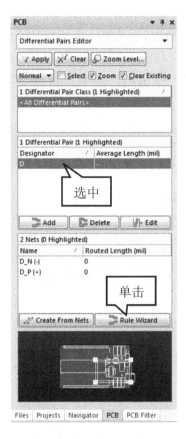

图 11-55 PCB 面板

(4) 差分对规则向导

①在图 11-55 的 PCB 面板的 Designator 列表框中，选中定义的差分对 D。点击 Rule Wizard 按钮，进入 Differential Pair Rule Wizard（差分对规则向导），如图 11-56 所示。注意

图 11-56 Differential Pair Rule Wizard

在此创建的规则的辖域是在点击 Rule Wizard 按钮前所选中的对象 D：如果一对差分对被选中，则设计规则的辖域是一对差分对；如果是一个差分对的类被选中，设计规则的辖域就是该差分对的类。

②点击 Next 按钮，进入 Choose Rule Names 界面，设置与名称有关的参数，如图 11-57 所示。

图 11-57　设置名称界面

③点击 Next 按钮，进入 Choose Width Constraint Properties 界面，设置与布线宽度有关的参数，此处将线宽设置为 15mil，如图 11-58 所示。

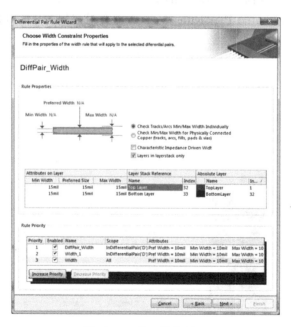

图 11-58　设置线宽界面

④点击 Next 按钮,进入 Choose Length Constraint Properties 界面,设置与布线长度有关的参数,如图 11-59 所示。

图 11-59　设置布线长度界面

⑤点击 Next 按钮,进入 Choose Routing Constraint Properties 界面,设置与布线约束规则有关的参数,如图 11-60 所示。

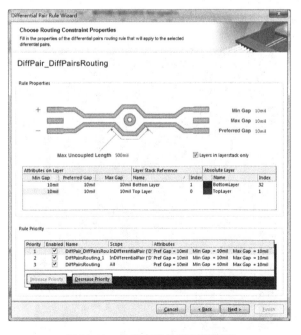

图 11-60　设置布线约束规则界面

⑥点击 Next 按钮，进入 Rule Creation Completed 界面，显示设置完成的差分对规则信息，如图 11-61 所示。点击 Finish 按钮结束。

图 11-61　显示规则信息界面

(5)差分对布线

差分对布线是对两个网络同时布线。选择菜单命令 Place→Differential Pair Routing 或点击 按钮进入差分对布线模式。此时将提示用户选取布线对象，单击差分网络的两个相邻的焊盘，拖动鼠标，就会看到对应的差分线一起平行地走线。图 11-62 为差分对布线过程，图 11-63 为差分对布线完成效果。

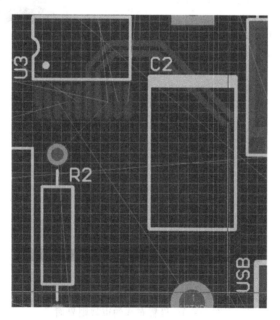

图 11-62　差分对布线过程

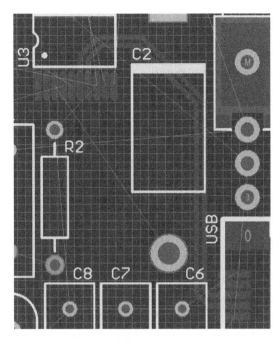

图 11-63　差分对布线完成效果

差分对布线中使用的是遇到第一个障碍停止或忽略障碍的交互式布线模式,使用Shift+R快捷键进行循环切换。差分对布线和交互式布线有部分相同的快捷键。同时按下 Ctrl+Shift+转动鼠标滚轮,就可以使两条走线同时换层。使用数字键盘中的 * 键进行换层。按数字键盘的 5 键可以循环可能的过孔模式。按 Shift+F1 快捷键可以显示所有可能的快捷键。

11.6.2　等长布线

差分信号除了采用差分对布线之外,通常还要求布线平行和长度相等。平行的目的是要确保差分阻抗的完全匹配,布线的平行间距不同会造成差分阻抗不匹配。等长的目的是确保时序的准确与对称性,即确保信号在传输线上的延迟相同。因为差分信号的时序跟这两个信号交叉点(或相对电压差值)有关,如果不等长,则此交叉点不会出现在信号振幅的中间,也会造成相邻的两个时间间隔不对称,增加时序控制的难度,不利于提高信号的传输速度。同时,不等长也会增加共模信号的成分,影响信号完整性。

下面以两对晶振电路信号为例,简单介绍等长布线的布线过程。

(1)选择菜单命令 Design→Classes…,打开对象类资源管理器,如图 11-64 所示。

(2)确定电路中需要等长布线的网络,并将它们归入一个大类中,如 Net Classes。在左侧的类目录树区域的 Net Classes 上单击鼠标右键,从弹出的右键菜单中选择 Add Class,即添加一个类。

(3)在类目录树区域和右侧的列表框中都出现 New Class。在目录树区域 New Class 处单击右键,从弹出的右键菜单中选择 Rename Class,修改类名称为 Crystal(晶振)。右侧出现两个列表框:Non Members 列出了当前 PCB 中的所有网络名称,Members 列出了当前类中包含的网络名称,此时为空白。

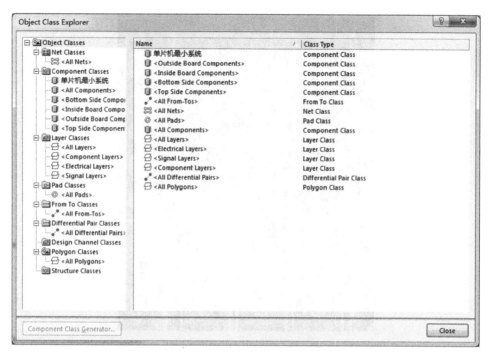

图 11-64　对象类资源管理器

（4）在 Non Members 列表框中选择要等长布线的网络名称，单击右向单箭头，将其归入当前类 Crystal，如图 11-65 所示，点击 Close 按钮，关闭对象类资源管理器。

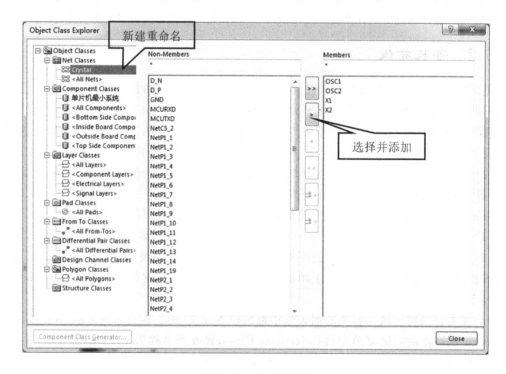

图 11-65　完成新建类

(5)选择菜单命令 Design→Rules…,打开 PCB Rules and Constraints Editor 对话框,如图 11-66 所示。在左侧规则目录区域的 High Speed→Matched Net Lengths 上单击鼠标右键,从右键菜单中选择 New Rule…,添加新规则。

图 11-66　PCB Rules and Constraints Editor 对话框

(6)新规则作为 Matched Net Lengths 的子规则,默认名称是"MatchedLengths_1",单击该名称,对话框右侧的规则编辑窗口打开,如图 11-67 所示。

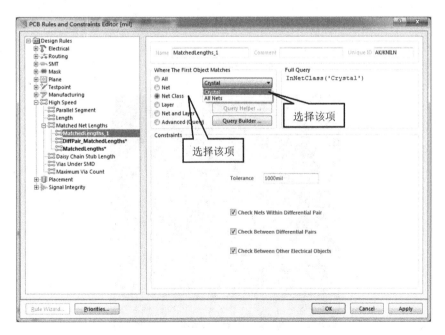

图 11-67　添加 Matched Net Lengths 子规则

(7)选择菜单命令 Auto Route→Net Class…,打开 Choose Net Classes to Route(选择网络类布线)对话框,如图 11-68 所示。选择等长布线的网络名称"Crystal"。

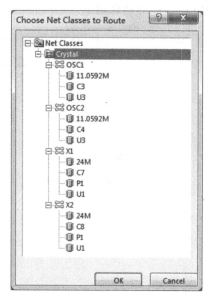

图 11-68　Choose Net Classes to Route 对话框

(8)点击 OK 按钮,系统按一般布线规则进行等长布线,图 11-69 为布线时产生的信息表,图 11-70 为完成等长布线后的 PCB。

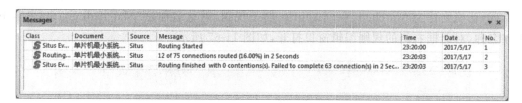

图 11-69　布线时产生的信息表

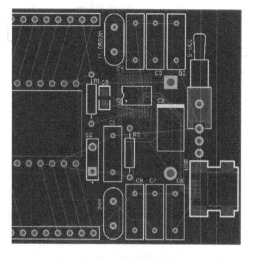

图 11-70　完成等长布线后的 PCB

(9)选择菜单命令 Tools→Equalize Net Lengths,系统按等长布线规则匹配一次等长布线,通常布线的复杂程度决定了匹配次数的多少。此时,等长布线全部完成。

11.6.3 多线轨布线

多线轨布线也称为总线布线。Altium Designer 提供了强大的多线轨放置命令,并且支持多线轨拖动。本项目中的单片机接口扩展连线非常适合多线轨布线,可以极大地提高布线效率,用户只需一个操作就可以放置或修改一组走线。

多线轨布线命令包括智能的自动收紧功能,当移动鼠标时请注意收紧风格是如何变化的,按下 Tab 键可以控制收紧,分隔组件;只需单击即可放置多个线轨,就像对单个网络布线一样简单;在具有不同焊盘空间的两个组件之间进行布线时,只需使用相同的线轨分别从两端布线在中间交汇即可,工作效果十分直观。下面简单介绍多线轨布线的步骤。

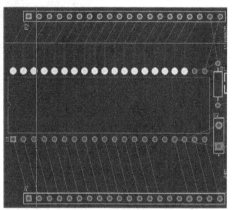

(1)选择需要布线的一组焊盘。如果这些焊盘是独立的,采用普遍的选择方法选中它们;如果这些焊盘是元件封装中的,选择时按下 Shift 键,左键分别单击这些焊盘即可。

(2)选择菜单命令 Place→Multiple Trace 或单击 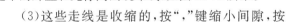 图标,出现十字光标。单击任一选中的焊盘,这些选中的焊盘和光标间出现布线,如图 11-71 所示。

图 11-71 多线轨布线

(3)这些走线是收缩的,按","键缩小间隙,按"."键增大间隙。按 Tab 键弹出 Interactive Routing(总线布线)对话框,设置间隙参数,如图 11-72 所示。其中 Bus Routing 的 Spacing 文本框中可以直接输入线间距,此处称为间隙值。点击 From Rule 按钮,调用布线规则的间距参数。

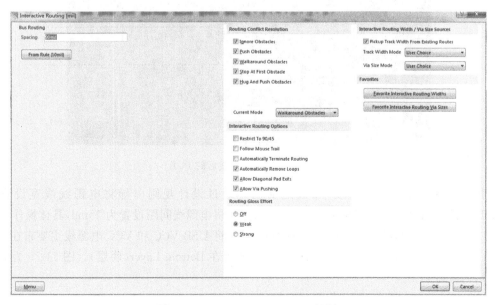

图 11-72 Interactive Routing 对话框

(4)给定间隙值主要是为了与同样网络的另一端线轨实现准确的对接。通常先将一端放置,然后从另一端开始放置,对接时让两端重复对齐,单击鼠标左键确定,单击右键退出。系统会自动将重复多余的布线删除。图11-73为采用多线轨布线完成布线的情况。

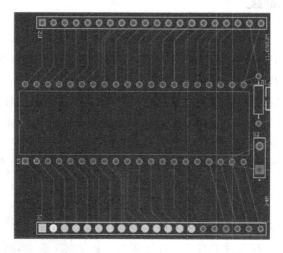

图 11-73　完成多线轨布线后的布线

11.6.4　本项目的其余布线

在上述布线方法的基础上,采用交互式布线方法将其余的信号线布全,如图 11-74 所示,此时本项目中的信号线已经全部布完。

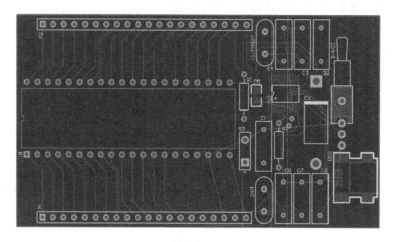

图 11-74　布完信号线后的 PCB

接着进行电源网络的布线,布线之前已经通过设计规则向导将电源线线宽设置为 25mil。当然在基本设置中还需要把线间距设置好,将电源线间距设置为 15mil,具体操作见项目 10。然后进行 USB-VCC 和 VCC 电源线的布线,将 USB-VCC 和 VCC 电源线主要布在 Top Layer(顶层)。最后进行 GND 布线,将 GND 主要布在 Bottom Layer(底层)。图 11-75 为完成布线后的最终 PCB。

项目 11 单片机最小系统电路 PCB 设计

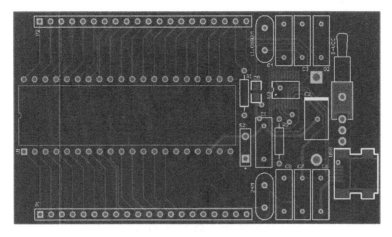

图 11-75 完成布线后的最终 PCB

11.7 验证 PCB 设计

在 PCB 设计完成后,要进行设计规则校验,检查设计中的错误,同时根据需要生成一些报表,供后期制作 PCB 或者装配 PCB 使用。执行过程与项目 10 介绍的相同:选择菜单命令 Tools→Design Rule Check…,弹出 Design Rule Checker 对话框,如图 11-76 所示;在 Report Options 项中设置规则检查报告的项目,在 Rules To Check 项中设置需要检查的项目;设置完成后点击 Run Design Rule Check…按钮开始运行规则检查,系统将弹出 Messages 面板,列出违反规则的项,并在目录页中生成"Design Rule Check-单片机最小系统.drc"错误报告文件,如图 11-77 所示。

图 11-76 Design Rule Checker 对话框

图 11-77　检查报告网页

从上面的报告中可以看出，本项目没有违反规则的项。至此，单片机最小系统电路 PCB 布线成功。项目 12 将介绍 PCB 的相关设计技巧。

11.8　小　结

至此，单片机最小系统电路的 PCB 设计已经全部完成了，PCB 设计流程详见项目 10 的小结。

习　题

11-1　试画出如图 11-78 所示的波形发生电路，要求：
(1) 使用双面板，板框尺寸见电路板参考图。
(2) 采用插针式元件。
(3) 镀铜过孔。
(4) 焊盘之间允许走一根铜膜线。
(5) 最小铜膜线走线宽度为 10mil，电源地线的铜膜线宽度为 20mil。
(6) 画出原理图，建立网络表，人工布置元件，手动布线。
电路的元件表如表 11-2 所示。
注意：
(1) 对原理图中每一个元件都应该正确地设置封装（Footprint）；
(2) 对原理图应该进行 ERC 检查，然后生成元件表和网络表；
(3) 在 Design→Rules 菜单中设置整板、电源和地线的线宽。

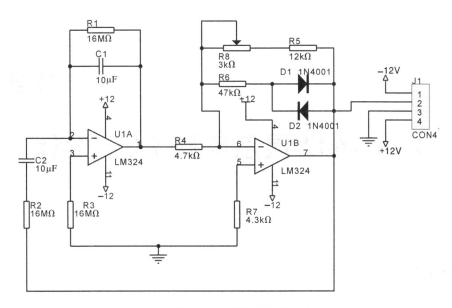

图 11-78 习题 11-1 图

表 11-2 习题 11-1 表

类别	编号	封装	元件名称
低功耗四运放	U1A,U1B	DIP14	LM324
电阻	R1~R7	AXIAL0.3	RES2
电容	C1,C2	RB-.2/.4	CAP
电位器	R8	VR2	POT2
连接器	J1	SIP-4	CON4
二极管	D1,D2	DIODE-0.4	DIODE(1N4001)

项目 12

LCD1602 显示电路 PCB 设计

项目引入

LCD1602 是一种工业字符型液晶屏(见图12-1),能够同时显示 16×2(16列2行)即32个字符,可以用来显示字母、数字、符号等。它由若干个 5×7 或者 5×11 等点阵字符位组成,每个点阵字符位都可以显示一个字符,每位之间有一个点距的间隔,每行之间也有间隔,起到了字符间距和行间距的作用。正因为如此,它在电子领域应用十分广泛。本项目将根据项目 7 的 LCD1602 显示电路原理图(见图7-1)中的内容,对所设计的原理图进行 PCB 设计。

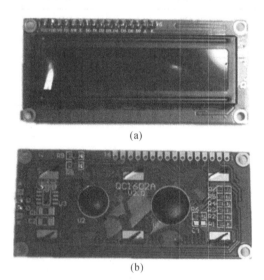

(a)

(b)

图 12-1 LCD1602 显示电路实物示例

LCD1602 需要配合单片机最小系统,因此本项目设计的 PCB 将和项目 11 中设计的单片机最小系统板接插使用。其中,单片机最小系统中的外接排插 P1、P2 将和 LCD1602 显示电路中的外接排针 P1、P2 对应接插配合。

本项目的 PCB 设计调用了项目 4 建立的封装库内的一个器件:LCD1602(LCD1602 液

晶屏封装)。本项目通过 PCB 设计验证建立的封装库中的 LCD1602 液晶屏封装的正确性，并对 PCB 设计相关新知识进行介绍，涉及的知识点如下：

(1) PCB 设计规则；

(2) PCB 的设计技巧。

12.1　新建工程，导入原理图并添加封装

12.1.1　新建一个工程

项目 10、项目 11 已经介绍了 Altium Designer 新建工程的两种方法。本节采用在 File 面板的 New 单元点击 Blank Project(PCB)选项的方法(见图 12-2)新建一个 PCB_Project1.PrjPCB 工程文件。接着重新命名工程文件：选择 File→Save Project As，修改工程文件名称，扩展名为.PrjPCB，指定文件保存位置，在文件名文本框中输入文件名称"LCD1602 显示电路.PrjPCB"，点击保存。

12.1.2　导入原理图

将项目 7 的 LCD1602 显示电路原理图文件导入新建立的 LCD1602 显示电路.PrjPCB 工程文件中，具体操作见第 10.2 节，正确添加原理图后界面如图 12-3 所示。

图 12-2　新建 PCB 工程

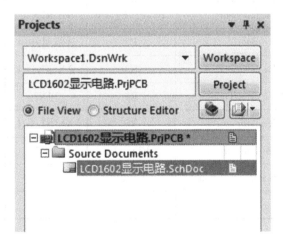

图 12-3　正确添加原理图后界面

12.1.3　添加元件封装

在 PCB 设计之前，需要确认所有元件的封装设置。在原理图编辑界面，选择菜单命令 Tool→Footprint Manager，在弹出的封装管理器对话框中检查左侧元件列表中的元件编号。

同样,本项目需要将在项目 4 中建立的封装库添加进该工程中。项目 10 具体介绍了检查封装和添加封装库的方法,这里不做赘述。图 12-4 为添加封装库完成后的工程界面图。表 12-1 为本项目的 LCD1602 显示电路工程的元件信息列表。

图 12-4　正确添加封装库后界面

表 12-1　元件信息列表

Comment	Description	Designator	Footprint	LibRef	Quantity
1602		1602	LCD1602	12862	1
47UF/16V	Polarized Capacitor (Axial)	C1	RB7.6-15	Cap Pol2	1
Header 2	Header,2-Pin	J1	HDR1X2	Header 2	1
Header 20	Header,20-Pin	P1,P2,P3,P4	HDR1X20	Header 20	4
270R	Resistor	R2	AXIAL-0.4	Res2	1
12K	Resistor	R3	AXIAL-0.4	Res2	1
10K	Photosensitive Diode	R4	PIN2	Photo Sen	1
10K	Resistor	R5	AXIAL-0.4	Res2	1
RPot	Potentiometer	RPOT1	VR5	RPot	1
2N3906	PNP General Purpose Amplifier	T4-Q1	TO-92A	2N3906	1
LM358	Dual Operational Amplifier	U1	DIP-8	LM358AD	1

12.2　创建一个新的 PCB 文件并设计导入

12.2.1　创建一个新的 PCB 文件

在将原理图设计转换为印制板设计之前,需要创建新的 PCB 文件,具体创建方法已分

别在项目 10 和项目 11 中介绍过。本项目使用 PCB 向导新建 PCB 文件,步骤简略介绍如下:

(1)在 Files 面板底部的 New from template 单元单击 PCB Board Wizard,创建新的 PCB。

(2)打开 PCB Board Wizard 对话框,在介绍页中点击 Next 按钮继续。

(3)设置度量单位为英制(Imperial),点击 Next 按钮继续。

(4)选择要使用的板轮廓。在本例中,用户使用自定义的板尺寸,从板轮廓列表中选择 Custom,点击 Next 按钮继续。

(5)进入自定义板选项。在本例电路中,需要一个 3000mil×3500mil 的板。选择 Rectangular(长方形)单选按钮,并在 Width(宽度)和 Height(高度)文本框中分别键入 3000mil 和 3500mil。取消勾选 Title Block and Scale(标题块和比例)、Legend String(图例串)、Dimension Lines(尺寸线)、Corner Cutoff(切掉拐角)和 Inner Cutoff(切掉内角)复选框,如图 12-5 所示,点击 Next 按钮继续。

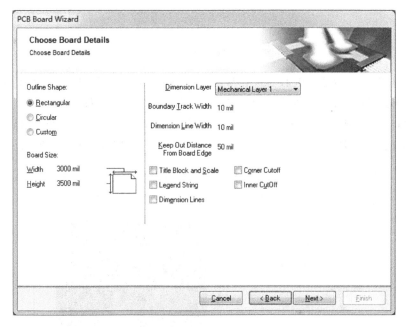

图 12-5　PCB 形状设置

(6)选择印制板的层数。本项目需要两个信号层,不需要电源层,所以将 Power Planes 下面的选择框改为 0。点击 Next 按钮继续。

(7)对于设计中使用的过孔(Via)样式,选择 Thruhole Vias only(通孔),点击 Next 按钮继续。

(8)设置元件/导线的技术(布线)选项。选择 Through-hole Components(直插式元件)选项,将相邻焊盘(Pad)间的导线数设为 One Track(一根),点击 Next 按钮继续。

(9)设置一些设计规则,如线的宽度、焊盘的大小、焊盘孔的直径、导线之间的最小距离等,如图 12-6 所示,在这里将线宽和导线之间的最小距离改为 12mil,点击 Next 按钮继续。

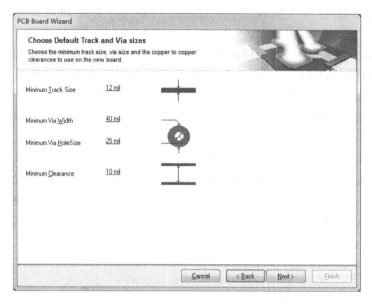

图 12-6　PCB 设计规则设置

（10）点击 Finish 按钮，PCB Board Wizard 已经设置完所有创建新 PCB 所需的信息。PCB 编辑器现在将显示一个新的名为"PCB1.PcbDoc"的 PCB 文件。

（11）将自由文件夹下的 PCB1.PcbDoc 文件拖到工程文件夹 LCD1602 显示电路.PrjPCB 下，并将该 PCB 文件重命名为"LCD1602 显示电路.PcbDoc"，最后保存，如图 12-7 所示。

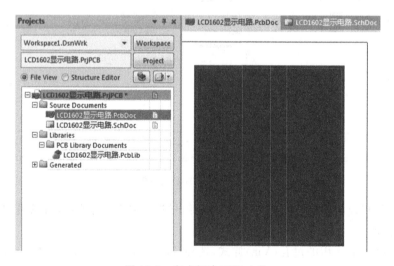

图 12-7　完成新建 PCB 文件

12.2.2　导入设计到 PCB

导入已经编译无误的 LCD1602 显示电路.SchDoc，导入 PCB 的方法有两种，在项目 10 和项目 11 中均有详细介绍。本节在 PCB 文件下操作，把原理图网络表信息导入目标 PCB 文件中。操作步骤如下：

(1) 在 PCB 文件中选择菜单命令 Design→Import Changes From LCD1602 显示电路.PrjPCB,弹出 ECO 对话框,对话框中显示 PCB 必须与原理图匹配的变化信息,如图 12-8 所示。

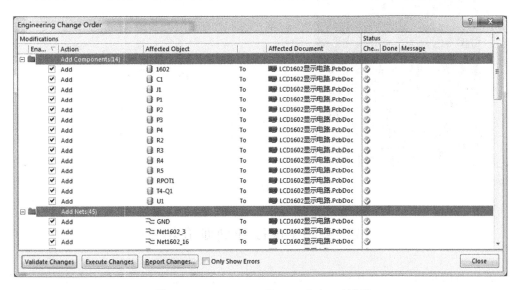

图 12-8　Engineering Change Order 对话框

(2) 按下 Validate Changes 检查变化的信息是否有效。图 12-8 的状态栏 Check 列表中 √ 表示执行成功,× 表示出现问题,需要检查 Messages 面板,清除所有错误。

(3) 点击 Execute Changes 按钮,系统将执行所有的更改操作,执行结果如图 12-9 所示。如果 ECO 存在错误,则装载不能成功。

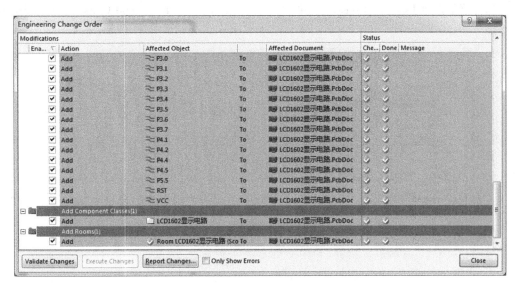

图 12-9　执行 Validate Changes 和 Execute Changes 后的对话框

(4) 点击 Close 按钮关闭 Engineering Change Order 对话框,此时设计导入成功,如图 12-10 所示。在进行布局之前,需要将名为"LCD1602 显示电路"的 ROOM 框即玫红色底面选中,并按键盘的 Delete 键删除,删除的原因已在项目 10 中阐明。

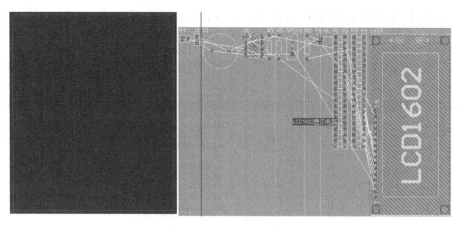

图 12-10 信息导入 PCB 后

12.3 PCB 设计规则介绍

在 PCB 的布局、布线设计过程中执行的任何一个操作，包括放置导线、移动元器件和自动布线等，都是在系统设计规则允许的情况下进行的，因此设计规则的合理性将直接影响布线的质量和成功率。

Altium Designer 13 中有 10 个类别的设计规则，覆盖了电气、布线、元件、制造、放置、信号完整性等各个方面，其中大部分都可以采用系统默认的设置，用户需要结合自己的实际需求而设置的规则并不多。

选择菜单命令 Design→Rules，打开如图 12-11 所示的 PCB Rules and Constraints Editor 对话框。

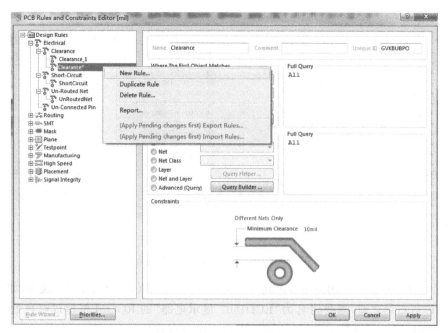

图 12-11 PCB Rules and Constraints Editor 对话框

PCB 规则和约束编辑对话框采用的是 Windows 资源管理器的树形管理模式,左边是规则种类,点击左边的+,展开规则。在每类规则上单击右键都会出现如图 12-11 所示的子菜单,用于 New Rule…(建立规则)、Delete Rule…(删除规则)、Import Rule…(导入规则)、Export Rule…(导出规则)和 Repor…(生成报表)等操作。右边区域显示设计规则的设置或编辑内容。

12.3.1 Electrical(电气)规则类

此类规则设置在电路板布线过程中需要遵循的电气方面的规则。

(1)Clearance(安全距离)规则

Clearance 规则用于设定在 PCB 的设计中,导线、过孔、焊盘、矩形覆铜填充等组件相互之间的安全距离。点击 Clearance,弹出如图 12-11 所示的对话框。默认的情况下整个电路板上的安全距离为 10mil。

本项目中信号线安全距离采用默认的 10mil 即可,但需要添加电源线的安全距离新规则,将电源线安全距离设置为 20mil。设置方法已经在项目 10 中具体介绍。

(2)Short-Circuit(短路)规则

Short-Circuit 规则用于设定是否允许电路板上的导线短路。默认设置为不允许短路,如图 12-12 所示。

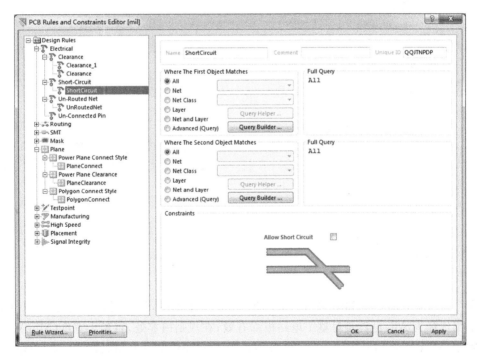

图 12-12 Short-Circuit 设置界面

(3)Un-Routed Net(没有布线网络)规则

Un-Routed Net 规则用于检查指定范围内的网络是否布线成功,布线不成功的,该网络上已经布的导线将被保留,没有成功布线的将保持飞线。该规则不需要设置约束参数,只要创建规则,设置基本属性和适用对象即可。

(4) Un-Connected Pin(没有连接的引脚)规则

该规则用于检查指定范围内的元件封装的引脚是否连接成功。该规则同样不需要设置其他约束,只需创建规则,设置基本属性和适用对象即可。

12.3.2 Routing(布线)规则类

此类规则主要设置与布线有关的规则,是 PCB 设计中最为常用和重要的规则。下面以心形灯 LED 电路为例着重介绍布线规则的应用。

(1) Width(导线宽度)规则

本项目要求除了电源和地线宽度为 25mil 外,其余信号线宽度为 12mil。点击 Routing 左边的＋,展开布线规则,点击 Width(导线宽度)项,出现默认宽度设置,再点击默认的宽度设置 Width,出现的设置内容如图 12-13 所示。

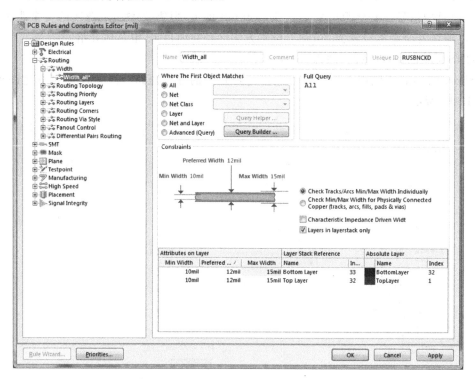

图 12-13　导线宽度设置

① 一般线宽设置。在如图 12-13 所示的 Name 文本框中,将规则名称改为"Width_all";规则范围选择为 All,也就是对整个电路板都有效;在规则内容处,将最小宽度(Min Width)、最大宽度(Max Width)和最佳宽度(Perferred Width)分别设为 10mil、15mil 和 12mil。

② 电源网络线宽设置。在图 12-13 的 Width_all 处单击右键,选择 New Rule…,如图 12-14 所示。

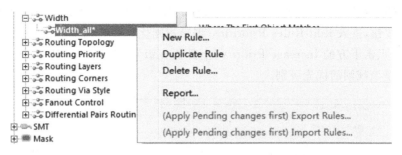

图 12-14 添加新线宽规则设置

将该规则命名为"Width_VCC",然后单击规则适用范围中的 Net 选项,选择 VCC 网络,将最小宽度(Min Width)、最大宽度(Max Width)和最佳宽度(Perferred Width)分别设为:15mil、30mil 和 25mil,如图 12-15 所示。

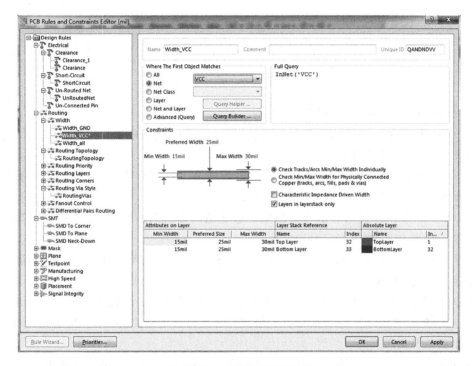

图 12-15 电源网络线宽设置

③GND 网络线宽设置。参考第 2 步,将 GND 网络的线宽设为与电源网络线宽一致。

④Characteristic Impedance Driven Width 复选框表示通过设置电阻率的数据来设置铜箔导线的宽度。选中该复选框后,用户只需要设置铜箔导线的最大、最小和推荐电阻率,即可确定铜箔导线的宽度规则。Layers in layerstack only 复选框表示仅仅列出当前 PCB 文档中设置的层。选中该复选框后,规则列表将仅显示现有的 PCB 层,如未选中该项,该列表将显示 PCB 编辑器支持的所有层。

⑤规则优先级设置。前面设置的三条规则中,Width_VCC 和 Width_GND 的优先级是一样的,都比 Width_all 的优先级要高。也就是说在制作同一条导线时,如果有多条规则都涉及这条导线,应该将约束条件苛刻的作为高级别的规则,以级别高的为准。

点击 PCB Rules and Constraints Editor（PCB 规则和约束编辑）对话框左下角的 Priorities…按钮，进入 Edit Rules Priorities（编辑规则优先级）对话框，如图 12-16 所示。选中某条规则，点击下方的 Increase Priority（上升优先级）或 Decrease Priority（下降优先级）按钮可以调整该规则的优先级别。

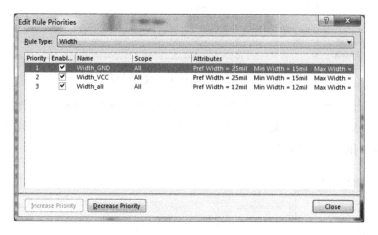

图 12-16　Edit Rule Priorities 对话框

（2）Routing Topology（布线拓扑）规则

Routing Topology 规则用于选择布线过程中的拓扑规则，在其 Topology 下拉列表中共有 7 种拓扑规则，具体意义如下：

①Shortest 拓扑规则表示布线结果能够连通网络上的所有节点，并且使用的铜箔导线总长度最短，该拓扑为默认设置，如图 12-17（a）所示。

②Horizontal 拓扑规则表示布线结果能够连通网络上的所有节点，并且使用的铜箔导线尽量处于水平方向，如图 12-17（b）所示。

③Vertical 拓扑规则表示布线结果能够连通网络上的所有节点，并且使用的铜箔导线尽量处于竖直方向，如图 12-17（c）所示。

④Daisy-Simple 拓扑规则表示在用户指定的起点和终点之间连通网络上的所有节点，并且使连线最短，如图 12-17（d）所示。如果设计者没有指定起点和终点，此规则和 Shortest 拓扑规则的结果相同。

⑤Daisy-MidDriven 拓扑规则表示以指定的起点为中心，向两边的终点连通网络上的所有节点，起点两边的中间节点数目要相同，并且使连线最短，如图 12-17（e）所示。如果设计者没有指定起点和两个终点，系统将采用 Daisy-Simple 拓扑规则。

⑥Daisy-Balanced 拓扑规则表示将中间节点平均分配成组，组的数目和终点数目相同，一个中间节点组和一个终点相连接，所有的组都连接在同一起点上，起点间用串联的方法连接，并且使连线最短，如图 12-17（f）所示。如果设计者没有指定起点和两个终点，系统将采用 Daisy-Simple 拓扑规则。

⑦Starburst 拓扑规则表示网络中的每个节点都直接和起点相连接，如果设计者指定了终点，那么终点不直接和起点连接，如图 12-17（g）所示。如果设计者没有指定起点，那么系统将试着轮流以每个节点作为起点去连接其他各个节点，找出连线最短的一组连接作为网络拓扑。

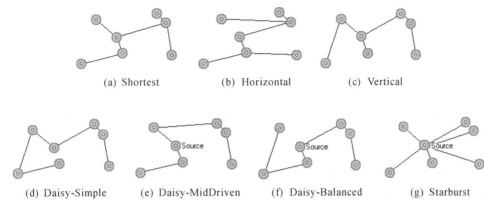

图 12-17 各拓扑规则示意图

(3) Routing Priority(布线次序)规则

Routing Priority 规则用于设置布线的优先次序。布线优先级从 0~100，表示的优先级从低到高。在 Routing Priority 栏里指定布线的优先次序即可。

(4) Routing Layers(布线层)规则

展开 Routing Layers 项，并点击默认的 RoutingLayers 规则，如图 12-18 所示。如果要求设计双面板，可采取默认设置。如果设计单面板，注意单面板只能底层布线，要将 Top Layer 的 Allow Routing(允许布线)复选框勾选取消。其余设置可采用系统默认设置，完成后点击 OK 按钮完成设置。

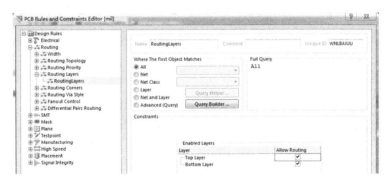

图 12-18 Routing Layers 规则视图

(5) Routing Corners(导线转角)规则

Routing Corners 规则用于设置导线的转角方式。Routing Corners 设计规则视图中的 Constraints 区域的 Style 下拉列表用于设置导线转角的形式。如图 12-19 所示，系统提供了 3 种转角形式：90 Degrees 项表示 90°转角方式，45 Degrees 项表示 45°转角方式，Rounded 项表示圆弧转角方式。

Setback 文本框用于设置导线最小转角的大小，其设置随转角形式的不同而具有不同的含义。如果是 90°转角，则没有此项；如果是 45°转角，则表示转角的高度；如果是圆弧转角，则表示圆弧的半径。to 文本框用于设置导线转角的最大值。

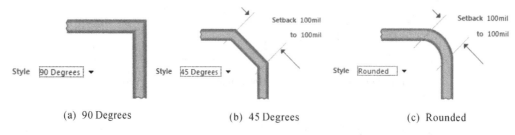

(a) 90 Degrees　　　　(b) 45 Degrees　　　　(c) Rounded

图 12-19　导线转角的 3 种形式

(6) Routing Via Style(过孔尺寸)规则

Routing Via Style 规则用于设置过孔尺寸。Routing Via Style 设计规则视图如图12-20所示。

① Via Diameter 项用于设置过孔外径。其中 Minimun 文本框用于设置最小的过孔外径，Maximum 文本框用于设置最大的过孔外径，Preferred 文本框用于设置首选的过孔外径。

② Via Hole Size 项用于设置过孔中心孔的直径。其中 Minimun 文本框用于设置最小的过孔中心孔直径，Maximum 文本框用于设置最大的过孔中心孔直径，Preferred 文本框用于设置首选的过孔中心孔直径。

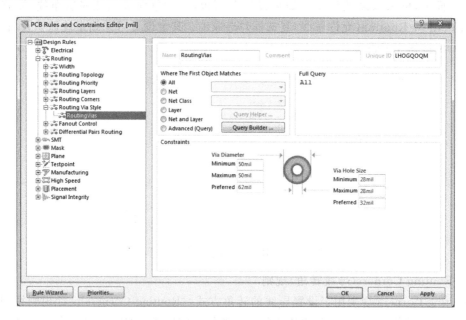

图 12-20　Routing Via Style 规则视图

12.3.3　SMT(贴片元件)规则类

此类规则主要用于设置贴片元件的布线规则。

(1) SMD To Corner(表贴式焊盘引线长度)规则

SMD To Corner 规则用于设置 SMD 元件焊盘与导线拐角之间的最小距离。表贴式焊盘的引出线一般都是引出一段长度之后才开始拐弯的，这样就不会出现其和相邻焊盘太近的情况。

在 SMD To Corner 处点击鼠标右键，在右边菜单中选择添加新规则命令（New Rule…），如图 12-21 所示。在 SMD To Corner 下出现一个名称为 SMDToCorner 的新规则，点击新规则打开对话框设置界面，在 Constraints 区域设置引出线的长度，如图 12-22 所示。

图 12-21　新建 SMD To Corner 规则

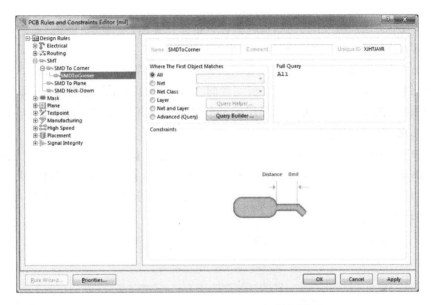

图 12-22　SMD To Corner 规则视图

（2）SMD To Plane（表贴式焊盘与电源层的连接间距）规则

SMD To Plane 规则用于设置 SMD 与内部电源层（Plane）的焊盘或过孔之间的距离。该层连接只能用过孔来实现，这个规则设置指出距离 SMD 焊盘中心多远才能使用过孔与内部电源层连接，默认值为 0mil。

（3）SMD Neck Down（表贴式焊盘引出线收缩比）规则

SMD Neck Down 规则用于设置 SMD 引出线宽度与 SMD 元件焊盘宽度之间的比值关系，默认值为 50%，如图 12-23 所示。

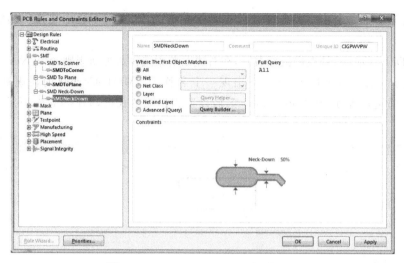

图 12-23 SMD Neck-Down 规则视图

12.3.4 Mask(阻焊膜)规则类

此类规则用于设置阻焊层扩展、锡膏防护层扩展等规则。

(1)Solder Mask Expansion(阻焊层扩展)规则

通常阻焊层除焊盘或过孔外，整面都铺满阻焊剂。阻焊层的作用就是防止不该被焊上的部分被焊锡连接，回流焊就是靠阻焊层实现的。板子整面经过高温的锡水，没有阻焊层的裸露电路板就粘锡被焊住了，而有阻焊层的部分则不会粘锡。阻焊层的其他作用是提高布线的绝缘性、防氧化和保持美观。

在制作电路板时，使用 PCB 设计软件设计的阻焊层数据制作绢板，再用绢板把阻焊剂(防焊漆)印制到电路板上时，焊盘或过孔被空出，空出的面积要比焊盘或过孔大一些，这就是阻焊层扩展设置。如图 12-24 所示，在 Constraints 区域设置 Expansion 参数，即阻焊层相当于焊盘的扩展规则。

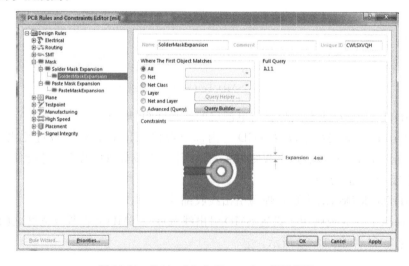

图 12-24 Solder Mask Expansion 规则视图

(2) Paste Mask Expansion(锡膏防护层扩展)规则

在焊接表贴式元件前,先对焊盘涂一层锡膏,然后将元件贴在焊盘上,再用回流焊机焊接。通常在大规模生产时,表贴式焊盘的涂膏是通过一个钢模完成的。钢模上对应焊盘的位置按焊盘形状镂空,涂膏时将钢模覆盖在电路板上,将锡膏放在钢模上,用刮板来回刮,锡膏透过镂空的部分涂到焊盘上。PCB 设计软件的锡膏层或锡膏防护层的数据层就是用来制作钢模的,钢模上镂空的面积要比设计焊盘的面积小,此处设置的规则即是这个差值的最大值。如图 12-25 所示,在 Constraints 区域设置 Expansion 的数值,即钢模镂空比设计焊盘收缩多少,默认值为 0mil。

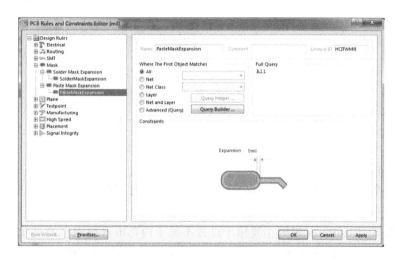

图 12-25　Paste Mask Expansion 规则视图

12.3.5　Plane(内部电源层)规则类

焊盘和过孔与内部电源层之间的连接方式可以在内部电源层中设置。

其中 Power Plane Connect Style(内部电源层连接方式)规则与 Power Plane Clearance (内部电源层安全间距)规则用于设置焊盘和过孔与内部电源层的连接方式,而 Polygon Connect Style(覆铜连接方式)规则用于设置覆铜和焊盘的连接方式。

(1) Power Plane Connect Style 规则

内部电源层连接方式规则主要用于设置属于内部电源层网络的过孔或焊盘与内部电源层的连接方式,设置窗口如图 12-26 所示。

在 Power Plane Connect Style 规则视图中的 Constraints 区域内,系统提供了 3 种连接方式。

① Relief Connect:辐射连接。即过孔或焊盘与内部电源层通过几根连接线相连接,是一种可以降低热扩散速度的连接方式,可以避免因散热太快而导致焊盘和焊锡之间无法良好融合。在这种连接方式下,需要选择连接导线的数目(2 或者 4),并设置导线宽度、空隙间距和扩展距离。

② Direct Connect:直接连接。在这种连接方式下,不需要任何设置,焊盘或者过孔与内部电源层之间的阻值会比较小,但焊接比较麻烦。对于一些有特殊导热要求的地方,可采用

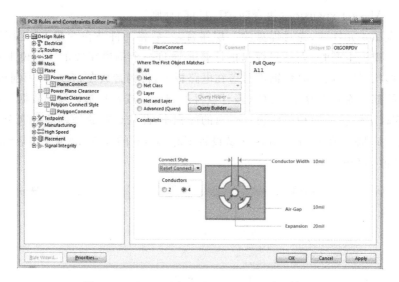

图 12-26 Power Plane Connect Style 规则视图

该连接方式。

③No Connect:不进行连接。

系统默认设置为 Relief Connect,这也是工程制版中常用的方式。

(2)Power Plane Clearance 规则

Power Plane Clearance 规则主要用于设置不属于内部电源层网络的过孔或焊盘与内部电源层之间的间距,设计规则如图 12-27 所示。在 Constraints 区域内,只需要设置适当的间距值即可。

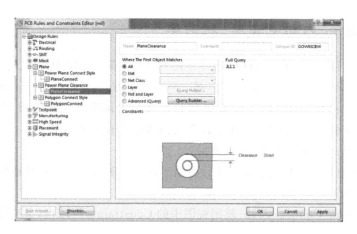

图 12-27 Power Plane Clearance 规则视图

(3)Polygon Connect Style 规则

Polygon Connect Style 规则的设置窗口如图 12-28 所示。可以看到,其与 Power Plane Connect Style 规则设置窗口基本相同。只是在 Relief Connect 方式中多了一项角度控制,用于设置焊盘和覆铜之间连接方式的分布方式,即采用 45 Angle 时,连接线呈 X 形;采用 90 Angle 时,连接线呈十形。

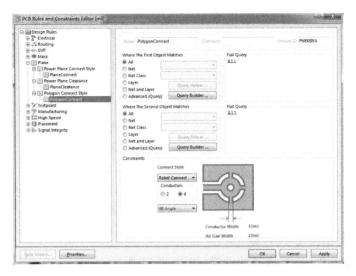

图 12-28 Polygon Connect Style 规则视图

12.3.6 Manufacturing(制造)规则类

此类规则主要设置与电路板制造有关的规则。

(1)Minimum Annular Ring(最小环宽)规则

Minimum Annular Ring 规则用于设置最小环形布线宽度,即焊盘或过孔与其钻孔之间的直径之差,如图 12-29 所示。Minimum Annular Ring 文本框用于设置最小环宽,该参数的设置应参考数控钻孔设备的加工误差,以避免电路中的环状焊盘或过孔出现缺口。

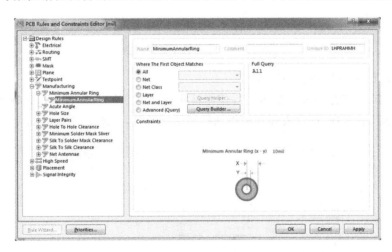

图 12-29 Minimum Annular Ring 规则视图

(2)Acute Angle(最小夹角)规则

Acute Angle 规则用于设置具有电气特性布线之间的最小夹角。最小夹角应该不小于 90°,否则将容易在蚀刻后残留药物,导致过度蚀刻,如图 12-30 所示。

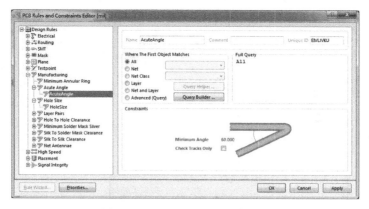

图 12-30　Acute Angle 规则视图

（3）Hole Size（钻孔尺寸）规则

Hole Size 规则用于钻孔直径的设置，如图 12-31 所示。

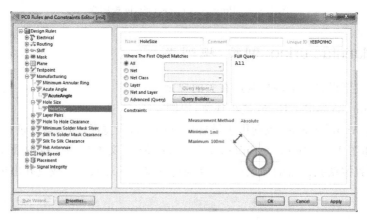

图 12-31　Hole Size 规则视图

（4）Layer Pairs（钻孔板层对）规则

Layer Pairs 规则用于设置是否允许使用钻孔板层对。在 Constraints 区域勾选 Enforce layer pairs setting 选项，即代表强制采用钻孔板层对设置，如图 12-32 所示。

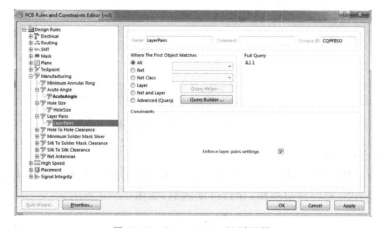

图 12-32　Layer Pairs 规则视图

12.3.7 Placement(布局)规则类

在这里设置的元件布局规则,在使用 Cluster Placer(自动布局器)的过程中执行,它一共包含 6 种规则。

(1) Room Definition(元件布置区间定义)规则

Room Definition 规则用于定义元件放置区间(Room)的尺寸及其所在的板层,如图 12-33 所示。采用器件放置工具栏中的内部排列功能,可以把所有属于这个矩形区域的器件移入这个矩形区域。一旦器件被指定到某一个矩形区域,矩形区域移动时器件也会跟着移动。

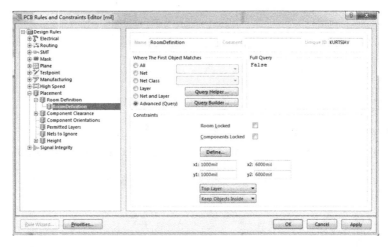

图 12-33 Room Definition 规则视图

①Room Locked(锁定元件的布置区间),当区间被锁定后,可以选中它,但不能移动它或者直接修改其大小。

②Components Locked(锁定 Room 中的元件),将 Room 中的元件锁定。

③如果希望在 PCB 图上自定义 Room 的位置,则可点击 Define… 按钮直接进入 PCB图,按照需要用光标画出多边形边界,选取边界后屏幕会自动返回编辑器。Room 可以设置为矩形,也可以设置为多边形,其边界也可以通过两点坐标定义。

④在 Constraints 区域下方第一个下拉框选择当前电路板中的可用层作为 Room 放置层。Room 只能放置在 Top 层和 Bottom 层。

⑤在 Constraints 区域下方第二个下拉框选择元件放置位置。Keep Objects Inside 表示元件放置在 Room 内,Keep Objects Outside 表示元件放置在 Room 外。

(2) Component Clearance(元件安全间距)规则

Component Clearance 规则规定元件间的最小距离,如图 12-34 所示。

①Vertical Clearance Mode(垂直方向的校验模式):Infinite 表示无特指情况,Specified 表示有特指情况。

②Minimum Horizontal Clearance(水平间距最小值):设定元件的水平间距最小值。

③Minimum Vertical Clearance(垂直间距最小值):设定元件的垂直间距最小值。

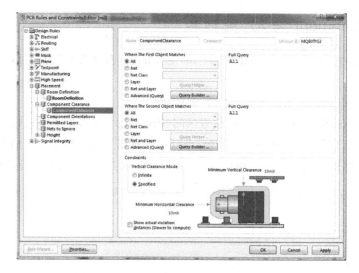

图 12-34　Components Clearance 规则视图

(3) Components Orientations(元件放置方向)规则

Components Orientations 规则用于设置元件封装的放置方向,如图 12-35 所示。

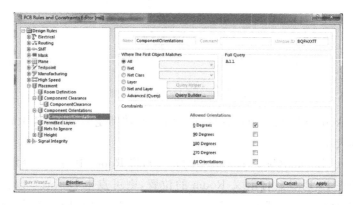

图 12-35　Components Orientation 规则视图

(4) Permitted Layer(元件放置层)规则

Permitted Layer 规则用于设置自动布局时元件封装允许放置的板层,如图 12-36 所示。

图 12-36　Permitted Layer 规则视图

(5)Nets to Ignore(元件放置忽略的网络)规则

Nets to Ignore 规则用于设置自动布局时可忽略的网络。组群式自动布局时,忽略电源网络可以使得布局速度和质量有所提高。

(6)Height(元件高度)规则

Height 规则用于设置 Room 中的元件高度,不符合规则的元件将不能被放置,如图 12-37 所示。

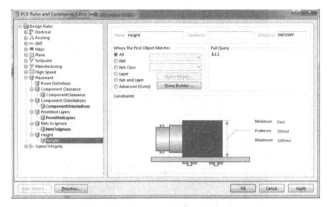

图 12-37　Height 规则视图

12.4　PCB 设计

12.4.1　元件布局

PCB 项目设计流程中,导入设计后,需要对各元件进行细致的布局,布局是否合理决定了导线的复制程度以及项目的成功与否。布局的步骤以及方法分别在项目 10 和项目 11 中介绍了,本节根据项目的需求,进行实际布局,具体操作如下:

(1)本项目中元件不多,其中 LCD1602 的封装最为庞大,因此按住鼠标左键先将其放置在 PCB 的中间位置,如图 12-38 所示。

图 12-38　放置 LCD1602

(2)通过快速对选定方法,在原理图中选中 P1、P3 两排排针,在 PCB 文件中将它们的封装同时选中,拖动至 LCD1602 的右侧偏上处,并将排针放置于 Bottom Layer,在上方预留过孔位。同理,将排针 P2、P4 拖动至 LCD1602 的左侧偏上,并放置于 Bottom Layer,如图 12-39 所示。

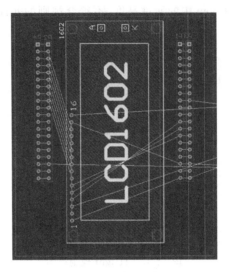

图 12-39　放置排针

(3)为使单片机最小系统中的外接排插 P1、P2 和 LCD1602 显示电路中的外接排针 P1、P2 对应接插配合,可以先打开项目 11 的 PCB,测量单片机最小系统中的外接排插 P1、P2 之间的距离,如图 12-40(a)所示。测得单片机最小系统中的外接排插 P1、P2 之间的距离为 1635mil,进而将 LCD1602 电路中的 P1、P2 排针的间距也设定为 1635mil,同时使其放在 LCD1602 的两边对称的位置,如图 12-40(b)所示。

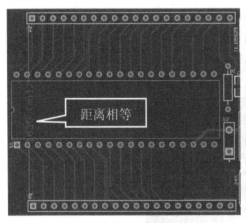
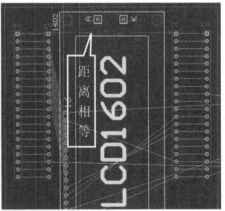

(a) 单片机最小系统板测量排插距离　　　(b) 布完排针的PCB板

图 12-40　排针布局方法

(4)在 PCB 中,有一个电容 C1 的封装为 RB7.6-15,体积较大。接下来对电容 C1 以及电源接口 J1 进行布局。为方便外接电源,一般将电源接口放置于 PCB 的外围。电容 C1 起着去耦作用，距离电源越近越好，因此将其放置于左下方。同时也将连接于 LCD1602 显示器上的 T4-Q1 和 R2 元件摆放于 PCB 左下方，如图 12-41(a)所示。

(5)通过旋转、对齐等方法，将剩余元件布置于 PCB 的右下方，采用自动对齐排列布局方法对 PCB 进行调整。最后将各元件重新摆放，如图 12-41(b)所示。

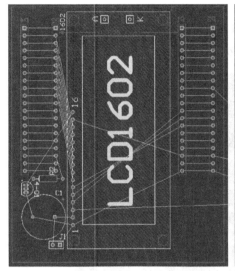 

(a) 放置电源接口和电容　　　　　　(b) 初步完成 PCB 布板

图 12-41　PCB 整体布局

(6)调整 PCB 并设置字体。由于该 PCB 布置得比较紧凑，所以 PCB 的布线区域及板边框的尺寸可缩小，项目 11 中讲述了调整 PCB 大小的方法。同时对各元件名称的字体也要进行调整，将它们集体设置成原来大小的一半，具体方法在第 11.4 节中介绍过。至此，PCB 布板完成，如图 12-42 所示。

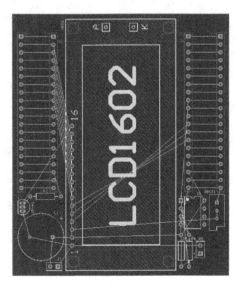

图 12-42　完成 PCB 布板

12.4.2 元件布线

布局完成后,按设计流程进行布线。项目10、项目11已经介绍了布线的多种方法,包括交互式布线、交互式差分对布线、等长布线和多线轨布线。本节将运用这些手动布线方法,对本项目进行实际布线,具体操作如下:

(1)对信号线进行布线,以将信号线布在 Bottom Layer 为主,采用多线轨布线方法对排列有序的排针信号线进行布线,如图 12-43 所示。

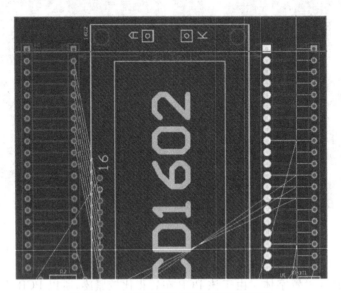

图 12-43　采用多线轨布线方法布信号线

(2)采用交互式布线方法对余下的信号线进行布线,布完后如图 12-44 所示。

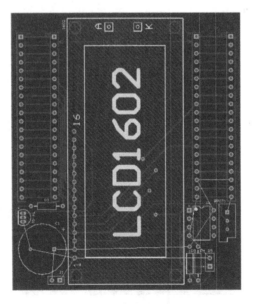

图 12-44　布好信号线的 PCB 图

(3) 进行电源网络的布线，先布 VCC，将 VCC 主要布在 Top Layer。

(4) 进行 GND 布线，将 GND 主要布在 Bottom Layer，因为 Bottom Layer 布线比较少，因此 GND 线可一次性布通。图 12-45 为布好 GND 电源线后的布线图，也是完成布线的最终 PCB 图。

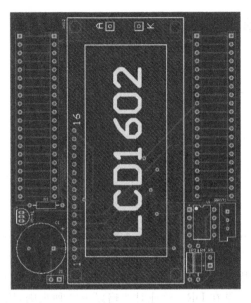

图 12-45　完成布线的最终 PCB 图

12.4.3　验证 PCB 设计

布局布线设计结束后，需要进行 PCB 的 DRC 验证。常规验证方法为：选择菜单命令 Tools→Design Rule Check…，弹出 Design Rule Checker 对话框，在 Report Options 项中设置规则检查报告的项目，在 Rules To Check 项中设置需要检查的项目，设置完成后点击 Run Design Rule Check… 按钮开始运行规则检查。系统将弹出 Messages 面板，列出违反规则的项，如图 12-46 所示，并在目录页中生成错误报告文件"Design Rule Check-LCD 显示电路.drc"，如图 12-47 所示。

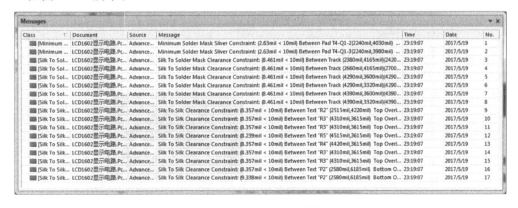

图 12-46　Messages 面板

Design Rule Verification Report

Date : 2017/5/19
Time : 23:19:07
Elapsed Time : 00:00:00
Filename : C:\E\AD13教材编写\第11章电路\LCD1602显示电路（5.18）\LCD1602显示电路.PcbDoc

Warnings : 0
Rule Violations : 17

Summary

Warnings	Count
Total	0

Rule Violations	Count
Short-Circuit Constraint (Allowed=No) (All),(All)	0
Un-Routed Net Constraint ((All))	0
Height Constraint (Min=0mil) (Max=1000mil) (Prefered=500mil) (All)	0
Hole Size Constraint (Min=1mil) (Max=100mil) (All)	0
Hole To Hole Clearance (Gap=10mil) (All),(All)	0
Minimum Solder Mask Sliver (Gap=10mil) (All),(All)	2
Silk To Solder Mask (Clearance=10mil) (IsPad),(All)	6
Silk to Silk (Clearance=10mil) (All),(All)	9

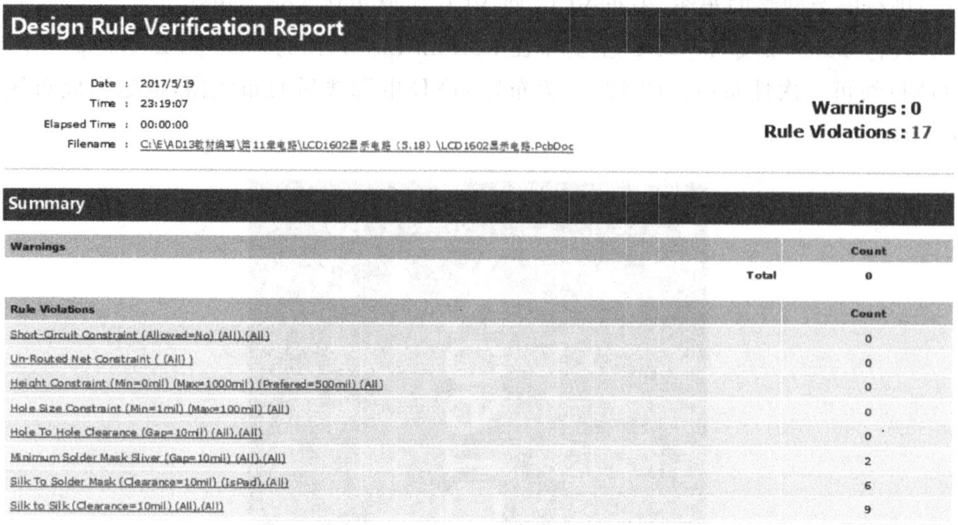

图 12-47　错误报告文件

本例的错误报告显示的错误内容包括 3 种情况，分别为 Minimum Solder Mask Sliver Constraint Violation(焊盘最小间距规则)、Silk To Solder Mask Clearance Constraint Violation (丝印与元器件焊盘间距规则)、Silk To Silk Clearance Constraint Violation(丝印间距规则)。因此需要进行修改，主要方法是在 DRC 验证时忽略以上 3 种规则，该方法在项目 10 中已经介绍。此处介绍另一种方法：分别对上述 3 种情况进行规则设置，将规则要求降低从而解除错误提示。

为解决 Minimum Solder Mask Sliver Constraint Violation(焊盘最小间距规则)问题进行设置，选择菜单命令 Design→Rules，打开 PCB Rules and Constraints Editor 对话框。找到 Manufacturing 规则类，选择 Minimum Solder Mask Sliver，如图 12-48 所示，将距离设置为 0mil。

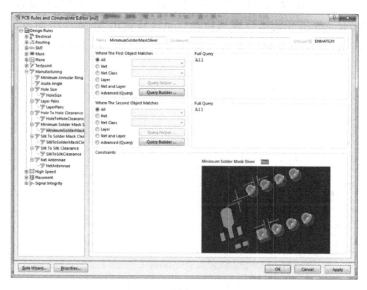

图 12-48　Minimum Solder Mask Sliver 设置对话框

同理,选择 Silk To Solder Mask Clearance,如图 12-49 所示,将距离设置为 0mil。选择 Silk To Silk Clearance,如图 12-50 所示,将距离设置为 0mil。

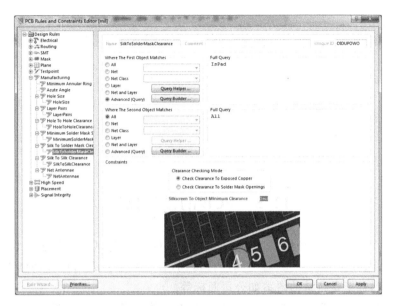

图 12-49 Silk To Solder Mask Clearance 设置对话框

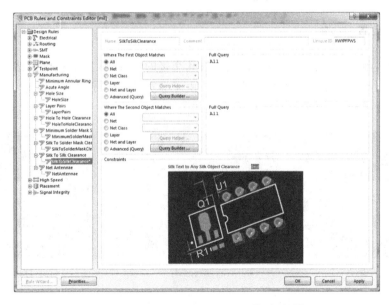

图 12-50 Silk To Silk Clearance 设置对话框

设置完成后点击 OK 保存,再对 PCB 进行 DRC 验证。选择菜单命令 Tools→Design Rule Check...→Run Design Rule Check... 开始运行规则检查,最终错误报告文件结果显示错误为 0,如图 12-51 所示。此时本项目 PCB 常规设计结束。

Design Rule Verification Report

Date: 2017/5/21
Time: 22:04:41
Elapsed Time: 00:00:01
Filename: C:\E\AD13教材编写\第11章电路\LCD1602显示电路（5.18）\LCD1602显示电路.PcbDoc

Warnings: 0
Rule Violations: 0

图 12-51　错误报告文件

12.5　PCB 的设计技巧

在常规设计合理，没有违反设计规则的情况下，对设计的 PCB 进行辅助设计，主要包括放置泪滴、放置过孔作为安装孔、对电源进行覆铜，有时候还要人为地在印制电路板上添加各种注释、标识，甚至是特殊的图案如公司商标等。

要获得一个设计美观的印制电路板，往往要在布线完成的基础上进行多次修改完善，这要求设计人员有高超的技术和丰富的经验。

12.5.1　放置泪滴

放置泪滴，就是在铜膜导线与焊盘或者过孔交接的位置处，为防止机械钻孔时损坏铜膜走线，特意将铜膜导线逐渐加宽的一种操作。由于加宽的铜膜导线的形状很像泪滴，因此该操作叫作"放置泪滴"。放置泪滴前后的变化如图 12-52 所示。

(a) 未放置　　　　　　　(b) Arc形式　　　　　　　(c) Track形式

图 12-52　泪滴放置前后变化效果

放置泪滴是为了防止在机械制板时，焊盘或过孔因承受钻孔的压力而与铜膜导线在连接处断裂，因此在连接处需要加宽铜膜导线来避免此种情况。此外，放置泪滴后，铜膜导线的连接会变得比较光滑，不易因残留化学药剂而导致对铜膜导线的腐蚀。放置泪滴的操作方法是选择 Tools→Teardrops 命令，如图 12-53 所示的泪滴设置对话框将弹出。

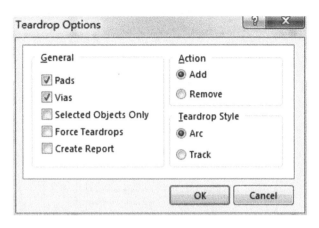

图 12-53　泪滴设置对话框

对话框中各项参数说明如下：
(1) General 选项区域
①Pads 复选项：用于设置是否对所有的焊盘都进行补泪滴操作。
②Vias 复选项：用于设置是否对所有过孔都进行补泪滴操作。
③Selected Objects Only 复选项：用于设置是否只对所选中的组件进行补泪滴操作。
④Force Teardrops 复选项：用于设置是否进行强制性的补泪滴操作。
⑤Create Report 复选项：用于设置补泪滴操作结束后是否生成补泪滴的报告文档。
(2) Action 选项区域
①Add 单选项：表示泪滴的添加操作。
②Remove 单选项：表示泪滴的删除操作。
(3) Teardrop Style 选项区域
①Arc 单选项：表示选择圆弧形泪滴，如图 12-52(b)所示。
②Track 单选项：表示选择导线形泪滴，如图 12-52(c)所示。

12.5.2　放置过孔作为安装孔

PCB 电路板一般需要放置过孔或焊盘作为板的安装孔。在项目 10、项目 11 和本项目中，设计的 PCB 均在板的四周留有一定的空间，其目的就是为了放置安装孔。以项目 11 和本项目的 PCB 为例进行安装孔的放置，打开本项目的 PCB 文件，先设置过孔的规则。

(1) 选择 Design Rules→Routing→Routing Via Style，将 Via Diameter(过孔直径)的最大值(Maximum)改为 7mm，Via Hole Size(过孔的孔的尺寸)的最大值(Maximum)改为 4mm，点击 OK 按钮即可。

(2) 按快捷键 Q 将单位选择为 mm。

(3) 选择命令 Place→Via，进入放置过孔的状态，按 Tab 键弹出 Via 对话框，如图 12-54 所示。

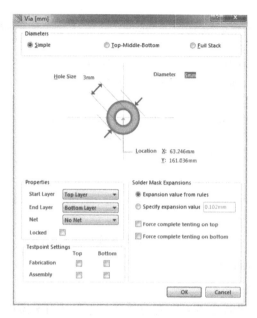

图 12-54 Via 对话框

(4)将过孔直径(Diameter)改为 5mm,过孔的孔的直径(Hole Size)改为 3mm。然后将 4 个孔放在 PCB 的 4 个角上,并采用自动对齐排列布局的方法对齐,如图 12-55 所示。同理对项目 11 的 PCB 进行同样的放置,如图 12-56 所示。

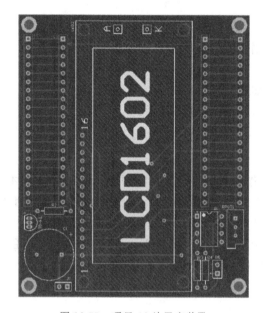

图 12-55 项目 12 放置安装孔

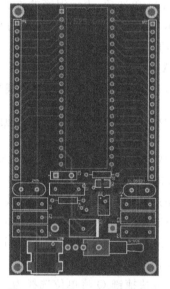

图 12-56 项目 11 放置安装孔

12.5.3 覆铜

在印制电路板上覆铜有以下作用:加粗电源网络的导线,使电源网络承载大电流;给电路中的高频单元放置覆铜区,吸收高频电磁波,以免干扰其他单元;在整个线路板覆铜,可以提高抗干扰能力。覆铜有 3 种方法。

(1) 放置填充区

切换到所需的层,选择菜单命令 Place→Fill。这种方法只能用于放置矩形填充,如图 12-57 所示。在其属性对话框中可以设置填充所连接的网络,如图 12-58 所示。填充通常放置在 PCB 的顶层、底层或内部的电源层或接地层,不能包围元器件等图形对象。

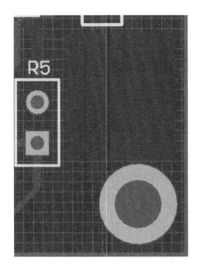
图 12-57 放置矩形填充

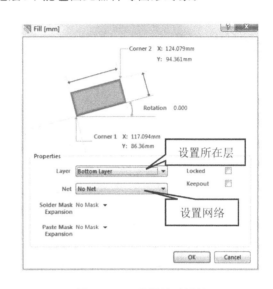
图 12-58 Fill 属性对话框

(2) 放置多边形铜区域

切换到所需的层,选择菜单命令 Place→Copper Region,画出多边形区域,如图 12-59 所示。在其属性对话框中可以设置填充所连接的网络,如图 12-60 所示。其形状可以改变,但是不能包围元器件等图形对象。

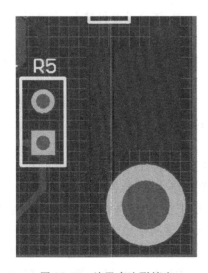
图 12-59 放置多边形填充

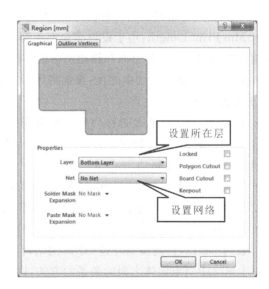
图 12-60 Region 属性对话框

(3) 放置覆铜区

① 放置实心覆铜区。本节为项目 11 的 PCB 进行覆铜,选择 Place→Polygon Pour… 命令,弹出 Polygon Pour(覆铜设置)对话框,选中 Fill Mode 中的 Solid 选项即为放置实心覆铜区,如图 12-61 所示。

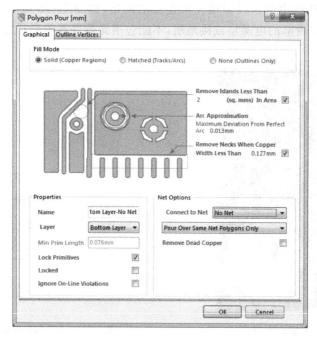

图 12-61 Polgon Pour 对话框

a. Remove Islands Less Than:在覆铜的过程中,将不产生小于设定值的弧岛铜区域。

b. Properties 区域用于设置多边形覆铜区域的性质,其中的各选项功能如下:

- Name:覆铜区域的名字,一般不用更改。
- Layer:设定覆铜区所在的信号层,本例设为 Bottom Layer。
- Min Prim Length:用于设置多边形覆铜区域的精度,该值设置得越小,多边形填充区域就越光滑,但覆铜、屏幕重画和输出所需的时间会增多。
- Lock Primitives:选中此项,覆铜将作为一个整体存在,否则会被分解为若干导线、圆弧,将失去抗干扰的作用。
- Locked:用于设置是否移动多边形覆铜区域在板上的位置。如果选择该复选框,移动时给出一个提示信息:This Primitive is locked. Contiune?如果选择 Yes,就可移动多边形覆铜区域,否则不能移动。
- Ignore On-Line Violations:设置多边形覆铜区域时是否进行在线设计规则检查。

c. Net Options 区域用于设置多边形覆铜区域中的网络,其中的各选项功能如下:

- Connect to Net:选择覆铜所要连接的网络,为抗干扰,一般选择地线网络,本例设为 GND。设为 GND 后,当覆铜经过 GND 网络时,会自动与该网络相连。然后选择处理覆铜和同一个网络中对象实体之间的关系的方法:Don't Pour Over Same Net Objects(覆铜经过连接在相同网络上的对象实体时,不覆盖过去),要为对象实体勾画出轮廓;Pour Over All

Net Objects(覆铜经过连接在相同网络上的对象实体时,会覆盖过去),不为对象实体勾画出轮廓;Pour Over Same Net Polygon Only(只覆盖相同网络的覆铜)。本例选择 Pour Over All Net Objects。

- Remove Dead Copper:删除没有连接在指定网络上的死铜。死铜是指在多边形覆铜区域中没有和选定的网络相连的铜膜。当已存在的连线、焊盘和过孔不能和覆铜构成一个连续区域的时候,死铜就生成了。死铜会给电路带来不必要的干扰,因此建议选中自动消除死铜。

注意:如果整个覆铜都不能连接到指定网络上,则不能生成覆铜。设置完成后,光标变成十字,在工作区内画出覆铜的区域(区域可以不闭合,软件会自动完成区域的闭合),实心覆铜的效果如图 12-62 所示。

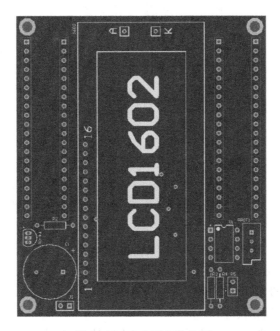

图 12-62 实心覆铜的效果

对于比较复杂的系统,印制电路板上可能包含多种性质的功能单元(传感器、低频模拟信号、高频模拟信号、数字信号等),不宜覆盖所有的网络对象实体,否则会导致单元电路之间的干扰,甚至导致系统无法正常工作。

②放置镂空覆铜区。在覆盖区内没有对象实体的位置单击鼠标左键,选中覆铜,然后按键盘 Delete 键删除覆铜。接着选择 Place→Polygon Pour… 命令,弹出覆铜设置对话框,选中 Fill Mode 中的 Hatched(Track/Arcs)选项,即设置覆铜区内为镂空铜区域,如图 12-63 所示。

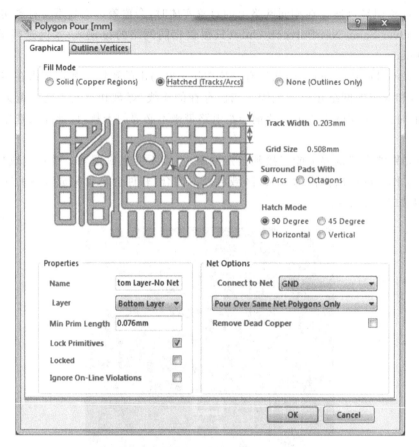

图 12-63 镂空覆铜设置对话框

对话框中部分功能如下：

• Track Width：设置导线宽度。

• Grid Size：设置网格尺寸。

• Surround Pads With：选择覆铜包围焊盘的方式是圆弧形（Arc）还是八角形（Octagons）。

• Hatch Mode：选择镂空式样，包括 90°网格、45°网格、水平线和垂直线，具体表现形式如图 12-64 所示。选择不同的覆铜效果，镂空覆铜的效果如图 12-65 所示。

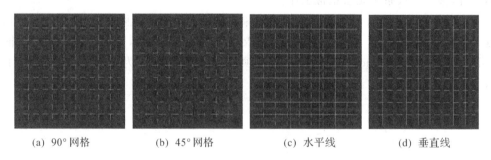

(a) 90°网格　　　　(b) 45°网格　　　　(c) 水平线　　　　(d) 垂直线

图 12-64　各种填充风格的多边形覆铜区域

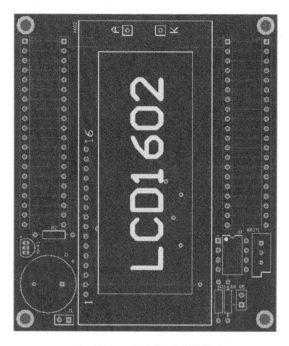

图 12-65　镂空覆铜的效果

12.5.4　调整元件标号

在进行自动布局时,元器件的标号以及注释等是从网络表获得的,并被自动保存到 PCB 中。经过布局后,元器件的相对位置与原理图中的相对位置将会发生变化。在经过手工布局调整后,有时元器件的名称会变得颠倒、偏大以致发生影响美观的情况,如图 12-66 所示。所以经常需要对元件标号加以调整,让元件标号排列整齐、字体一致,使电路板更加美观,如图 12-67 所示。

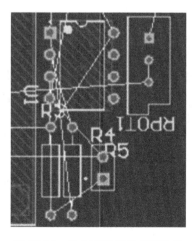

图 12-66　导入布局时的文字效果

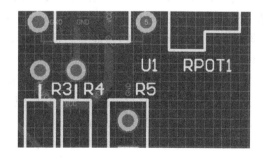

图 12-67　调整文字后的效果

调整元件标号方向的方法与调整元件方向的相同,只需拖动该元件标号按空格键,即可对该元件标号进行旋转。

调整元件标号尺寸的方法为双击需要修改的元件标号字符串,弹出如图 12-68 所示的对话框。在此处即可修改元件标号,也可以根据需要修改对话框中文字标注的内容、字体、大小、位置以及放置方向等。

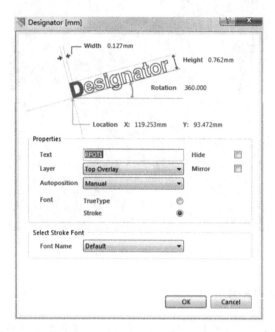

图 12-68　元件标号修改对话框

批量调整元件标号尺寸的方法在项目 11 中已进行介绍,只需右键单击其中一个元件标号,选择 Find Similar Objects…,出现 Find Similar Objects 对话框。在属性的 Designator 处选择 Same,即将所有元件标号选择。然后在弹出的 PCB Inspector 对话框中,对其中的 Text Height 和 Text Width 进行修改即可。

12.5.5　放置尺寸标注

在设计 PCB 时,为了便于制作和安装,经常需要提供尺寸标注。通常尺寸标注是放置在某个机械层上的,用户可以从 16 个机械层中选择一个层作为尺寸标注层。根据标注对象的不同,有 10 多种尺寸标注,在此介绍常用的尺寸标注。

(1)直线尺寸标注

对直线距离尺寸进行标注,可进行以下操作:

①点击 Utilities 工具栏中的尺寸工具按钮,在弹出的工具栏中选择直线尺寸工具按钮,或者选择 Place→Dimension→Linear。

②点击 Tab 键,打开如图 12-69 所示的 Linear Dimension 对话框。

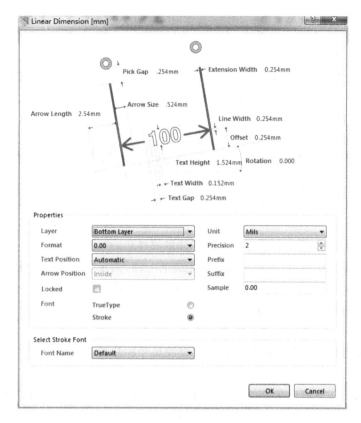

图 12-69　Linear Dimension 对话框

a. 设置直线标注属性的编辑框如下：
- Pick Gap 编辑框：用来设置尺寸线与标注对象间的距离。
- Extension Width 编辑框：用来设置尺寸延长线的线宽。
- Arrow Length 编辑框：用来设置箭头线长度。
- Arrow Size 编辑框：用来设置箭头长度（斜线）。
- Line Width 编辑框：用来设置箭头线宽。
- Offset 编辑框：用来设置箭头与尺寸延长线端点的偏移量。
- Text Height 编辑框：用来设置尺寸字体高度。
- Rotation 编辑框：用来设置尺寸标注线拉出的旋转角度。
- Text Width 编辑框：用来设置尺寸字体线宽。
- Text Gap 编辑框：用来设置尺寸字体与尺寸线左右的间距。

b. Properties 区域用来设置直线标注的性质，其中的选项功能如下：
- Layer 下拉列表：用来设置当前尺寸文本所放置的 PCB 层。
- Format 下拉列表：用来设置当前尺寸文本的放置风格。在下拉列表中选择尺寸放置的风格，共有 4 个选项：None 选项表示不显示尺寸文本；0.00 选项表示只显示尺寸，不显示单位；0.00mil 选项表示同时显示尺寸和单位；0.00（mil）选项表示显示尺寸和单位，并将单位用括号括起来。
- Text Position 下拉列表：用来设置当前尺寸文本的放置位置。

- Unit 下拉列表：用来设置当前尺寸采用的单位。可以在下拉列表中选择放置尺寸的单位，系统提供了 Mils、Millimeters、Inches、Centimeters 和 Automatic 共 5 个选项，其中 Automatic 项表示使用系统定义的单位。
- Precision 下拉列表：用来设置当前尺寸标注精度，下拉列表中的数值表示位数。默认标注精度是 2，一般标注最大是 6，角度标注最大是 5。
- Prefix 文本框：用来设置尺寸标注时添加的前缀。
- Suffix 文本框：用来设置尺寸标注时添加的后缀。
- Sample 文本框：用来显示用户设置的尺寸标注风格示例。
- Locked 复选框：用来锁定标注尺寸。
- Font 选项：用来选择当前尺寸文本所使用的字体，可以在 True Type 和 Stroke 之间选择。

③在 Linear Dimension 对话框中设置标注的属性后，点击 OK 按钮。

④移动光标至工作区，点击需要标注的距离的一端，确定一个标注箭头位置。

⑤移动光标至工作区，点击需要标注的距离的另一端，确定另一个标注箭头位置，如果垂直标注，可按 Space 键旋转标注的方向。

⑥重复第 3~5 步，继续标注其他的水平和垂直距离尺寸。

⑦标注结束后，右击或者按 Esc 键，结束直线尺寸标注操作。

（2）标准标注

标准标注用于任意倾斜角度的直线距离标注，可进行以下操作设置标准标注。

①点击 Utilities 工具栏中的尺寸工具按钮，在弹出的工具栏中点击标准直线尺寸工具按钮，或者选择 Place→Dimension→Dimension。

②按 Tab 键，打开如图 12-70 所示的 Dimension 对话框。

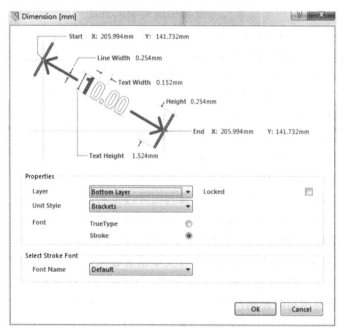

图 12-70 Dimension 对话框

Dimension 对话框用于设置标准标注的属性,其中 Start、End 项中的 X、Y 标注框用于设置标注起始点和终点的坐标。对话框中其他的选项功能与 Linear Dimension 对话框中的对应选项功能相同,可参考上文对 Linear Dimension 对话框中选项的描述。

③在 Dimension 对话框中设置标准标注的属性后,点击 OK 按钮。

④移动光标至工作区,点击需要标注的距离的一端,确定一个标注箭头位置。

⑤移动光标至工作区,点击需要标注的距离的另一端,确定另一个标注箭头的位置,系统会自动调整标注的箭头方向。

⑥重复第 4 步和第 5 步,继续标注其他直线距离尺寸。

⑦标注结束后,右击或者按 Esc 键,结束尺寸标注操作。

(3) 坐标标注

坐标标注用于显示工作区里指定点的坐标,可以放置在任意层。坐标标注包括一个十字标记和位置的(X,Y)坐标,可进行以下设置操作。

①点击 Utilities 工具栏中的绘图工具按钮,在弹出的工具栏中点击坐标标注工具按钮,或者在主菜单中选择 Place→Coordinate。

②按 Tab 键,打开如图 12-71 所示的 Coordinate 对话框。

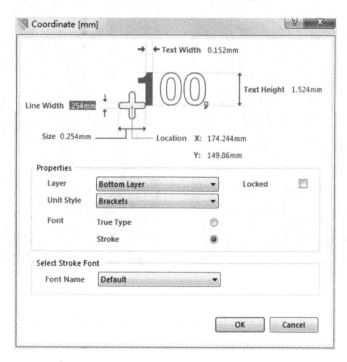

图 12-71 Coordinate 对话框

Coordinate 对话框用于设置坐标标注的属性,其中的选项功能与 Linear Dimension 对话框中的对应选项功能相同,可参考上文对 Linear Dimension 对话框中选项的描述。

③在工作区单击需要布置坐标标注的点,即可在该点布置坐标标注。

④重复第 3 步,在其他点上布置坐标标注,所有标注布置结束后,右击或者按 Esc 键,结束坐标标注的布置。

12.5.6 设置坐标原点

在 PCB 编辑器中,系统提供了一套坐标系,其坐标原点称为绝对原点,位于图纸的最左下角。但在编辑 PCB 时,往往根据需要在方便的地方设计 PCB,所以 PCB 的左下角往往不是绝对坐标原点。

Altium Designer 提供了设置原点的工具,用户可以利用它设定自己的坐标系,方法如下:

(1)点击 Utilities 工具栏中的绘图工具按钮,在弹出的工具栏中点击坐标原点标注工具按钮,或者在主菜单中选择 Edit→Origin→Set。

(2)鼠标箭头变为十字光标,在图纸中移动十字光标到适当的位置,单击鼠标左键,即可将该点设置为用户坐标系的原点(见图 12-72),此时再移动鼠标就可以从状态栏中了解到新的坐标值。

(3)如果需要恢复原来的坐标系,只要选择 Edit→Origin→Reset 即可。

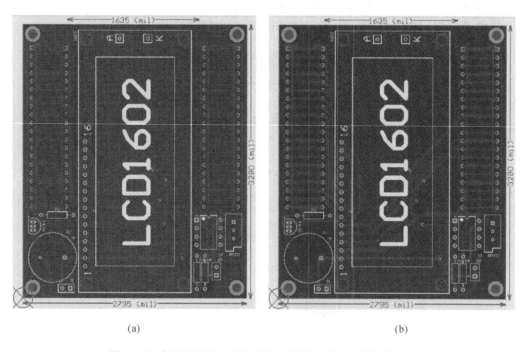

(a)   (b)

图 12-72 标注的尺寸、坐标、重置坐标原点及双面覆铜的 PCB

12.6 小　结

至此,对 LCD1602 显示电路的 PCB 设计已经全部完成了,PCB 设计流程详见项目 10 的小结。

习 题

12-1 试设计如图 12-73 所示电路的电路板,要求:
(1)使用单层电路板。
(2)电源地线铜膜线的宽度为 50mil。
(3)一般布线的宽度为 25mil。
(4)人工放置元件封装。
(5)人工连接铜膜线。
(6)布线时只能考虑单层走线。
电路的元件表如表 12-2 所示。

单层电路的顶层为元件面,底层为焊接面,同时还需要有丝网层、底层阻焊膜层、禁止层和穿透层。布线时只要在底层布线就可以了,而线宽可以在铜膜线属性中设置。

注意:在画电路板图时,更改线宽属性前需要更改最大线宽值。首先选择 Design→Rules,然后在弹出的窗口中选择 Routing 页面,再在 Rule Classes 下拉框中选择 Width Constraint 规则,点击该规则窗口中的 Properties 按钮,屏幕弹出设置窗口,在该窗口中将 Maximum Width 设置为 100mil。如果不设置该规则,就不能将线宽改宽。

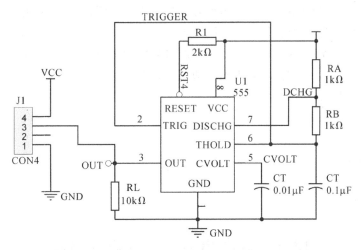

图 12-73 习题 12-1 图

表 12-2 习题 12-1 表

说明	编号	封装	元件名称
电阻	RA、RB、RL、R1	AXIAL0.3	RES2
电容	C1、CT	RAD0.1	CAP
时基电路 555	U1	DIP-8	555
连接器	J1	SIP-4	CON4

项目 13

层次电路 PCB 设计

项目引入

在一个项目里,不管是对单张电路图,还是对层次电路图,都需要进行 PCB 的设计,并且通常会将所有的元件信息导入一个 PCB 文件中。本项目基于项目 8 的层次电路原理图设计(见图 8-7),进行层次电路的 PCB 设计,即主要将前面 3 个项目(点亮爱心灯、单片机最小系统、液晶显示电路)作为一个系统并制作成一块 PCB 电路板进行使用。

本项目的 PCB 设计调用了项目 4 建立的封装库内的一个器件:LCD1602(LCD1602 液晶屏封装)。本项目通过 PCB 设计验证建立的封装库中 LCD1602 液晶屏封装的正确性,并对 PCB 设计相关新知识进行介绍,涉及的知识点如下:

(1)元件封装替换;
(2)特殊贴片设计规则设置;
(3)自动布线;
(4)DRC 检查;
(5)PCB 的 3D 显示;
(6)输出文件。

13.1 新建 PCB 文件并设计导入

13.1.1 创建新的 PCB 文件

打开项目 8 创建的"自上而下层次电路.PrjPCB"工程。此项目不需要再新建工程,只需在已建立的工程中创建新的 PCB 文件。

本节采用项目 10 中介绍的 PCB 向导的方法,在 Files 面板单击 New From Template 单元,并单击 PCB Board Wizard 来新建 PCB 文件,本项目需要的尺寸先设定为 5000mil×6000mil。不需要 Power Planes(电源层),设计规则同项目 12。

PCB 文件创建好后,默认名为"PCB1.PcbDoc",把它拖到工程文件夹"自上而下层次电路.PrjPCB"下另存为"层次电路.PcbDoc",如图 13-1 所示。至此已创建完一个新的 PCB 文件。

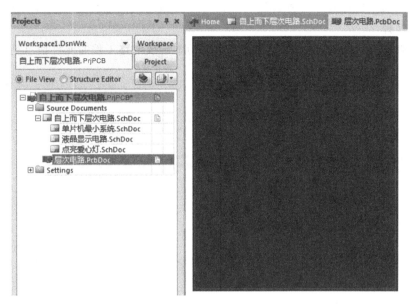

图 13-1　创建新的 PCB 文件

13.1.2　添加元件封装

检查每个元件的封装是否正确,可以打开封装管理器。在原理图编辑界面,选择菜单命令 Tools→Footprint Manager,弹出 Footprint Manager 对话框。在该对话框内,检查所有元件的封装是否正确。此时需要将项目 8 建立的封装库以及之前项目的其他封装添加进去。

项目 10 具体介绍了检查封装和添加封装库的方法,这里不做赘述。本项目在项目 10 的基础上需要对 LED 灯的封装进行修改,采用如图 13-2 所示的 LED 灯封装,封装名称为 "LED5"。修改方法为:

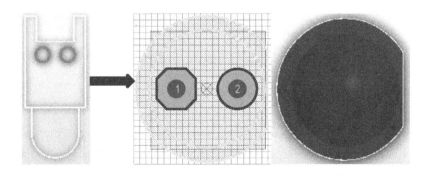

图 13-2　LED 灯封装替换

在对应的原理图中双击需要修改的 LED 灯,跳出元件属性对话框,如图 13-3 所示。点击 Models 列表中的 Add… 按钮,弹出 Add New Models 对话框,并点击 OK 按钮。

弹出如图 13-4 所示的 PCB Model 对话框，点击 Browse… 按钮，弹出如图 13-5 所示的 Browse Libraries 对话框。在 Libraries 下拉菜单中选择封装所在的封装库"DZ CAD.PcbLib"，在列表中选择对应封装 LED5，点击 OK 按钮结束添加封装。同理将其他 LED 灯的封装都替换掉。

再次检查所有元件封装的正确性。表 13-1 为本层次电路工程的元件信息列表。

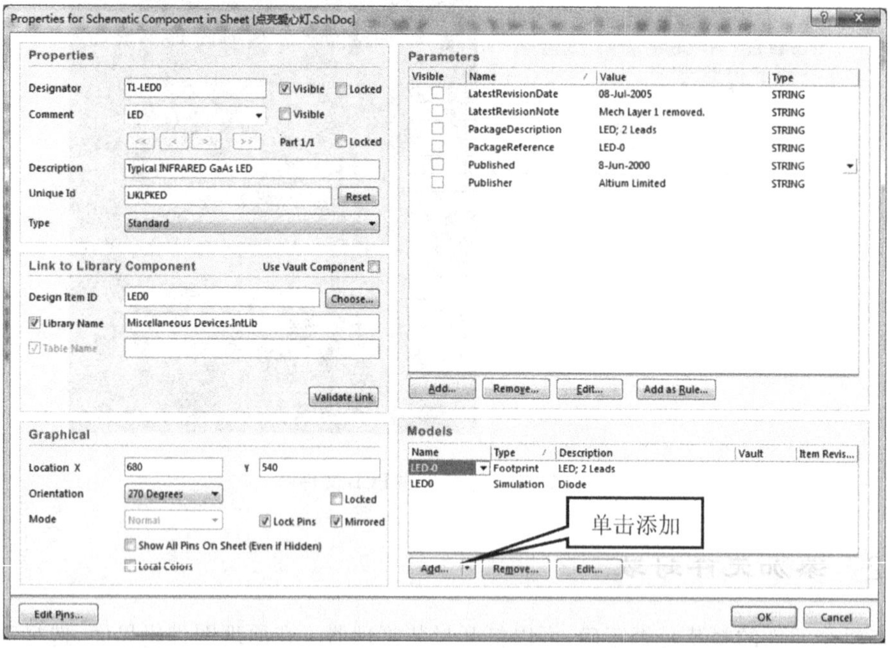

图 13-3　元件属性对话框

图 13-4　PCB Model 对话框

项目 13 层次电路 PCB 设计

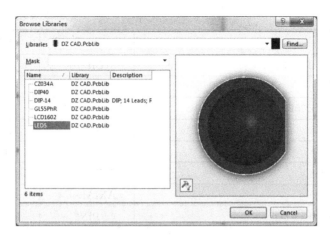

图 13-5 Browse Libraries 对话框

表 13-1 元件信息列表

Comment	Designator	Footprint	LibRef	Quantity
XTAL	11.0592M,24M	XTAL-T3	XTAL	2
1UF	C1,C2,C3,C4,C6,C7,C8,T1-C2	RAD-0.3	Cap	8
Cap	C5	0805	Cap	1
1N4148	D2	DO-201AD	Diode 1N5401	1
Header 20	P1,P2	HDR1X20	Header 20	2
Header 8X2	P3	HDR2X8	Header 8X2	1
300R	R1,R2	AXIAL-0.4	Res2	2
SW-SPDT	S-VCC	TL36WW15050	SW-SPDT	1
SW-PB	S2	SPST-2	SW-PB	1
47UF/16V	T1-C1,T2-C1	POLAR0.8	Cap Pol2	2
LED	T1-LED0,T1-LED1,T1-LED2,T1-LED3,T1-LED4,T1-LED5,T1-LED6,T1-LED7,T1-LED8	LED5	LED0	9
LED0	T1-LED9,T1-LED10,T1-LED11,T1-LED12,T1-LED13,T1-LED14,T1-LED15,T1-LED16,T1-LED17,T1-LED18,T1-LED19	LED5	LED0	11
T1-LED	T1-LED	LED5	LED0	1
Mic1	T1-MK1	PIN2	Mic1	1
9013	T1-Q1	TO-92A	2N3904	1
10K	T1-R2,T2-R5	AXIAL-0.4	Res2	2
1M	T1-R3	AXIAL-0.4	Res2	1
270R	T1-R5,T1-R6,T1-R7	SSOP16_N	Res Pack4	3
74LS04	T1-U1	DIP-14	74LS04	1

续表

Comment	Designator	Footprint	LibRef	Quantity
74LS245	T1-U2,T1-U3,T1-U4	DIP-20	74LS245	3
Header 2	T2-J1	HDR1X2	Header 2	1
1602	T2-LCD1602	LCD1602	12862	1
2N3906	T2-Q1	TO-92A	2N3906	1
RPot	T2-R1	VR5	RPot	1
270R	T2-R2	AXIAL-0.4	Res2	1
12K	T2-R3	AXIAL-0.4	Res2	1
10K	T2-R4	PIN2	Photo Sen	1
LM358	T2-U1	DIP-8	LM358AD	1
STC15F2K60S2_PDIP40	U1	DIP40	STC15F2K60S2_PDIP40	1
CH340T	U2	SOP20	CH340T	1
USB	USB	MINIUSB	CON5	1

13.1.3 导入设计

在设计导入之前还需要再次检查原理图。打开原理图文件自上而下层次电路.SchDoc，检查原理图有无错误，选择 Project→Compile PCB Project 自上而下层次原理图设计.PrjPCB。如果有错，则在 Messages 面板有提示，按提示改正错误后，重新编译，没有错误后进行设计导入。

在 PCB 文件中选择菜单命令 Design→Import Changes From 自上而下层次电路.PrjPCB，弹出 ECO 对话框，对话框中显示 PCB 必须与原理图匹配的变化信息。

点击 Validate Changes 按钮，检查变化的信息是否有效。图 13-6 的状态栏的 Check 列

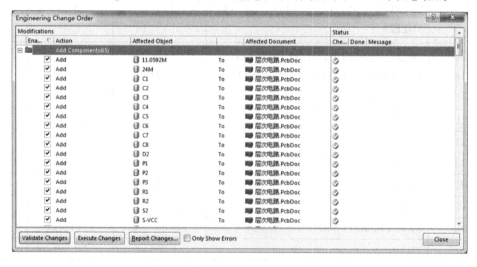

图 13-6 检查所有的更改都有效

表中√表示执行成功。点击 Execute Changes 按钮，系统将执行所有的更改操作，执行结果如图 13-7 所示。此时，设计导入成功。

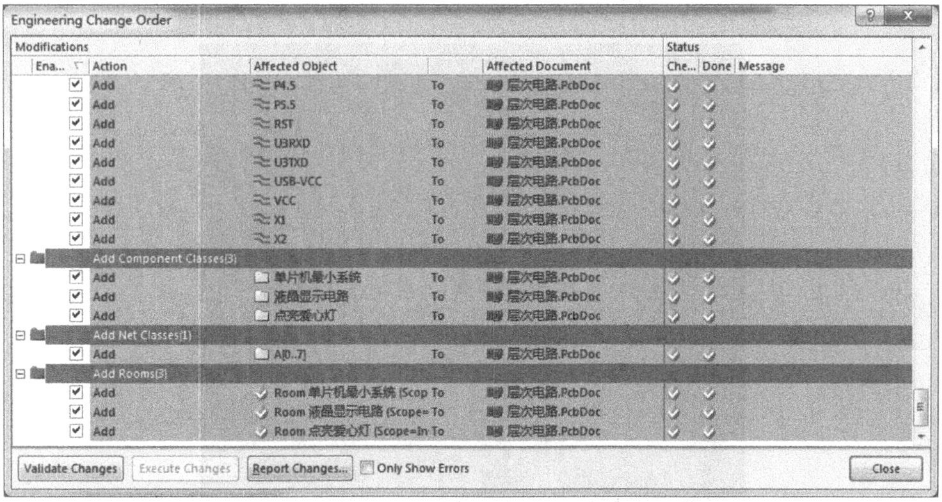

图 13-7 执行所有的更改

之后，点击 Close 按钮关闭此对话框，原理图的信息转移到"层次电路.PcbDoc"的 PCB 上，如图 13-8 所示。

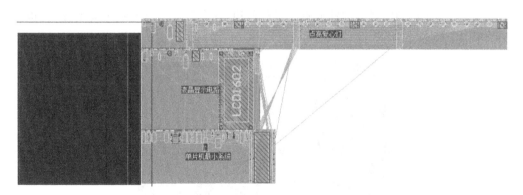

图 13-8 数据转移到"层次电路.PcbDoc"的 PCB 上

13.2 PCB 设计

13.2.1 元件布局

同样，在 PCB 项目设计流程中，导入设计后，需要根据项目实际情况对各元件进行合理的布局，具体操作方法如下：

(1) 选中并删除玫红色底面的 ROOM，包括点亮爱心灯、液晶显示电路、单片机最小系统的 3 块 ROOM，接着进行布局。

(2) 本项目元件较多，需要对各元件进行分块布局。首先根据项目要求将 LCD1602 液晶显示器放置在板的中间位置,接着将 LED 发光二极管沿着 LCD1602 布置出一个心形,主要目的是在点亮爱心灯的同时能在液晶显示器中显示出其他信息,比如姓名、"I LOVE YOU"等。期间用到了快速对选定法和自动排列对齐功能,如图 13-9 所示。

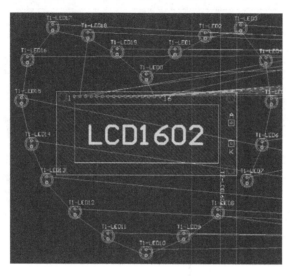

图 13-9　完成心形灯布局的 PCB

(3)元件布局以 Top Layer 为主,对单片机及其他控制芯片进行布局,将单片机放置于 LCD1602 之下,将 P1、P2 两排排针放置于板件两边,其余芯片本着连线最短的原则,被逐一放置,如图 13-10 所示。

图 13-10　完成单片机及其他芯片布局的 PCB

(4)将电源接口和 USB 接口放置于外围,其他元器件用前面介绍的方法完成布局操作,同时添加安装孔,在此不赘述。最终完成布局的 PCB 如图 13-11 所示。

图 13-11 完成布局的 PCB

13.2.2 设计规则设置

在布板结束、布线之前,需要对布线规则进行设置。具体的设计规则在前面几个项目中均有介绍,本节将针对焊盘间距小于安全距离这一典型问题进行规则设计,从而规避错误。该问题在项目 10 中已经出现,项目 10 的贴片封装 SSOP-16 的焊盘距离小于安全距离,当时采用的将全局安全距离缩小而规避报错的方法是不合适的,真正要做到的是针对此类元件进行规避,这样才能保证设计的合理性。本节将介绍解决这一类问题的方法。

(1)PCB 编辑器环境中,选择菜单命令 Design→Rules…,弹出 PCB Rules and Constraints Editor 对话框,双击 Electrical 展开,在 Clearance 上单击右键并选择 New Rule…命令,则系统自动在 Clearance 的下面增加一个名称为"Clearance_1"的规则,点击 Clearance_1,弹出新规则设置对话框,如图 13-12 所示。

(2)在 Where The First Object Matches 单元中选择 Advanced(Query)(高级查询),单击 Query Helper…(查询助手),出现如图 13-13 所示的 Query Helper 对话框。

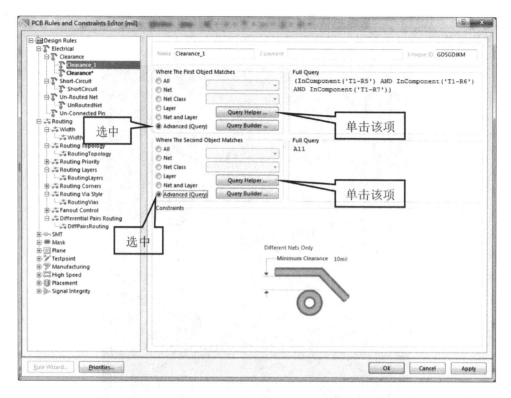

图 13-12 PCB Rules and Constraints Editor 对话框

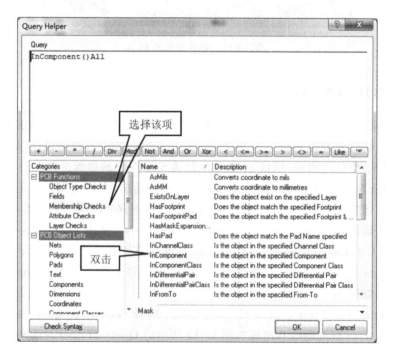

图 13-13 Query Helper 对话框

(3)该对话框用来显示所有需要查询的对象，查询的对象包括元件、焊盘、网络等内容，也包含了多种逻辑关系。本例中需要将 T1-R5、T1-R6 和 T1-R7 元件的焊盘找出来进行安全距离的设置，因此需要先找元件。在 Categories 单元的 PCB Functions 树目录下选中 Membership Checks 选项，在右侧的 Name 栏找到 InComponent 选项并双击，这样在 Query 框中就会出现"InComponent()All"的字样。

(4)删除"InComponent()All"中的"All"，并将光标放置在"InComponent()"的括号中，软件会跳出"Component name…"提示语，即在该括号中输入需要查询的元件名称，此处用户输入首字母 T 便可在跳出的选择框中选中所需元件 T1-R5。

(5)找到元件后，需要寻找该元件所对应的焊盘，此处需要设置该元件的所有焊盘，因此单击逻辑词汇 AND，再在 Categories 单元的 PCB Functions 树目录下选中 Object Type Checks 选项，在右侧的 Name 栏找到 IsPad 选项并双击，这样在 Query 框中就会出现"InComponent('T1-R5')And IsPad"的字样，如图 13-14 所示。

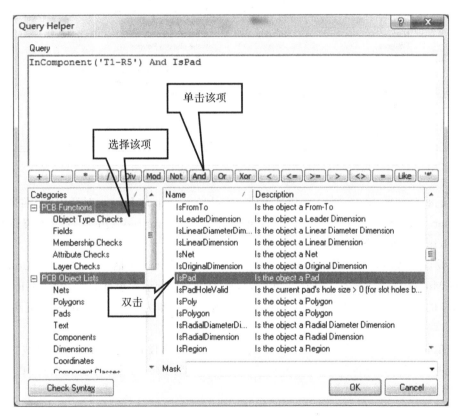

图 13-14　Query Helper 查找元件焊盘

(6)单击符号＋，再将"InComponent('T1-R5')And IsPad"复制用以查找 T1-R6 和 T1-R7 的焊盘，如图 13-15 所示。此时，查找完毕，点击 OK 按钮退出。

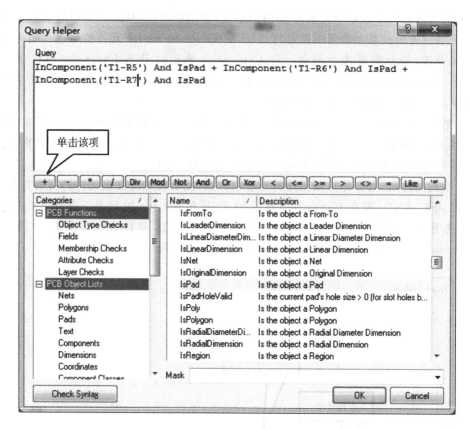

图 13-15 Query Helper 查找所有需要查询的元件焊盘

（7）退回至如图 13-12 所示的 PCB Rules and Constraints Editor 对话框,按照同样的方法在 Where The Second Object Matches 单元中选择 Advanced(Query)（高级查询）,单击 Query Helper…进行查找设置。

（8）设置完成后,退至 PCB Rules and Constraints Editor 对话框,光标移到 Constraints 单元,将 Minimum Clearance 的值改为 7mil,如图 13-16 所示。至此,对元件 T1-R5、T1-R6 和 T1-R7 的焊盘进行安全距离的设置完成。图 13-17 即为设置前后 T1-R5 元件焊盘的状态图。

（9）在本例中还需要将 VCC 和 GND 之间的安全距离设置为 20mil,将信号线宽设置为 10mil,将电源线最佳宽度设置为 20mil,最小宽度设置为 12mil,具体方法见项目 10。其他规则设定为默认值即可。

项目 13 层次电路 PCB 设计

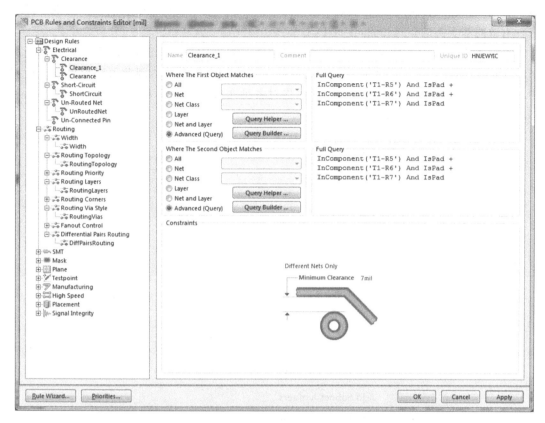

图 13-16 设置完安全距离的 PCB Rules and Constraints Editor 对话框

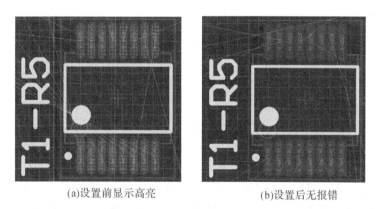

(a)设置前显示高亮　　　　　(b)设置后无报错

图 13-17 设置前后 T1-R5 元件焊盘的状态图

13.2.3 自动布线

Altium Designer 13 具有 Altium 的 Situs Topological Autorouter 引擎,该引擎完全被集成到了 PCB 编辑器中。Situs 引擎使用拓扑分析来映射板卡空间。在布线路径判断方向过程中,拓扑映射提供了很大的灵活性,可以更加有效地利用不同规则的布线路径。

Altium 也完全双线支持 SPECCTRA 自动布线。在导出 PCB 文件时可自动保持现有板块布线,通过 SPECCTRA 焊盘堆栈控制 Altium Designer,应用网络类别到 SPECCTRA 进行有效的基于类的布线约束,生成 PCB 布线。

Altium Designer 中自动布线的方式灵活多样。根据用户布线的需要,既可以进行全局布线,也可以对用户指定的区域、网络、元件甚至是连接进行布线。因此可以根据设计过程中的实际需要选择最佳的布线方式。下面将对各种布线方式做简单介绍。单击菜单 Auto Route,打开自动布线菜单,如图 13-18 所示。

图 13-18　自动布线菜单

13.2.3.1　全局自动布线

选择菜单命令 Auto Route→All...,将弹出 Situs Routing Strategies(布线策略)对话框,以便让用户确定布线的报告内容和确认所选的布线策略,如图 13-19 所示。

项目 13　层次电路 PCB 设计

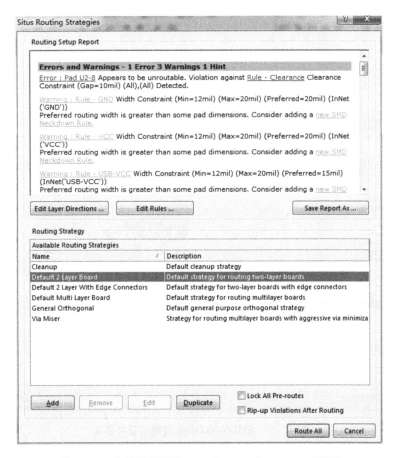

图 13-19　有错误提示的 Situs Routing Strategies 对话框

(1) Routing Setup Report 区域

Errors and Warnings-1 Errors 3 Warnings 1 Hint：错误与警告。本例中有 1 个错误、3 个警告和 1 个提示。错误（Error：Pad U2-8 Appears to be unroutable. Violation against Rule-Clearance Clearance Constraint (Gap=10mil)(All),(All) Detected.）主要原因为使用 GND 最佳线宽在焊盘 U2-8 上布线后，焊盘与旁边信号线的最小安全距离小于所设置的 10mil。为解决这一类问题，包括后面出现的提示（Hint：no default SMDNeckDown rule exists，即未定义 SMDNeckDown 规则），单击灰色 default SMDNeckDown，打开 SMDNeckDown 规则对话框（见图 13-20），设置引线相对于焊盘的收缩量，在这里将百分比修改为 90%。点击 OK 按钮，可以发现之前的所有错误、警告和提示都消失了，如图 13-21 所示。

(2) Report Contents（报告内容列表）包括如下规则内容：

① Routing Widths：布线宽度规则。

② Routing Via Styles：过孔类型规则。

③ Electrical Clearances：电气间隙规则。

④ Fanout Styles：布线扇出类型规则。

⑤ Layer Directions：层布线走向规则。

⑥ Drill Pairs：钻孔规则。

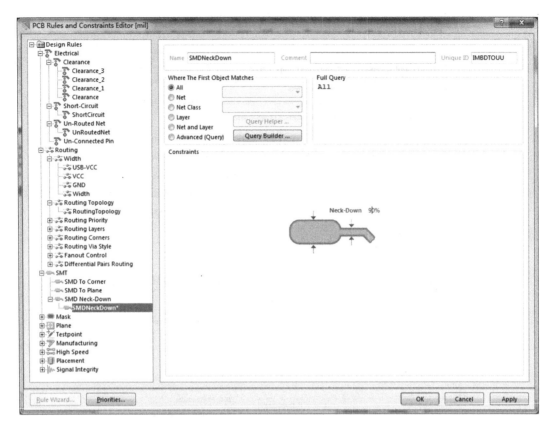

图 13-20 SMDNeckDown 规则设置对话框

⑦Net Topologies：网络拓扑规则。

⑧SMD Neckdown Rules：SMD 焊盘线颈收缩规则。

⑨Unroutable pads：未布线焊盘规则。

⑩SMD Neckdown Width Warnings：SMD 焊盘线颈收缩错误规则。

⑪Pad Entry Warnings：焊盘入口错误规则。

单击规则名称，窗口自动跳转到相应的内容，同时也提供打开相应规则设置对话框的入口。

(3) Routing Strategy 区域列表框列出了布线策略名称，用户可以添加新的布线策略，系统默认为双面板布线策略。

点击 Route All 按钮，系统开始按照布线规则自动布线，同时自动打开信息面板，显示布线进程信息，如图 13-22 所示。可以看到总共需要布线 245 根，自动布线结果（Routing finished with 0 contentions(s). Failed to complete 2 connection(s)in 1 Minute 13 Seconds）显示有 2 根线布线失败。这种情况很多是软件本身的问题。当线路比较复杂时，自动布线不能完成所有的布线，会留下飞线，此时需要通过手动布线进行调整。具体调整过程将在第 13.2.4 节中进行介绍。

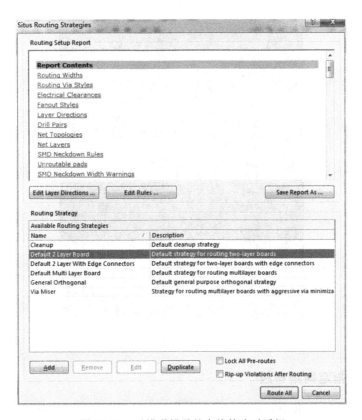

图 13-21 无错误提示的布线策略对话框

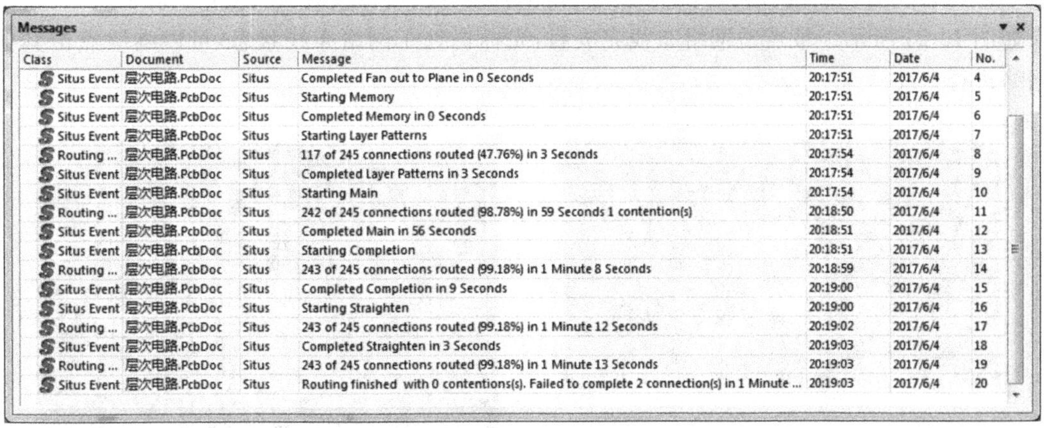

图 13-22 布线进程信息面板

其中全局自动布线结果如图 13-23 所示。

图 13-23　全局自动布线结果

13.2.3.2　指定网络布线

选择菜单命令 Auto Route→Net,出现十字光标。单击布线的网络(焊盘),弹出窗口显示相关的网络信息,如图 13-24 所示。

将光标指向弹出窗口的列表中,单击要布线的网络名称或焊盘,系统开始布线,布线结果如图 13-25 所示。被点击网络布线完成后,光标仍处于网络布线状态,可以继续点击其他网络进行布线。

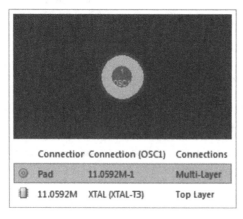

图 13-24　选择网络信息窗口

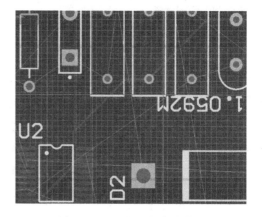

图 13-25　指定网络布线结果

13.2.3.3　网络类布线

选择菜单命令 Auto Route→Net Class…,打开选择网络类布线对话框,如图 13-26 所示。选择要布线的网络类,点击 OK 按钮,系统对该网络类进行布线,布线结果如图 13-27 所示。

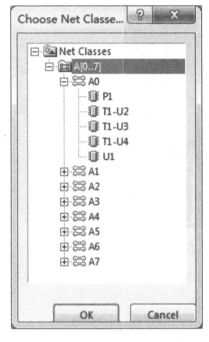

图 13-26　选择网络类布线对话框

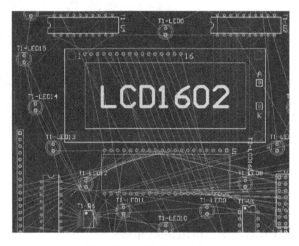

图 13-27　网络类布线结果

布线完成后,回到选择网络类布线对话框,继续选择其他网络类进行布线。点击 Cancel 按钮,结束网络类自动布线。

13.2.3.4　指定连接布线

选择菜单命令 Auto Route→Connection,出现十字光标。在焊盘或者飞线上单击左键,出现如图 13-28 所示的对话框。系统对被点击连线布线,指定连接布线结果如图 13-29 所示。与

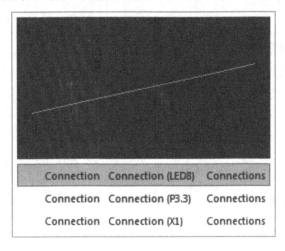

图 13-28　选择飞线信息窗口

指定网络布线的最大区别是,指定接线布线每次只完成一条飞线的连接,对比图 13-25 和图 13-29 即可发现。如果被点击处有多个连接存在,也会出现弹出窗口。

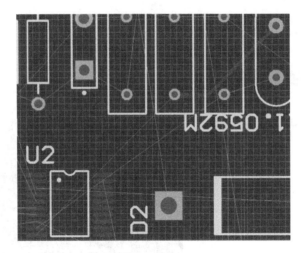

图 13-29　指定连接布线结果

完成一个连接布线后,光标仍处于布线状态,可以继续进行布线,或单击鼠标右键取消布线状态。

13.2.3.5　指定区域布线

选择菜单命令 Auto Route→Area,出现十字光标。点击确定布线区域的起点,移动光标出现一个选择框。再点击则确定布线区域的终点,系统开始对完全在区域内的连接进行布线,布线结果如图 13-30 所示。

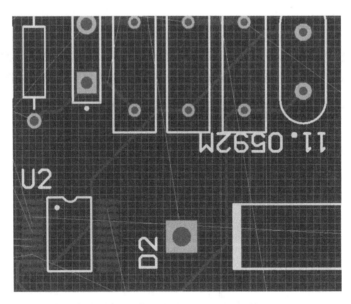

图 13-30　指定区域布线结果

13.2.3.6 指定空间布线

在层次电路的设计中,元件通常按功能被划分为多个模块,每个模块均指定为一个空间(Room)。Altium Designer 13 可以在层次电路中对每个 Room 进行单独布线。此处可以将被删除的 Room 重新导入 PCB,与设计导入的过程相同:选择 Design→Import Changes From 自上而下层次电路.PrjPcb,依次点击 Validate Changes 和 Execute Changes 按钮即可完成导入。导入的 3 个模块的 Room 重叠在坐标原点,如图 13-31 所示。

选择菜单命令 Auto Route→Room,出现十字光标。单击 Room 所在位置,跳出如图 13-31 所示的窗口,选择所需布线的 Room,此处选择单片机最小系统 Room。系统开始对该 Room 中的元件布线,布线结果如图 13-32 所示。

图 13-31 选择 Room 信息窗口

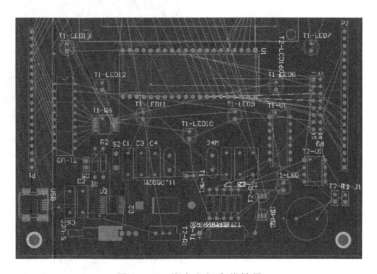

图 13-32 指定空间布线结果

13.2.3.7 指定元件布线

选择菜单命令 Auto Route→Component，出现十字光标。在要布线的元件上单击鼠标左键，系统开始对元件的连接进行布线，如图 13-33 所示。

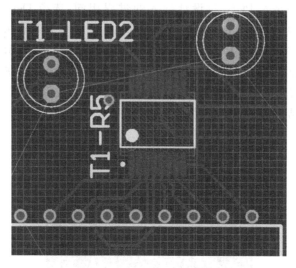

图 13-33　指定元件布线结果

13.2.3.8 指定元件类布线

选择菜单命令 Auto Route→Component Class…，打开选择元件类布线对话框，如图 13-34 所示。

选择元件类，点击 OK 按钮，系统对选择的元件类进行布线，布线结果如图 13-35 所示。

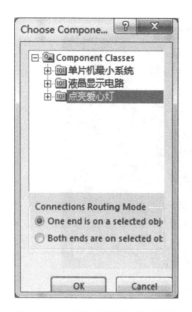

图 13-34　选择元件类布线对话框

图 13-35　指定元件类布线结果

13.2.3.9 选中元件的连接关系布线

选中要布线的元件,可以选择一个或多个,在此为区别于指定元件布线方法,选择了 T1-LED2、T1-LED3 和 T1-R5 这 3 个元件。选择菜单命令 Auto Route→Connection On Selected Components,系统对选中的元件进行自动布线,如图 13-36 所示。

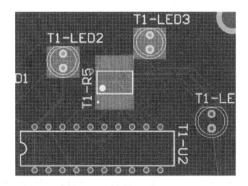

图 13-36 选中元件的连接关系布线结果

13.2.3.10 选中元件间的连接布线

选中要布线的元件,选择菜单命令 Auto Route→Connection Between Selected Components,系统对选中的元件间的连接(包括元件本身内部的连接)都会完成布线,如图 13-37 所示。

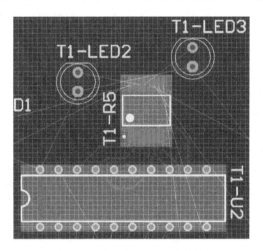

图 13-37 选中元件间的连接布线结果

13.2.3.11 扇出布线

扇出布线主要针对表贴式元件焊盘,将 SMD 元件的焊点往外拉出一小段铜膜走线后,再放置导孔与其他网络完成连接。

Altium Designer 提供 9 种扇出布线方式,集中在菜单 Auto Route→Fanout 中,如图 13-38 所示。

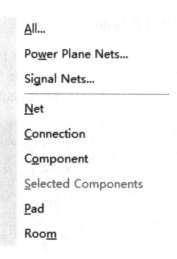

图 13-38　扇出布线菜单

(1) All…：全局扇出布线，对当前电路板所有的 SMD 元件的焊点进行分析，对能够扇出布线的焊盘进行扇出布线。

选择菜单命令 Auto Route→Fanout→All…，弹出 Fanout Options（扇出选项）对话框，如图 13-39 所示，对话框各选项的设置如下。

①Fanout Pads Without Nets：扇出焊盘，包括无网络的。

②Fanout Outer 2 Rows of Pads：两行焊盘向外扇出。

③Include escape routes after fannout completion：包括扇出成功后的逃逸布线。

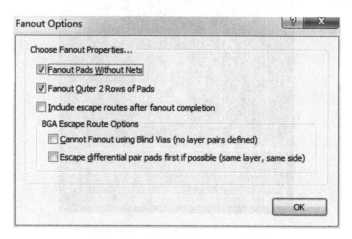

图 13-39　Fanout Options 对话框

点击 OK 按钮后，执行扇出布线。图 13-40 为部分贴片元件扇出布线后的情况。

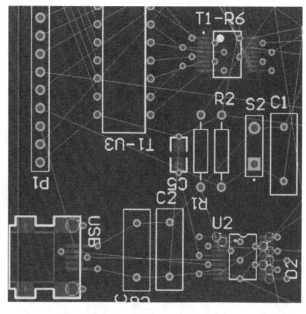

图 13-40　扇出布线效果

（2）Power Plane Net…：电源层网络扇出布线，只对电源层（内电层）网络的表贴焊盘进行扇出布线。

（3）Signal Net…：信号层网络扇出布线，只对信号层网络的表贴焊盘进行扇出布线。

（4）Net…：网络扇出布线，对单个网络进行扇出布线。执行该命令后出现十字光标，在要执行的扇出布线的网络上（焊盘）单击左键，单击的网络被扇出布线。

（5）Connection：连接扇出布线，对有连接关系的表贴焊盘进行扇出布线，结果与网络扇出布线类似。

（6）Component：元件扇出布线，元件本身的焊盘扇出布线。

（7）Selected Component：选中的元件扇出布线，与元件扇出布线类似，只是可以同时对多个选中的元件进行扇出布线。

（8）Pad：焊盘扇出布线，对被单击的焊盘进行扇出布线，而对与其有连接关系的其他焊盘不执行扇出布线。

（9）Room：空间扇出布线，对 Room 内的所有表贴焊盘进行扇出布线。

13.2.4　调整布局布线

PCB 的元器件布局和布线工作都可以利用程序自动完成，但是其结果往往会有很多令人不满意的地方，这时就需要用户对其进行手工调整。对用户在安装、抗干扰、小型化等方面的一些实际要求，程序往往无法做到，而必须由用户对元器件的位置、线宽、走线方式等进行手工调整。要获得一个设计美观的印制电路板往往要在自动布线的基础上进行多次修改，这要求用户对其有高超的技术和丰富的经验。

本项目采用全局自动布线，布线结果如图 13-41 所示。其中有 2 根线布线失败，需要通过其他布线方法进行调整，采用指定元件布线方法：选择菜单命令 Auto Route→Component，在元件 U2 上单击鼠标左键,即可完成剩下布线。如图 13-42 所示,此时完成自动布线。观察 PCB,如果 PCB 没有绿色的高亮显示,证明该布线没有违反设计规则的地方;若出现绿色的高亮显示,则需把屏幕重新刷新一下,方法为选择 View→Refresh 命令(快捷键 V→R 或 End),若屏幕仍有高亮显示,则需要对高亮部分进行手动调整。

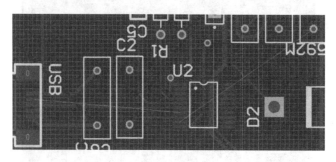

图 13-41　全局自动布线后未布完的线

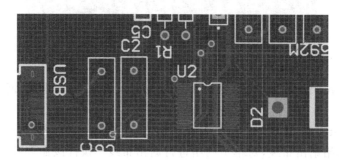

图 13-42　指定元件布线后完成自动布线

如图 13-43 所示,本项目在完成自动布线后发现有一处高亮,对其进行手工布线的调整,删除引起高亮的底层信号线,在交接处添加过孔,即可完成信号线的连接,同时能消除高亮,如图 13-44 所示。

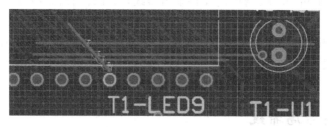

图 13-43　高亮显示违反规则的自动布线

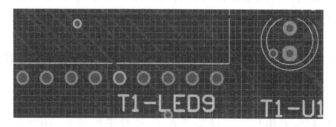

图 13-44　修改后高亮显示消失

利用 Altium Designer 的编辑功能进行手工布线的调整是一项必要而又十分重要的任务。重新布线的方法：直接选择撤销步骤或者选择 Tools→Un-Route→All 命令，可以使所有已布的线路全部撤销，变回飞线；若选择 Tools→Un-Route→Net 命令，可以撤销用鼠标选中的网络；若选择 Tools→Un-Route→Connection 命令，可以撤销选中的连线；若选择 Tools→Un-Route→Component 命令，可以撤销用鼠标选中元件上的所有连线。现在选择 Tools→Un-Route→All 命令，撤销所有已布的线，重新布局，然后再次选择 Auto Route→All 命令。

自动布线的实质是在某种给定的算法下，按照用户给定的网络表，实现各网络之间的电气连接。因此，自动布线的功能主要是实现电气网络间的连接，在自动布线的实施过程中，很少考虑到特殊的电气、物理散热等要求。用户还应根据实际需求通过手工布线来进行一些调整，修改不合理的走线，使电路板既能实现正确的电气连接，又能满足自己的设计要求。

例如，输入导线和输出导线平行走线会导致寄生反馈，有可能引起自激振荡，应该避免；如果网络没有布通，或者存在拐弯太多、总长度太大的线，则应拆除导线，重新调整布局布线。

检查本项目的自动布线结果，可以发现一些不理想的走线，比如图 13-45(a)中圆圈划出部分。因此需要进行手动修改，选择 Place→Interactive Routing 命令，修改后如图 13-45(b)所示。

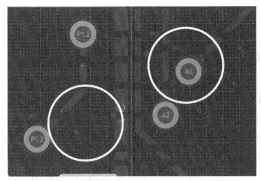
(a)自动布线缺陷

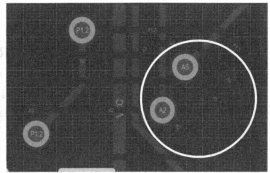
(b)手动修改缺陷

图 13-45　修改部分布线前后对照

本项目较为复杂，需要仔细检查，逐一进行手动调整，这里不再赘述其他布线的调整方法。当然，对于一些较为简单的电路，当元件布局合理、布线规则设置完善时，Altium Designer 13 中的自动布线效果足以和手动布线相媲美。在显示方面，还可以同时按住 Shift+S 键，单层显示 PCB 上的布线，如图 13-46 所示。

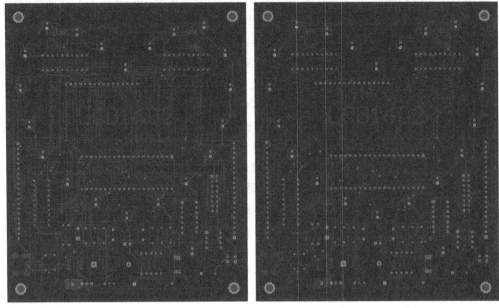

(a) 顶层显示PCB的顶层　　　　　　(b) 底层显示PCB的底层

图 13-46　单层显示 PCB

13.3　DRC 检查

设计规则校验主要有在线 DRC 和批处理 DRC 两种运行方式。在 PCB 的具体设计过程中，开启在线 DRC 功能后，系统会随时以绿色高亮显示违规设计，以提醒用户，并阻止当前的违规操作；而在电路板布线完毕，文件输出之前，则需要进行批处理 DRC 对电路板进行一次完整的设计规则检查，相应的违规设计也将以绿色高亮进行显示。用户根据系统的有关提示，可以对自己的设计进行必要的修改和进一步的完善。前面几个项目已经介绍了一般的批处理 DRC 的过程方法。本项目将具体介绍 DRC 的设置、常规 DRC 校验、设计规则校验报告、单项 DRC 校验等方法及操作过程。

13.3.1　DRC 的设置

DRC 的设置和执行是通过 Design Rule Check 完成的。在 PCB 编辑环境中，选择 Tools→Design Rule Check 命令后，即打开 Design Rule Checker 对话框。

该对话框的设置内容包括两部分，即 Reports Options（报告选项）设置和 Rules To Check（校验规则）设置。

13.3.1.1　Reports Options

Reports Options 设置主要用于设置生成的 DRC 报告中所包含的内容，如图 13-47 所示。在右边的窗口中列出了 6 个选项，供用户选择设置。

(1)Create Report File：建立报告文件，选中该复选框，则运行批处理 DRC 后，会自动生成报告文件,报告中包含了本次 DRC 运行中使用的规则、违规数量及其他细节等。

(2) Create Violations:建立违规,选中该复选框,则运行批处理 DRC 后,系统会将电路板中违反设计规则的地方用绿色标记显示出来,同时在违规设计和违规消息之间建立起链接,用户可直接通过 Message 面板中的显示,定位到违规设计。

(3) Sub-Net Details:子网络细节,选中该复选框,则对网络连接关系进行 DRC 校验并生成报告。

(4) Verify Shorting Copper:内部平面警告,选中该复选框,系统将会对多层板设计中违反内电层设计规则的设计进行警告。

(5) Report Drilled SMT Pads:检验短路铜,选中该复选框,将对覆铜或非网络连接造成的短路进行检查。

(6) Report Multilayer Pads with 0 size Hole:检验多层板零孔焊点,选中该复选框,将对多层板的焊点进行是否存在孔径为零的焊盘进行检查。

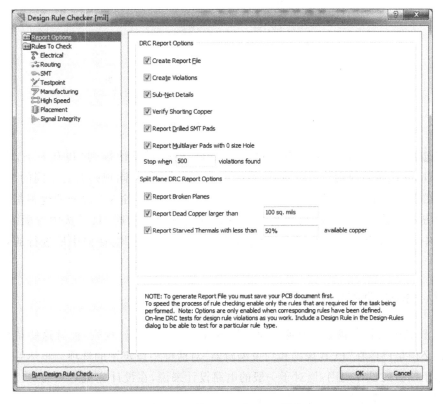

图 13-47 Reports Options 设置

13.3.1.2 Rules To Check 设置

Rules To Check 设置主要用于设置需要进行校验的设计规则及进行校验的方式(是在线还是批处理),如图 13-48 所示。

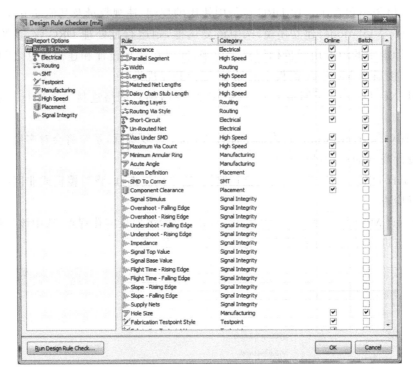

图 13-48　Rules To Check 设置

在左边的窗口中,显示了所有的可进行 DRC 校验的设计规则,共有 8 类,没有包括 Mask 和 Plane 这两类规则。可以看到,系统在默认状态下,不同规则有着不同的 DRC 运行方式,有的规则只用于在线 DRC,有的只用于批处理 DRC。当然大部分的规则都是可以在两种运行方式下进行校验的。要启用某项设计规则进行校验时,只需选中后面的复选框。运行过程中,校验的依据是在前面的"PCB 规则和约束编辑器"对话框中所进行的各项具体设置。

13.3.2　常规 DRC 校验

DRC 校验中设置的校验规则必须是电路设计应满足的设计规则,而且这些待校验的设计规则也必须是已经在"PCB 规则和约束编辑器"对话框中设定了的选项。虽然系统提供了众多可用于校验的设计规则,但对于一般的电路设计来说,在设计完成后只需对以下几项常规 DRC 校验即能满足实际设计的需要:

(1) Clearance:安全间距规则校验;

(2) Short-Circuit:短路规则校验;

(3) Un-Routed Net:未布线网络规则校验;

(4) Width:导线宽度规则校验。

下面将以一个简单的例子对布线后的 PCB 图进行常规批处理 DRC 校验。

(1) 打开设计文件。

(2) 选择 Tools→Design Rule Check 命令,进行 DRC 校验设置。其中,Reports Options

中的各选项采用系统默认设置,但违规次数的上限值为 100,以便加速 DRC 校验的进程。

(3)单击左侧窗口中的 Electrical,打开电气规则校验设置对话框,选中 Clearance、Short-Circuit、Un-Route Net3 项,如图 13-49 所示。

Rule	Category	Online	Batch
Clearance	Electrical		✓
Short-Circuit	Electrical		✓
Un-Routed Net	Electrical		✓
Un-Connected Pin	Electrical		

图 13-49　电气规则校验设置对话框

(4)单击左侧窗口中的 Routing,打开布线规则校验设置对话框,选中 Width 选项,如图 13-50 所示。

Rule	Category	Online	Batch
Width	Routing		✓
Routing Layers	Routing		
Routing Via Style	Routing		
Differential Pairs Routing	Routing		

图 13-50　布线规则校验设置对话框

(5)单击左侧窗口中的 Manufacturing,打开制造类规则校验设置对话框,选中 Minimun Annular Ring、Acute Angle、Layer Pairs 选项,如图 13-51 所示。

Rule	Category	Online	Batch
Minimum Annular Ring	Manufacturing	✓	✓
Acute Angle	Manufacturing	✓	✓
Hole Size	Manufacturing	✓	
Layer Pairs	Manufacturing	✓	✓
Hole To Hole Clearance	Manufacturing	✓	
Minimum Solder Mask Sliver	Manufacturing	✓	
Silk To Solder Mask Clearance	Manufacturing	✓	
Silk To Silk Clearance	Manufacturing	✓	
Net Antennae	Manufacturing	✓	

图 13-51　制造类规则校验设置对话框

(6)设置完毕,点击 Run Design Rule Check… 按钮,开始运行批处理 DRC。

(7)运行结束后,系统在当前项目的文件夹下,自动生成网页形式的设计规则校验报告"Design Rule Check-层次电路.html",并显示在工作窗口中,同时打开 Messages 面板,详细列出了各项违规的具体内容,如图 13-52 所示。未布线的规则错误信息出现了,双击 Messages 面板中的违规信息,则工作窗口将会自动转换到与该项违规相对应的设计处,即完成违规快速定位,如图 13-53 所示,此时在圆圈处添加过孔即可消除错误。

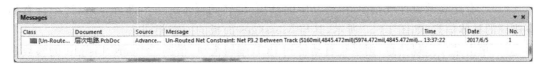

图 13-52　Messages 信息内容

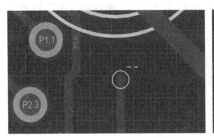
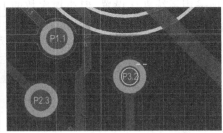

图 13-53 纠错举例

(8)再次选择 Tools→Design Rule Check 命令,点击 Run Design Rule Check…按钮,再次运行批处理 DRC。此时会发现错误信息为 0,如图 13-54 所示。

图 13-54 浏览器形式的设计规则校验报告

13.3.3 设计规则校验报告

Altium Designer 13 系统为用户提供了 3 种格式的设计规则报告,即浏览器格式(后缀名为".html")、文本格式(后缀名为".txt")和数据表格式(后缀名为".xml"),系统默认生成的规则报告为浏览器格式。

设计规则校验报告的生成及浏览的操作步骤如下:

(1)打开上面案例生成的浏览器格式设计规则校验报告"Design Rule Check-层次电路.html"。可以看到,报告的上半部分显示了设计文件的存放路径、名称及校验日期等,并详细列出了各项需要校验的设计规则的具体内容及违反各项设计规则的统计次数,如图 13-54 所示。

(2)在有违规的设计规则中,单击其中的选项,即转到报告的下半部分,可以详细查看相应违规的具体信息,如图 13-55 所示,其与 Messages 面板的内容相同。

(3)单击某项违规信息,则系统自动转到 PCB 编辑窗口,借助于 Board Insight 的参数显示,同样可以完成违规处的定位和修改。

Warnings	Count
Total	0

Rule Violations	Count
SMD Neck-Down Constraint (Percent=90%) (All)	0
Short-Circuit Constraint (Allowed=No) (All),(All)	0
Un-Routed Net Constraint ((All))	0
Height Constraint (Min=0mil) (Max=1000mil) (Prefered=500mil) (All)	0
Pads and Vias to follow the Drill pairs settings	0
Width Constraint (Min=10mil) (Max=12mil) (Preferred=10mil) (All)	0
Clearance Constraint (Gap=10mil) (All),(All)	0
Power Plane Connect Rule(Relief Connect)(Expansion=20mil) (Conductor Width=10mil) (Air Gap=10mil) (Entries=4) (All)	0

图 13-55　部分违规信息

（4）在浏览器格式的设计规则违规设计报告中，单击右上角的 customize，即打开 PCB 编辑器 Preferences 对话框中的 Reports 标签页。在 Design Rule Check 中，分别对 TXT 及 XML 格式的 Show、Generate 进行选中设置，如图 13-56 所示。

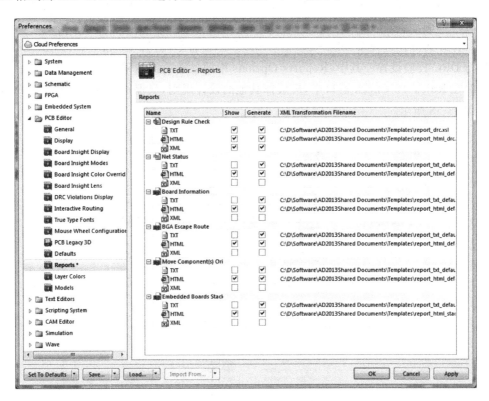

图 13-56　设置 TXT 和 XML 格式

（5）设置后，再次运行 DRC 校验时，系统即在当前项目下同时生成了 3 种格式的设计规则校验报告，XML 格式的设计规则校验报告如图 13-57 所示。

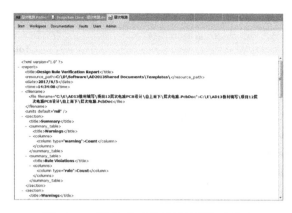

图 13-57 XML 格式的设计规则校验报告

13.3.4 单项 DRC 校验

在批处理 DRC 校验中也可以只设置单项运行,即只对某一项不太有把握的设计规则进行校验。

本例将对完成自动布线后又进行手工调整的 PCB 设计文件进行过孔校验规则校验,以保证过孔风格的一致性。单项 DRC 校验的操作步骤如下:

(1)打开文件。选择 Tools→Design Rule Check 命令,打开 Design Rule Checker 对话框,进行 DRC 校验设置。其中,Reports Options 中的各选项仍然采用系统默认设置。

(2)在 Rules To Check 窗口中,屏蔽掉其他的设计规则,只保留 Routing Via Style 规则项,如图 13-58 所示。

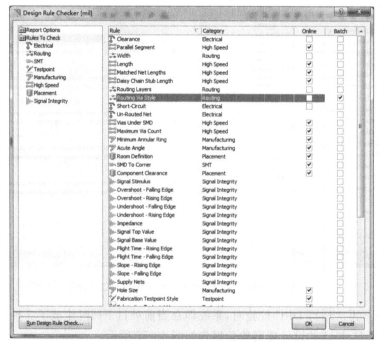

图 13-58 校验规则设置

(3)点击 Run Design Rule Check… 按钮,开始运行批处理 DRC。

(4)运行结束后,设计规则校验报告与 Messages 面板同时显示在工作窗口中,可以明确看到其报告的出错内容,出错处显示过孔尺寸与规则不符。

(5)单击某项违规信息,进入 PCB 编辑窗口,打开相应违规处属性对话框,进行尺寸修改,但本例中的所有过孔都存在这一问题,不方便逐一修改,如图 13-59(a)所示。因此可以修改过孔规则,选择菜单命令 Design→Rules…,弹出 PCB Rules and Constraints Editor 对话框,双击 Routing→Routing Via Style 展开,单击 RoutingVias,如图 13-60 所示,修改 Via Diameter 的 Minimum 尺寸为 40mil 和 Via Hole Size 的 Minimum 尺寸为 25mil。

(6)修改完毕,选择 Tools→Reset Error Markers 命令,清除绿色的错误标识,如图 13-59(b)所示。

(a) 修改过孔规则前　　　　　　　　(b) 修改过孔规则后

图 13-59　修改过孔规则前后

(7)再次运行 DRC 校验后,根据设计规则校验报告和 Messages 面板的显示,可以知道,电路板上不再有过孔违规设计。

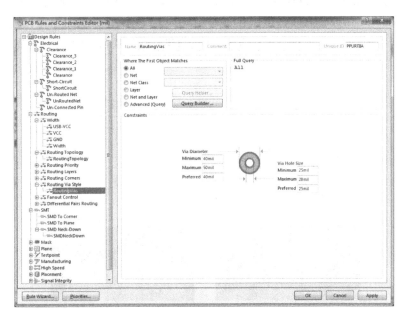

图 13-60　RoutingVias 规则设置窗口

13.4　PCB 的 3D 显示

在 PCB 编辑器中,选择 View→Switch To 3D 命令或者按快捷键 3 就可进行 PCB 的 3D 显示,如图 13-61 所示。从图 13-61 中可以看出,LED 灯、单片机、LCD1602 以及个别芯片有 3D 模型,其他很多元器件都没有 3D 模型。这是因为在创建元件封装时,只建立了这几个器件的三维模型,而其他元器件的封装没有三维模型。

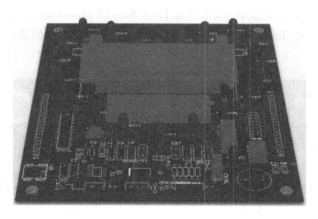

图 13-61　PCB 的 3D 显示

为了查看 PCB 焊接元器件后的效果,预知 PCB 与机箱的结合,也就是 ECAD 与 MCAD 的结合,需要为其他元器件建立与实际器件相吻合的三维模型,方法如下:

选择 Tools→Manage 3D Bodies for Components on Board 命令,弹出如图 13-62 所示的 Component Body Manager 对话框,可以在该对话框内对 PCB 上所有的元器件建立 3D 模型。本项目只介绍一种简单的 3D 模型创建方法,其他创建方法见项目 8 的 PCB 封装的建立。

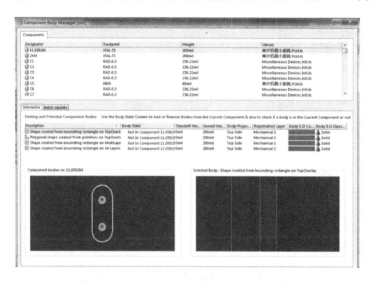

图 13-62　Component Body Manager 对话框

13.4.1 建立 11.0592M 和 24M 晶振的 3D 模型

(1)在图 13-62 的 Components 区域选择需要建立 3D 模型的元件 11.0592M 和 24M 晶振。

(2)在 Description 列选择 Shape Created from bounding rectangle on All Layers。

(3)在 Body State 列,用鼠标左键单击 Not In Component 11.0592M,表示把 3D 模型加到元件 11.0592M 上,点击后显示变为 In Component 11.0592M。如果再单击 In Component 11.0592M,表示把刚加的 3D 模型从 11.0592M 上移除掉,在此不进行此操作。

(4)Standoff Height 列表示三维模型底面到电路板的距离,在此设为 0.5mm。

(5)Overall Height 列表示三维模型顶面到电路板的距离,在此设为 12.5mm。

(6)Body Projection 列用于设置三维模型投影的层面,在此选 Top Side。

(7)Registration Layer 列用于设置三维模型放置的层面,在此选缺省值 Mechanical 1。

(8)Body 3-D Color 列用于设置三维模型的颜色,在此选择区分度较大的颜色。

进行了以上设置后,3D 显示晶振如图 13-63 所示。

图 13-63 创建晶振和修改单片机三维模型后的 3D 显示

(9)对 24M 晶振进行同样操作。

13.4.2 修改单片机 3D 模型的颜色

(1)在如图 13-62 所示的 Components 区域选择单片机 3D 模型 U1,其他设置均保留为默认值。

(2)Body 3-D Color 用于选择三维模型的颜色,在此选择与单片机实物相似的颜色。修改设置后,3D 显示单片机如图 13-63 所示。

13.5 输出文件

完成 PCB 的绘制后,还需要生成各种技术文件,比如 Gerber 文件、BOM 等。其中需要用户掌握 Gerber 文件、BOM 表的输出设置和基本常识。

13.5.1 输出 PDF 文件

现在已经完成了基本的 PCB 的设计和布线,还需要把各种文件整理分发出来,从而进行设计审查、制造验证和生产组装 PCB。这些需要输出的文件很多,有些文件是提供给 PCB 制造商生产 PCB 用的,比如 PCB 文件、Gerber 文件、PCB 规格书等,而有的则是提供给工厂生产使用的,比如 Gerber 文件用来开钢网,Pick 坐标文件用作自动贴片插件机,单层的测试点文件用作 ICT,元件丝印图用作生产作业文件等。而对于这些要求,Altium Designer 完全可以输出各种用途的文件。

13.5.1.1 输出文件的用途

这些用途区分下来包括以下几个方面。
(1)装配文件输出
①元件位置图:显示电路板每一面上元器件的坐标位置和原点信息。
②抓取和放置文件:用于机械手在电路板上依次摆放元器件。
③3D 结构图:将 3D 图给结构工程师,以便沟通是否有高度、装配、尺寸干涉等。
(2)文件输出
①文件产出复合图纸:成品板组装,包括元件和线路。
②PCB 的三维打印:采用三维视图观察电路板。
③原理图打印:绘制设计的原理图。
(3)制作输出
①绘制复合钻孔图:绘制电路板上钻孔位置和尺寸的复合图纸。
②钻孔绘制/导向:在多张图纸上分别绘制钻孔位置和尺寸。
③最终的绘制图纸:把所有的制作文件合成单个绘制输出。
④Gerber 文件:制作 Gerber 格式的制作信息。
⑤NC Drill Files:创建能被数控钻孔机使用的制造信息。
⑥ODB++:创建 ODB++ 数据库格式的制造信息。
⑦Power-Plane Prints:创建内电层和电层分割图纸。
⑧Solder/Paste Mask Prints:创建阻焊层和锡膏层图纸。
⑨Test Point Report:创建在不同模式下设计的测试点的输出结果。
(4)网表输出
网表描述在设计逻辑之间的元器件连接,对于移植到其他电子产品设计中是非常有帮助的,比如与 PADS2007 等其他 CAD 软件连接。
(5)报告输出
①Bill of Materials:为了制作板的需求而创建的一个在不同格式下部件和零件的清单。
②Component Cross Reference Report:在设计好的原理图的基础上创建一个组件的列表。
③Report Project Hierarchy:在项目上创建一个原文件的清单。
④Report Single Pin Nets:创建一个报告,列出任何只有一个连接的网络。
⑤Simple BOM:创建文本和 BOM 的 CSV(逗号隔开的变量)文件。

13.5.1.2 Output Job Files 相关的操作和内容

大部分的输出文件是用做配置的，在需要的时候设置输出就可以。在完成更多的设计后，用户会经常为每个设计采用相同或相似的输出文件，这样一来就做了许多重复性的工作，严重影响工作效率。针对这种情况，Altium Designer 提供了一个叫作 Output Job Files 的方式，该方式使用一种接口，为 Output Job Editor，可用于将各种需要输出的文件捆绑在一起，直接打印，或生成 PDF 和其他文件）。

下面简单介绍一下 Altium Designer 的 Output Job Files 相关的操作和内容。

（1）打开本项目设计好的自上而下层次电路的原理图、PCB 图等，启动 Output Job Files，用户可以单击 File 菜单下的 Smart PDF… 选项，然后将出现如图 13-64 所示的对话框，这个对话框仅仅是提示用户启动智能 PDF 向导，直接点击 Next 进入下一步。

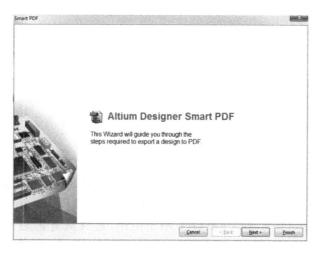

图 13-64 智能 PDF 设置向导

（2）如图 13-65 所示的对话框主要是用来选择需要输出的目标文件范围的。如果是仅

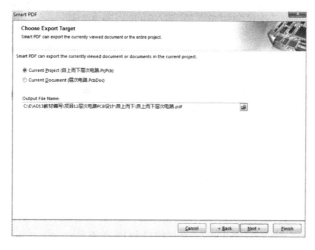

图 13-65 选择输出的目标文件（包）

仅要输出当前显示的文档,就选择 Current Document;如果是要输出整个项目的所有相关文件,就选择 Current Project。在 Output File Name(输出文件名)栏设置保存路径和输出 PDF 的文件名。点击 Next 进入下一步。

(3)如图 13-66 所示的对话框显示了详细的文件输出表,用户可以通过 Ctrl+单击和 Shift+单击来组合选择需要输出的文件。而对于非项目输出,则无此步骤。点击 Next 进入下一步。

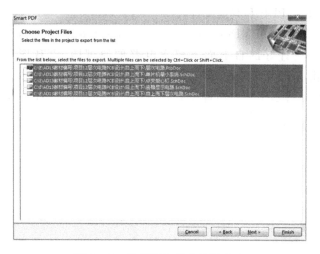

图 13-66　选择详细的文件输出表

(4)弹出如图 13-67 所示的对话框,选择输出 BOM 的类型以及选择 BOM 模板。Altium Designer 提供了各种各样的模板,比如其中的 BOM Purchase.xlt 一般较多用于物料采购,BOM Manufacturer.xlt 一般较多用于生产,还有缺省的通用 BOM 格式(BOM Default Template95.xlt 等),用户可以根据自己的需要选择相应的模板。当然,用户也可以自己做一个适合自己的模板。点击 Next 进入下一步。

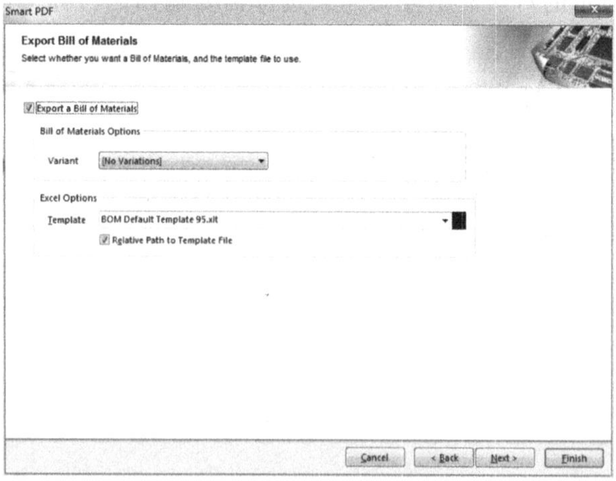

图 13-67　选择输出 BOM 的类型

(5)弹出如图 13-68 所示的对话框,主要用于选择 PCB 打印的层和区域。上面的打印层可以设置元件的打印面是否镜像(对于底层视图常常需要勾选此选项,以更贴近人类的视觉习惯)、是否显示孔等,下半部分主要用于设置打印的图纸范围,是选择整张输出还是仅仅输出一个特定的区域,比如对于模块化和局部放大就很有用处。点击 Next 进入下一步。

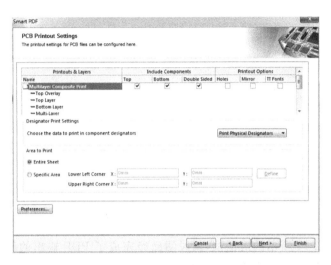

图 13-68 打印输出的层和区域设置

(6)弹出如图 13-69 所示的对话框,主要用于设置 PDF 的详细参数,比如输出的 PDF 文件是否带网络信息、元件引脚、网络标签、端口信息、元件参数以及 PCB 图的 PDF 的颜色模式(彩色打印、单色打印、灰度打印等)。点击 Next 进入下一步。

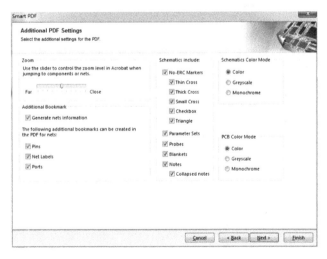

图 13-69 输出 PDF 的详细设置

(7)弹出如图 13-70 所示的对话框,主要用于设置 PDF 原理图是否显示元件标号、网络标签、端口和图纸端口、图纸号及文档号等参数。点击 Next 进入下一步。

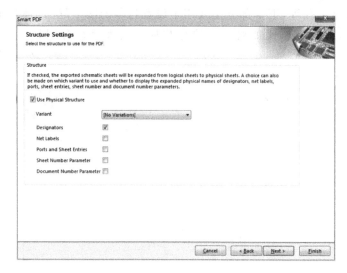

图 13-70　PDF 结构设置

(8)弹出如图 13-71 所示的对话框,就说明已经完成了 PDF 输出的设置,其附带的选项是提示是否在输出 PDF 后自动查看文件,是否保存此次的配置信息的,以方便后续的 PDF 输出可以继续使用此类的配置。

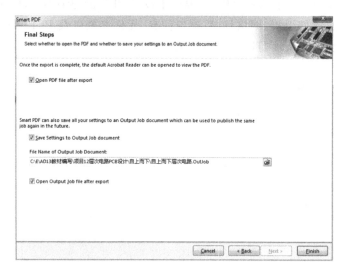

图 13-71　完成 PDF 设置

（9）在用户完成上述输出 PDF 设置向导后，点击 Finish 按钮，示例文件所输出的 PDF 文件包如图 13-72 所示。用户可以清晰地看见它包括原理图、PCB 各单层图等相关的所有信息。

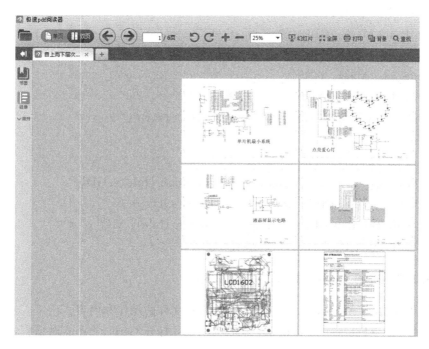

图 13-72　输出的 PDF 文件包

虽然上述输出的文件比较全面，但还是不完整，许多特定、特殊场合需要的好多文件都没有。在 PCB 设计完成的最后阶段，为了更好地满足设计验证、生产效率、生产要求和质量控制的需求，还需要产生各种 PCB 厂家生产、工厂工艺生产，以及质量控制等所需的相关文件。

13.5.2　生成 Gerber 文件

电子 CAD 文档一般指原始 PCB 设计文件，文件后缀一般为 .PcbDoc、.SchDoc。而用户或企业设计部门往往出于各方面的考虑，提供给生产制造部门的电路板都是 Gerber 文件。

Gerber 文件是所有电路设计软件都可以产生的一种文件格式，在电子组装行业又被称为模板文件（stencil.data），在 PCB 制造业又被称为光绘文件。可以说，Gerber 文件是电子组装业中最通用、最广泛的文件格式。

13.5.2.1　Gerber 文件各层扩展名与 PCB 原来各层的对应关系

由 Altium Designer 产生的 Gerber 文件各层扩展名与 PCB 原来各层的对应关系如下：
Top (copper) Layer：.GTL；
Bottom (copper) Layer：.GBL；
Mid Layer 1, 2, …, 30：.G1，.G2，…，.G30；
Internal Plane Layer 1, 2, …, 16：.GP1，.GP2，…，.GP16；

Top Overlay:.GTO;
Bottom Overlay:.GBO;
Top Paste Mask:.GTP;
Bottom Paste Mask:.GBP;
Top Solder Mask:.GTS;
Bottom Solder Mask:.GBS;
Keep-Out Layer:.GKO;
Mechanical Layer 1,2,…,16:.GM1,.GM2,…,.GM16;
Top Pad Master:.GPT;
Bottom Pad Master:.GPB;
Drill Drawing,Top Layer-Bottom Layer（Through Hole）:.GD1;
Drill Drawing,other Drill（Layer）Pairs:.GD2,.GD3,…;
Drill Guide,Top Layer-Bottom Layer（Through Hole）:.GG1;
Drill Guide,other Drill（Layer）Pairs:.GG2,.GG3,…。

13.5.2.2 输出 Gerber 文件的操作和内容

下面简单介绍用 Altium Designer 输出 Gerber 文件的操作和内容。

（1）选择 File→Fabrication Outputs→Gerber Fills,打开 Gerber Setup 对话框,如图 13-73 所示。

（2）在如图 13-73 所示的 General 标签下面,用户可以选择输出的单位是英寸还是毫米。在格式栏（Format）有 2∶3,2∶4,2∶53 种,这 3 种选择同样对应了不同的 PCB 生产精度,普通的用户可以选择 2∶4,当然有的设计对尺寸要求高些,用户也可以选 2∶5。

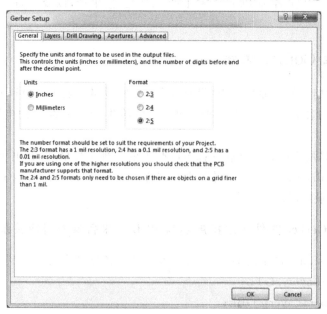

图 13-73　Gerber Setup 对话框

（3）点击 Layers 标签，用户可进行 Gerber 绘制输出层设置，然后点击 Plot Layers 按钮，并选择 Used On。再点击 Mirror Layers 按钮，并选择 All Off。接着在 Mechanical Layer 标签项选择 PCB 绘图所用外形的机械层（见图 13-74）。用户也可以根据需要或者 PCB 的要求来决定是否输出一些特殊层，比如单层板、双层板、多层板等。

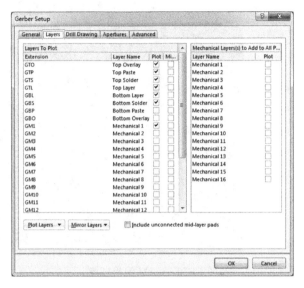

图 13-74　Gerber 绘制输出层设置

（4）在 Drill Drawing 标签项目的 Drill Drawing Plots 区域内勾选 Plot all used layer pairs 复选框，如图 13-75 所示。

图 13-75　Gerber 钻孔输出层设置

(5)而对于其他选择项目可以采取默认值,直接点击 OK 按钮退出设置对话框。Altium Designer 开始自动生成 Gerber 文件,同时进入 CAM 编辑环境,如图 13-76 所示,显示出用户刚才所生成的 Gerber 文件。

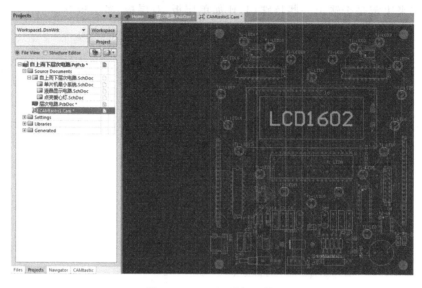

图 13-76 CAM 编辑环境

(6)此时用户可以进行检查,如果没有问题就可以导出 Gerber 文件了,先选择 File→Export→Gerber 命令,然后在弹出的 Export Gerber 对话框(见图 13-77)里面点击 RS-274-X 按钮。点击 OK 按钮,弹出如图 13-78 所示的保存 Gerber 文件的对话框,选择输出路径,点击 OK 按钮,就可以导出 Gerber 文件。

图 13-77 Export Gerber 对话框

图 13-78 Gerber 文件存储位置设置

(7)此时用户可以查看刚才生成的 Gerber 文件,打开图 13-78 中的对应路径,在 PCB 同位置的文件夹下可以看见新生成的 Gerber 文件,如图 13-79 所示。

图 13-79　Gerber 输出文件清单

（8）用户还需要导出钻孔文件，重新回到 PCB 编辑界面，选择 File→Fabrication Outputs→NC Drill Files 命令。

（9）在弹出的 NC Drill Setup 对话框中，如图 13-80 所示，用户可以选择输出的单位是英寸还是毫米，而格式也有 2∶3,2∶4,2∶5 3 种，这 3 种选择同样对应不同的 PCB 生产精度，普通的用户可以选择 2∶4，当然有的设计对尺寸要求高些，用户也可以选 2∶5。但是值得注意的是：此处单位和格式的选择必须和在产生 Gerber 文件时的选择一致，否则厂家生产的时候叠层会出问题，而其他设置保持默认值即可。然后在弹出的 Import Drill Data 对话框（见图 13-81）点击 OK 按钮，确认后就出现了 CAM 的输出界面，如图 13-82 所示。

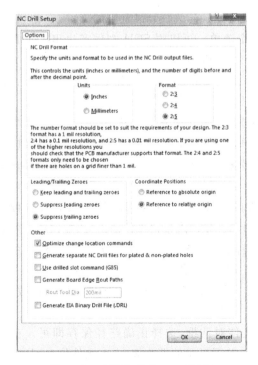

图 13-80　NC Drill Setup 对话框　　　　图 13-81　Import Drill Data 对话框

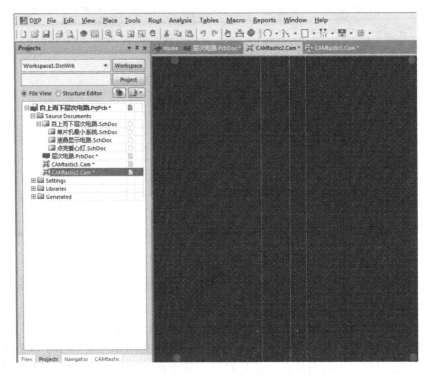

图 13-82 CAM 输出钻孔界面

13.5.3 创建 BOM

BOM 为 Bill of Materials 的简称，也叫材料清单，它是一个很重要的文件，在物料采购、设计验证样品制作、批量生产等环节都需要这个清单。可以用 SCH 文件产生出 BOM，也可以用 PCB 产生 BOM，这里简单介绍用 PCB 产生 BOM 的方法。

(1) 选择 Reports→Bill of Materials 命令，出现 Bill of Materials for PCB Document 对话框，如图 13-83 所示。

(2) 在用户想要输出到报告的每一栏中都选中 Show 复选框。从 All Columns 清单选择选项并将其拖动标题到 Grouped Columns 清单，以便在 BOM 中按该数据类型来分组元件。例如，若要以封装来分组，在 All Columns 中选择 Footprint 选项，并将其拖拽到 Grouped Columns 清单。该报告将据此进行分类。

(3) 在 Export Options 区域可以选择文件的格式，格式有 XLS、TXT、PDF 等 6 种。在 Excel Options 区域里面可以选择相应的 BOM 模板，软件附带很多种输出，比如设计开发前期的简单 BOM 样式(BOM Simple.xlt)、样品的物料采购 BOM 样式(BOM Purchase.xlt)、生产用 BOM 样式(BOM Manufacturer.xlt)、普通的缺省 BOM 样式(BOM Default Template.xlt)等，当然用户也可以做一个适合自己的 BOM 模板。在 Supplier Options 区域可以选择数量，从而自动计算 BOM 里面物料的需求用量。

(4) 点击 Export… 按钮，弹出保存 BOM 文件对话框，选择正确路径保存即可。在保存路径文件夹下打开对应文件，如图 13-84 所示。此图显示的即为表 13-1 元件信息列表。

图 13-83　BOM 输出设置

	A	B	C	D	E	F
1	Comment	Description	Designator	Footprint	LibRef	Quantity
2	XTAL	Crystal Oscillator	11.0592M, 24M	XTAL-T3	XTAL	2
3	1UF	Capacitor	C1, C2, C3, C4, C6, C7, C	RAD-0.3	Cap	8
4	Cap	Capacitor	C5	0805	Cap	1
5	1N4148	3 Amp General Purpose	D2	DO-201AD	Diode 1N5401	1
6	Header 20	Header, 20-Pin	P1, P2	HDR1X20	Header 20	2
7	Header 8X2	Header, 8-Pin, Dual row	P3	HDR2X8	Header 8X2	1
8	300R	Resistor	R1, R2	AXIAL-0.4	Res2	2
9	SW-SPDT	SPDT Subminiature Togg	S-VCC	TL36WW15050	SW-SPDT	1
10	SW-PB	Switch	S2	SPST-2	SW-PB	1
11	47UF/16V	Polarized Capacitor (Axi	T1-C1	POLAR0.8	Cap Pol2	1
12	LED	Typical INFRARED GaAs	T1-LED0, T1-LED1, T1-LED	LED5	LED0	8
13	T1-LED	Typical INFRARED GaAs	T1-LED	LED5	LED0	1
14		Typical INFRARED GaAs	T1-LED7	LED5	LED0	1
15	LED0	Typical INFRARED GaAs	T1-LED9, T1-LED10, T1-LE	LED5	LED0	11
16	Mic1	Microphone	T1-MK1	PIN2	Mic1	1
17	9013	NPN General Purpose A	T1-Q1	TO-92A	2N3904	1
18	10K	Resistor	T1-R2, T2-R5	AXIAL-0.4	Res2	2
19	1M	Resistor	T1-R3	AXIAL-0.4	Res2	1
20	270R	Isolated Resistor Netwo	T1-R5, T1-R6, T1-R7	SSOP16_N	Res Pack4	3
21	74LS04		T1-U1	DIP-14	74LS04	1
22	74LS245		T1-U2, T1-U3, T1-U4	DIP-20	74LS245	3
23	47UF/16V	Polarized Capacitor (Axi	T2-C1	RB7.6-15	Cap Pol2	1
24	Header 2	Header, 2-Pin	T2-J1	HDR1X2	Header 2	1
25	1602		T2-LCD1602	LCD1602	12862	1
26	2N3906	PNP General Purpose Ar	T2-Q1	TO-92A	2N3906	1
27	RPot	Potentiometer	T2-R1	VR5	RPot	1
28	270R	Resistor	T2-R2	AXIAL-0.4	Res2	1

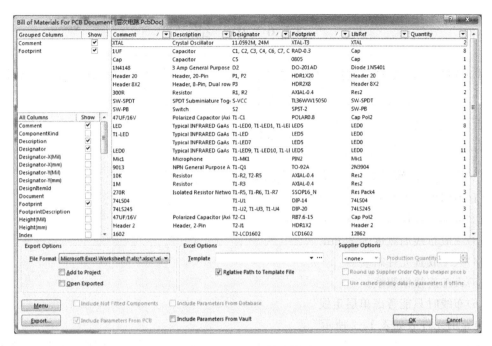

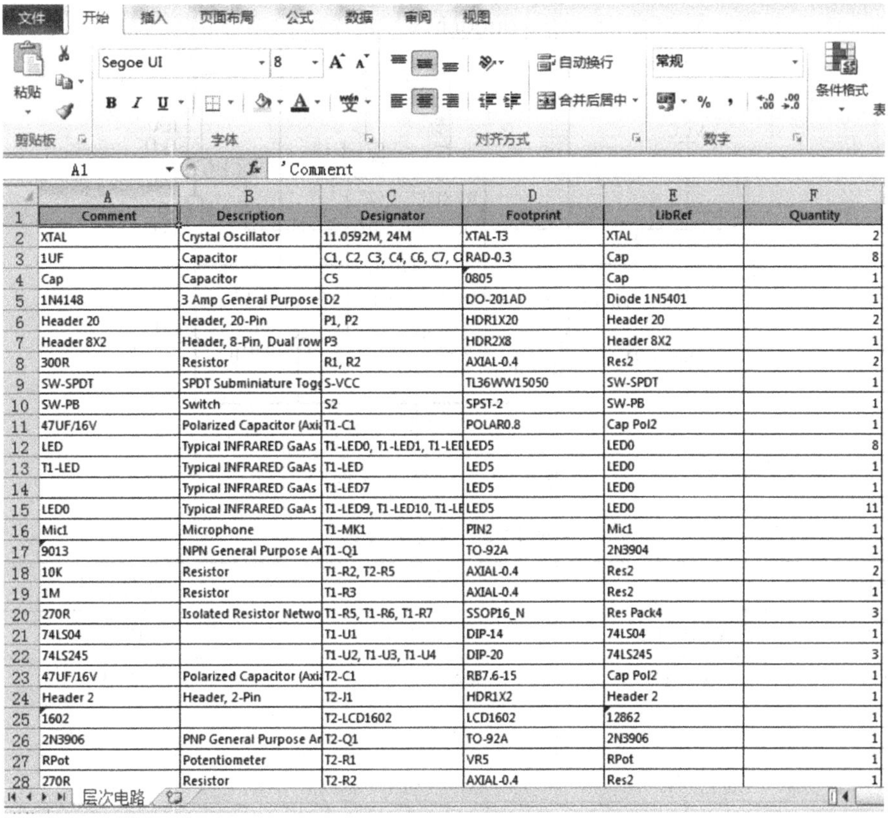

图 13-84　产生的 BOM 文件

13.6 小 结

至此,自上而下层次电路的 PCB 设计已经全部完成了,PCB 设计的全流程详见项目 10 的小结。

习 题

13-1 试设计如图 13-85 所示电路的电路板,要求:
(1)使用单层电路板。
(2)电源地线铜膜线的宽度为 50mil。
(3)一般布线的宽度为 25mil。
(4)人工放置元件封装。
(5)人工连接铜膜线。
(6)布线时只能考虑单层走线。
电路的元件表如表 13-2 所示。

单层电路的顶层为元件面,底层为焊接面,同时还需要有丝网层、底层阻焊膜层、禁止层和穿透层。布线时只要在底层布线就可以了,而线宽可以在铜膜线属性中设置。

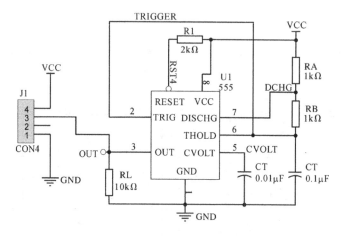

图 13-85 习题 13-1 图

表 13-2 习题 13-1 表

说明	编号	封装	元件名称
电阻	RA,RB,RL,R1	AXIAL0.3	RES2
电容	C1,CT	RAD0.1	CAP
时基电路 555	U1	DIP-8	555
连接器	J1	SIP-4	CON4

参考文献

[1] 王静,刘亭亭.Altium Designer 13 案例教程[M].北京:中国水利水电出版社,2014.
[2] 王静.Altium Designer Winter 09 电路设计案例教程[M].北京:中国水利水电出版社,2010.
[3] 徐向民.Altium Designer 快速入门[M].北京:北京航空航天大学出版社,2008.
[4] 宋贤法,韩晶,路秀丽.Protel Altium Designer 6.x 入门与实用:电路设计实例指导教程[M].北京:机械工业出版社,2009.
[5] 李衍.Altium Designer 6 电路设计实例与技巧[M].北京:国防工业出版社,2008.

附录 1

全国电子专业人才考试简介

全国电子专业人才考试是工业和信息化部人才交流中心为了提高电子从业人员的专业技能水平而推出的国家级人才评定体系。考试针对现有电子技术领域的重要技术和热门科目,通过科学、完善的测评体系,对从事或即将从事电子信息及相关工作的专业人才进行综合评价,准确衡量专业人才的技术水平和业务素质。

全国电子专业人才考试体系规范、严谨,考试知识点覆盖广、贴近企业实际应用,考试各个环节管理严格,能切实保证考试的准确性和公正性。全国电子专业人才考试合格者,可以获得由工业和信息化部人才交流中心颁发的"全国电子专业人才证书"。该证书可被各单位当作专业技术人员职业能力考核、岗位聘用、任职、定级和晋升职务的重要依据。

对于在校学生来说,参加全国电子专业人才考试,能够以考促学,提高自身的实践动手能力。

一、组织单位

主管单位:中华人民共和国工业和信息化部
主办单位:工业和信息化部人才交流中心
指导单位:全国信息专业技术人才知识更新工程办公室

二、考试科目

1. 考试科目
(1)单片机设计与开发　应用工程师(高级)
(2)EDA 设计与开发　应用工程师(高级)
(3)PCB 设计　应用工程师(高级)
(4)电子组装与调试　应用技师(高级)
(5)电子设计与开发　应用工程师(高级)
(6)PLC 设计与开发　应用工程师(高级)
(7)嵌入式设计与开发　应用工程师(高级)
(8)嵌入式软件设计　应用工程师(高级)
(9)物联网工程　应用工程师(高级)

根据电子技术的发展和企业的用人需求,全国电子专业人才考试将逐步推出新的考试科目。

2.考试对象

(1)电子、通信、机电、自动化、信息工程、计算机等行业从业人员及大中专院校在校学生;

(2)大中专院校教师及各类培训机构任教人员;

(3)广大业余电子爱好者。

三、证书样本

证书查询网站:工业和信息化部人才交流中心官方网站(www.miitec.org.cn)。

1."全国电子专业人才证书"样本首页

2. "全国电子专业人才证书"样本内页

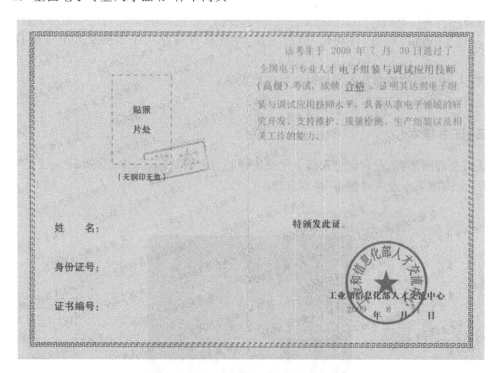

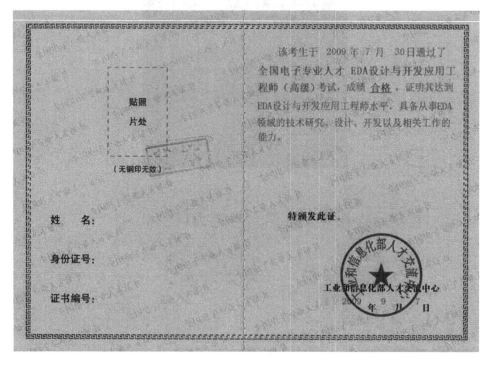

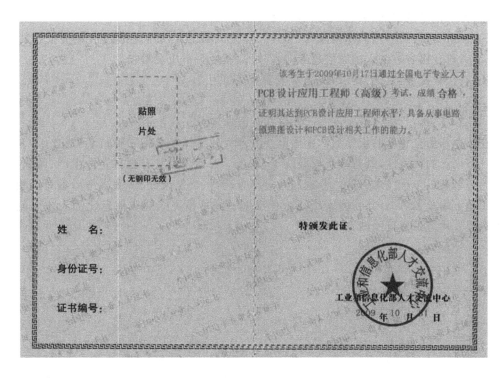

四、考试优势

(1) 全国信息技术领域专业技术人才知识更新工程("653 工程")项目。
(2) 体现技术发展趋势和人才需求趋势。

(3)标准化考试大纲、试题汇编、考试硬件平台。

(4)注重实际操作,以实际操作为主,并与理论试题结合,准确检测考生的专业技能。

(5)考核合格者被纳入国家信息专业人才库,就业晋升机会增加。

(6)符合教育部"双证"要求,提高学生就业竞争力。

五、参考用书

在工业和信息化部的指导下,"全国电子专业人才考试专家指导委员会"成立了,专家委员会具有广泛的代表性,既有行业权威院士、知名学者、教授,又有来自企业生产、调试、维护一线的著名高级工程技术人员。专家们经过多方调研、反复论证、多次试考后编写了相应科目的试题汇编及参考书,并在国家级出版社出版。详情请见工业和信息化部人才交流中心电子专业人才考试栏目网站。

附录 2

CEAC PCB 设计工程师考试(认证)

一、认证背景

CEAC(国家信息化计算机教育认证)由工业和信息化部与国家信息化推进工作办公室于 2002 年批准设立,由工信部信息化推进司指导、中国电子商务协会管理,由 CEAC 信息化培训认证管理办公室统一实施。

二、认证体系

CEAC 认证涵盖的大类有:计算机应用、计算机信息管理、计算机网络、网络与信息安全、运维安全、网络营销、计算机软件开发、数据库管理及应用、移动互联网软件开发、平面设计与电子出版及数码多媒体、建筑景观设计、园林景观设计、室内设计、计算机辅助设计、艺术设计、单科认证、应用电子技术、电子信息类、电工电子硬件、电气智能、电工电子与自动化、系统集成、物联网技术、3G、通信技术、云计算、呼叫服务、技术类、管理类、CEAC 电子商务认证、移动电子商务、信息技术与电子政务认证、三维数字化产品设计、Catia 设计、综合政务办理认证、汽车、信息分析、舆情管理、会计等。

PCB 设计工程师认证涵盖在电工电子硬件大类中,如附表 2-1 所示。

附表 2-1 PCB 设计工程师认证

大类	认证名称
电工电子硬件	微机装配与维护工程师
	硬件维护工程师
	PCB 设计工程师
	EDA 技术应用工程师
	电子产品装配工程师
	单片机应用技术工程师

三、PCB 设计工程师考试概述

考试包括实际操作题和客观题。实际操作题是在规定时间绘制规定原理图,并按照规定要求进行 PCB 设计绘制；客观题是在 CEAC 自主开发的"CESE 协同教育远程考试系统"上答题。使用该系统还可以实现考试在线申请、自动审核、自动组卷、自动即时评分、知识点分析、网上自动结算统计、网上证书验证查询等功能。考试系统操作界面如下：

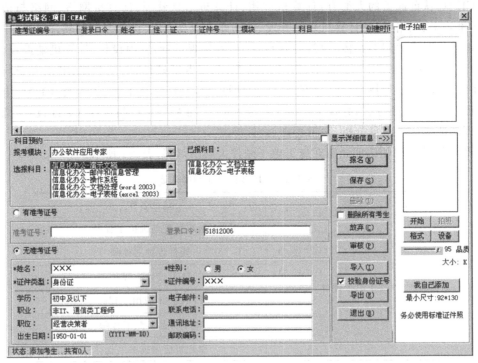

附录2　CEAC PCB设计工程师考试(认证)

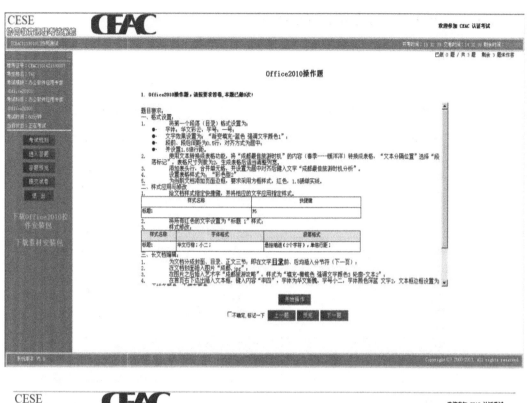

四、网页资源

网址:www.ceac.org.cn。

五、CEAC PCB 设计工程师认证证书样图

1. 学员证书样本

2. 教师证书样本

附录 3

Altium 应用电子设计认证项目

一、认证背景

Altium Limited（ASX：ALU）是智能系统设计自动化、电子产品设计解决方案（Altium Designer）和嵌入式软件开发（TASKING）的全球领导者，致力于打破技术创新的障碍，利用最新的设备和技术来设计新一代电子产品。Altium 应用电子设计认证内容主要包括：

- 专业基础知识——电子设计工程师未来成长的基石，基础知识的深度和广度将决定一个电子设计工程师未来的成就。
- 行业知识——帮助学员快速地适应企业环境，快速成长为有担当的电子设计工程师，成功进行角色转换。
- 经验习惯——帮助学员培养良好的工作习惯。

二、认证体系

Altium 应用电子设计认证（Certificate of Applied Electronics Design，CAED）可以帮助技术人员完善知识结构，快速适应企业的设计环境，快速跨越角色转换这个门槛，交流心得、经验以及各种资源。

认证分为 3 个技能等级：Ⅰ应用工程师（含 PCB 绘图工程师、FPGA 测试工程师、嵌入式软件工程师）；Ⅱ应用设计师（含硬件设计师、软件设计师）；Ⅲ应用架构师。每个等级是进行下一等级认证的前提条件。技能名称相应的培养目标、建议参加对象条件、认证目的详见附表 3-1。

附表 3-1　技能名称相应的培养目标、建议参加对象条件、认证目的

等级	技能类型	技能名称	培养目标	建议参加对象条件	认证目的
I	Altium 应用工程师	PCB 绘图工程师	• 熟练使用 Altium 设计工具完成 PCB 设计 • 能够按照要求输出各种符合标准的文档，并完成文件归档和发布任务 • 养成良好的工作习惯	• 各级院校电子信息类专业学生及电子设计爱好者 • 能够熟练应用 Altium Designer 软件原理图、PCB、FPGA 和嵌入式 4 个核心功能模块 • 能够按设计师要求完成原理图绘图、PCB 绘图、FPGA 测试和嵌入式软件测试 • 建议具有 6 个月以上使用 Altium Designer 软件的专业经验	帮助广大电子类专业学生及电子设计爱好者： • 快速掌握电子设计工具的使用 • 快速适应电子设计企业的工作流程 • 快速完成从学生到电子设计工程师的角色转换，尽快融入企业 • 养成受益终身的良好工作习惯
		FPGA 测试工程师	• 熟练使用 Altium 设计工具完成模块和系统的 FPGA 前端设计 • 熟练使用 Altium 设计工具完成模块和系统的仿真验证 • 熟练使用 Altium 设计工具完成模块和系统的硬件平台验证 • 养成良好的工作习惯		
		嵌入式软件工程师	• 熟练使用 Altium 设计工具完成嵌入式设计输入，熟悉 C/C++等编程语言 • 熟练使用 Altium 设计工具完成嵌入式项目的仿真和硬件调试 • 熟悉主流的 MCU 架构，熟悉常用的通讯协议和接口电路 • 养成良好的编程习惯		

附录3 Altium 应用电子设计认证项目

续表

等级	技能类型	技能名称	培养目标	建议参加对象条件	认证目的
Ⅱ	Altium 应用设计师	硬件设计师	• 熟悉电子设计中的效率瓶颈 • 熟练使用 Altium 设计工具应对各种设计挑战 • 熟练复用设计技术，养成复用已有设计的习惯 • 熟练设计协同技术，快速实现设计变更的传递 • 清楚如何与相关部门和人员交互设计数据	• 国家普通高等院校电子信息类专业本科学生、研究生和广大从业的电子工程师 • 熟练运用 Altium Designer 的硬件电路设计和"软"系统设计功能 • 能按照产品设计要求完成硬件电路设计和嵌入式软件系统开发 • 能综合运用高级电路绘图与电路仿真功能，实现嵌入式系统创建及在线系统软硬件调测 • 建议具有 12 个月以上使用 Altium Designer 软件的专业经验	帮助广大学生和工程师： • 深入了解电子设计中的效率瓶颈和创新障碍 • 深入使用 Altium 工具应对各种设计挑战 • 熟练复用设计技术，管理和复用各种已有设计 • 熟练最先进的设计技术和验证技术，实现高效、低成本的创新设计流程
		软件设计师	• 熟练使用 Altium 设计工具构建硬件验证平台 • 熟练使用 Altium 设计工具实现 FPGA＋嵌入式的软件设计 • 熟练使用 Altium 设计工具验证并快速修改软件设计 • 熟悉平衡使用软硬件资源，熟练实现软硬件设计协同 • 熟练复用设计技术，养成复用已有设计的习惯		

续表

等级	技能类型	技能名称	培养目标	建议参加对象条件	认证目的
Ⅲ	Altium 应用架构师	项目经理	• 充分了解电子设计过程中的效率瓶颈和创新障碍 • 建立以统一数据为及基础的电子设计工作流程 • 管理设计数据的统一性和完整性 • 具有整合各种资源的能力 • 熟练如何建立并管理各种可复用资源	• 拥有 3 年以上电子相关行业从业设计经验的电子设计系统工程师 • 建议具有 36 个月以上使用 Altium Designer 软件的专业经验	帮助有志成为电子设计团队管理者的工程师： • 充分了解电子设计过程中的效率瓶颈和创新障碍 • 建立并管理各种可复用资源 • 建立以统一数据为基础的电子设计工作流程，管理设计数据的统一性和完整性 • 培养能够整合各种资源，保质、按时完成各种开发任务的能力 • 培养开发环境的配置与系统优化能力 • 熟练使用 Altium Designer 电子设计软件平台和 Altium Vault 电子数据管理平台，将项目规范分解为可管理开发组件，有效利用项目和配置管理工具管理项目

三、CAE 考试概述

考试软件：指定 Altium Designer 教育版电子设计软件平台（Windows 版）。考试时长：单项认证考试时间总计 2 小时，其中客观试题 30 分钟（单选 30 题），主观试题 90 分钟（上机操作）。考试形式：理论考试＋上机操作。机试考试场地：授权院校考点机房。考试通过要求成绩：客观题 70% 通过（即不少于 21 道单选题正确），主观题 60% 通过（即得分不少于 42 分）。通过认证考试的学生将获得证书，在 Altium 客户群中共享证书信息。

为了维护考试的公正性，禁止复印或复制与考试试题相关的内容，各院校主观试题的答案将在统一上交系统后，随机分发给具有考评员资格的院校。

考试成绩将在考试结束后第 5 个自然周，通过邮件发送给考生。考生也可以访问 Altium 认证成绩查询网站（https://certificates.live.altium.com/）获得认证结果。

主要培训和考试大纲如下：

(1) PCB 绘图工程师培训和考试大纲
- 设计流程知识：典型的电子产品研发流程；设计过程中的重要结点；标准化设计；文件归档。
- 生产过程知识：PCB 的加工过程；PCB 加工需要的生产文件；PCB 的焊装过程；焊装过程需要的生产文件；电子产品的测试；测试中需要的生产文件。
- 设计环境。
- 编辑器视图。
- 操作面板、工具栏、状态栏、对话框、菜单：文档类型和管理；创建新的文档；打开及显示文档；了解不同的文档类型；版本控制使用。
- 工程管理：了解不同的工程类型；使用工程面板；创建或重命名工程。
- 统一元器件库：了解器件的数据手册；绘制原理图符号；绘制 PCB 封装；为 PCB 元件添加 3D 模型；为元件添加参数；创建多部件元件；生成元件库报告；从已存在的工程中创建元件库；了解统一元器件库的好处和使用方法。
- 原理图编辑：掌握原理图编辑器中的各种操作功能（包括工具栏、右键菜单、快捷键及工具提示）；定义原理图环境设置；配置文档选项（document options）和参数；放置多种元件对象创建目标原理图；熟悉不同元件对象的属性；配置栅格与光标；放置图形对象和电气对象；熟悉 Altium Designer 的基本选择和编辑功能。
- 项目编译：设置编译选项和错误报告；定位错误信息；使用 No ERC 指示符。
- 设计同步：同步 PCB 设计与原理图设计。
- PCB 准备：掌握 PCB 编辑器中的各种操作功能（包括工具栏、右键菜单、快捷键及工具提示）；用封装管理器查看、更改、复制、验证 PCB 元件；使用 PCB 栅格系统和捕捉向导；导出导入栅格/向导；在 PCB 面板中切换多种视图浏览 PCB 文件；定义 PCB 外形；设置 PCB 层和板层显示；定义钻孔对、机械层对；定义分割内电源平面层；创建各种 PCB 设计规则，掌握在线 DRC 和批量 DRC 检查功能；创建新的 PCB 规则；查看特定 PCB 规则的范围；设置设计规则优先级；导入导出设计规则；生成设计规则报告；在原理图中定义设计规则。
- PCB 布局：优化 PCB 布局，简化布线复杂度；在工程中包含 3D 模型，进行 3D 间距检查；放置 3D 体；导入 STEP 模型作为 3D 体。

- PCB 布线：放置覆铜；覆铜管理器；掌握如何进行交互式布线；调整飞线颜色；单层显示布线；设置走线宽度和过孔大小；解决走线冲突；放置尺寸标注；元器件标注。
- 设计查看：直接选择对象；使用 FSO 特性查找相似元件；使用导航面板浏览整个设计和定位设计对象；使用 Filter 面板访问和过滤设计数据；使用 List 面板查找和编辑多个设计对象；使用 Inspector 面板选择并批量编辑目标对象。
- 生成输出文件：添加 Outjob 文件；为 Outjob 文件添加输出选项；配置输出容器；链接输出选项到输出容器；通过 Outjob 生成输出文件；Gerbers；Assembly；NC Drills；生成自定义 BOM；添加 PCB 信息到 BOM；导出 BOM 到 Excel 文件。

(2) FPGA 测试工程师培训和考试大纲
- FPGA 知识：FPGA 发展历史；FPGA 厂家的主要产品系列；FPGA 的主要应用；FPGA 基本结构。
- FPGA 设计流程：FPGA 设计输入；FPGA 设计仿真；FPGA 设计综合；FPGA 布局布线；FPGA 设计验证。
- Altium Designer 中 FPGA 的设计环境：Altium Designer 中 FPGA 设计的独特优势；FPGA 工程创建和使用；FPGA 编辑器的使用；FPGA 设计环境的配置；FPGA 原厂工具的安装和配置；版本控制在设计中的使用。
- FPGA 的设计输入：掌握原理图方式的 FPGA 设计；掌握如何在设计中嵌入 HDL 设计；掌握良好的 HDL 语言书写习惯；掌握良好原理图的设计习惯；了解 OpenBus 设计输入。
- SOPC 设计：了解 C-HDL 的转换。
- FPGA 的设计资源使用：掌握如何调用 Altium 提供的 IP 资源；掌握如何设计 IP 资源；掌握如何复用已有设计；掌握如何导入第三方的 IP 资源；掌握几种 IP 资源的使用。
- FPGA 设计的仿真验证：掌握如何创建 Testbench；掌握如何使用 Aldec OEM 仿真器完成设计仿真；掌握如何查看仿真结果。
- 把 FPGA 设计映射到目标器件：理解 Constraint 约束文件的作用；掌握如何建立 Constraint 约束文件；掌握如何把 FPGA 设计下载到验证板的芯片中；了解如何将 FPGA 设计关联到 PCB 设计。
- FPGA 移植：理解 Altium 的 FPGA 设计是与目标器件无关的；了解如何改变 FPGA 设计的目标器件；了解如何将 FPGA 设计关联到已有的目标板。
- FPGA 设计验证：了解 JTAG 接口的作用；掌握如何通过硬件 JTAG 实时访问器件的管脚信息；理解软件 JTAG 的作用；掌握如何放置和使用虚拟仪器器件；掌握几种常用虚拟仪器的使用方法。

(3) 嵌入式软件工程师培训和考试大纲
- 嵌入式相关知识：嵌入式发展的历史；嵌入式目前的发展状况。
- Altium Designer 中的嵌入式设计环境：TASKING Viper 编译器的特点；嵌入式工程的创建和使用方法；嵌入式编辑器的使用方法；嵌入式设计环境的配置；了解嵌入式代码的编译、链接过程；掌握版本控制在设计中的使用方法。
- 51 系列单片机架构：了解 TSK-51 内核的内部结构；了解 TSK-51 内核的存储空间；了解 TSK-51 内核的特殊功能寄存器；了解 TSK-51 内核的中断系统；了解 TSK-51 内核的定时器/计数器。

- 嵌入式设计输入:嵌入式编辑环境的设置;了解 C/C++ 中各种文件的作用;嵌入式编辑器的使用;培养良好的代码编写习惯;模块化设计;嵌入式设计环境的配置;掌握 C 语言编程;了解 C++ 语言编程;掌握版本控制在设计中的使用方法。

四、网页资源

Altium 在线技术文档:http://techdocs.altium.com/。

证书查询:http://certificates.live.altium.com/。

五、PCB 绘图工程师认证证书样本

附录 4

Altium Designer 典型元件符号及封装形式

Altium Designer 典型元件符号及封装形式如附表 4-1 所示。

附表 4-1　Altium Designer 典型元件符号及封装形式

序号	元件名称	原理图符号	封装名称	元件封装图	备注
1	Res1		AXIAL-0.3～AXIAL-1.0		
2	Res2				
3	Res Adj1				
4	Res Adj2				
5	Res Tap		VR3		可以有 VR3、VR4、VR5 3 种不同封装
6	Cap1		RAD-0.1～RAD-0.4		
7	Cap2		RAD-0.4		
8	Cap Pol1		RB5-10.5，RB7.6-15		5 和 7.6 为焊盘间距，10.5 和 15 为圆筒外径

附录4　Altium Designer 典型元件符号及封装形式

续表

序号	元件名称	原理图符号	封装名称	元件封装图	备注
9	Cap Pol2		POLAR0.8		
10	Cap Pol3		C0805		有1812、1825、C2225、2220 等不同尺寸
11	Cap Var		C1210_N		有更多不同尺寸
12	NPN		TO-92A		不同功率情况下有更多不同封装
13	PNP				
14	Bridge		D-38		不同功率情况下有更多不同封装
15	Diode		DIODE-0.4、DIODE-0.7		
16	D Schottky				

续表

序号	元件名称	原理图符号	封装名称	元件封装图	备注
17	Dpy Green-CC		A		7段显示
18	Dpy Yellow-CA				
19	D Zener		DIODE-0.4, DIODE-0.7		
20	Fuse1		PIN-W2/E2.8		
21	Fuse2				
22	Inductor		0402-A		有更多不同尺寸
23	Inductor Adj		AXIAL-0.3~ AXIAL-1.0		
24	Inductor Iron				
25	JFET-N		TO-254-AA		不同功率情况下有更多不同封装
26	JFET-P		TO-18A		

附录 4　Altium Designer 典型元件符号及封装形式　437

续表

序号	元件名称	原理图符号	封装名称	元件封装图	备注
27	LED0		LED		
28	MESFET-N		TO-18		不同功率情况下有更多不同封装
29	MOSFET-2GN		T05A		不同功率情况下有更多不同封装
30	Op Amp		DIP-8		
31	Optoisolator1		DIP-4		
32	Optoisolator2		SOP5(6)		
33	Photo Sen		PIN2		
34	Speaker		PIN2		

续表

序号	元件名称	原理图符号	封装名称	元件封装图	备注
35	SW-PB		SPST-2		
36	Trans		TRANS		不同功率情况下有更多不同封装
37	Trans Adj		TRF_4		
38	Volt Reg		D2PAK		D2PAK_L,D2PAK_N,D2PAK_M
39	XTAL		R38		晶振
40	Connector 15		050DSUB0.762-4H15		
41	D Connector 9		DSUB1.385-2H9		
42	Header 8		HDR1X8		
43	Header 8X2		HDR2X8		

附录 5

Altium Designer 快捷键大全

一、常用通用快捷键

常用通用快捷键如附表 5-1 所示。

附表 5-1 常用通用快捷键

序号	快捷键	功能	序号	快捷键	功能
1	A	弹出 Edit→Align 子菜单	18	Enter	选取或启动
2	B	弹出 View→Toolbars 子菜单	19	Esc	放弃或取消
3	E	弹出 Edit 菜单	20	F1	启动在线帮助窗口
4	F	弹出 File 菜单	21	Tab	启动浮动图件的属性窗口
5	H	弹出 Help 菜单	22	PgUp	放大窗口显示比例
6	J	弹出 Edit→Jump 菜单	23	PgDn	缩小窗口显示比例
7	L	弹出 Edit→Set Location Makers 子菜单	24	End	刷新屏幕
			25	Delete	删除选取的元件(1 个)
8	M	弹出 Edit\Move 子菜单	26	Ctrl+Delete	删除选取的元件(2 个或 2 个以上)
9	O	弹出 Options 菜单			
10	P	弹出 Place 菜单	27	X+A	取消所有被选取图件的选取状态
11	R	弹出 Reports 菜单			
12	S	弹出 Edit→Select 子菜单	28	X	将浮动图件左右翻转
13	T	弹出 Tools 菜单	29	Y	将浮动图件上下翻转
14	V	弹出 View 菜单	30	Space	将浮动图件旋转 90°
15	W	弹出 Window 菜单	31	Ctrl+Insert	将选取图件复制到编辑区里
16	X	弹出 Edit→Deselect 菜单	32	Shift+Insert	将剪贴板里的图件贴到编辑区里
17	Z	弹出 Zoom 菜单			

续表

序号	快捷键	功能	序号	快捷键	功能
33	Shift+Delete	将选取图件剪切放入剪贴板里	55	Ctrl+R	将选定对象以右边缘为基准,靠右对齐
34	Alt+Backspace	恢复前一次的操作	56	Ctrl+H	将选定对象以左右边缘的中心线为基准,水平居中排列
35	Ctrl+Backspace	取消前一次的恢复
36	Ctrl+G	跳转到指定的位置	57	Ctrl+V	将选定对象以上下边缘的中心线为基准,垂直居中排列
37	Ctrl+F	寻找指定的文字
38	Alt+F4	关闭 Protel	58	Ctrl+Shift+H	使选定对象在左右边缘之间,水平均布
39	Alt+Tab	在打开的各个应用程序之间切换	59	Ctrl+Shift+V	使选定对象在上下边缘之间,垂直均布
40	左箭头	光标左移1个电气栅格
41	Shift+左箭头	光标左移10个电气栅格	60	F3	查找下一个匹配字符
42	右箭头	光标右移1个电气栅格	61	Shift+F4	将打开的所有文档窗口平铺显示
43	Shift+右箭头	光标右移10个电气栅格
44	上箭头	光标上移1个电气栅格	62	Shift+F5	将打开的所有文档窗口层叠显示
45	Shift+上箭头	光标上移10个电气栅格
46	下箭头	光标下移1个电气栅格	63	Shift+单击鼠标左键	选定单个对象
47	Shift+下箭头	光标下移10个电气栅格
48	Ctrl+1	以零件原来的尺寸大小显示图纸	64	Ctrl+单击鼠标左键,再释放 Ctrl	拖动单个对象
49	Ctrl+2	以零件原来的尺寸的200%显示图纸	65	Shift+Ctrl+单击鼠标左键	移动单个对象
50	Ctrl+4	以零件原来的尺寸的400%显示图纸	66	按 Ctrl 后移动或拖动	移动对象时,不受电器格点限制
51	Ctrl+5	以零件原来的尺寸的50%显示图纸	67	按 Alt 后移动或拖动	移动对象时,保持垂直方向
52	Ctrl+B	将选定对象以下边缘为基准,底部对齐	68	按 Shift+Alt 后移动或拖动	移动对象时,保持水平方向
53	Ctrl+T	将选定对象以上边缘为基准,顶部对齐	69	Space	绘制导线、直线或总线时,改变走线模式
54	Ctrl+L	将选定对象以左边缘为基准,靠左对齐	70	V+D	缩放视图,以显示整张电路图

续表

序号	快捷键	功能	序号	快捷键	功能
71	V+F	缩放视图,以显示所有电路部件	74	Backspace	放置导线或多边形时,恢复最末一个顶点
72	Home	以光标位置为中心,刷新屏幕	75	Delete	放置导线或多边形时,删除最末一个顶点
73	Esc	终止当前正在进行的操作,返回待命状态	76	Ctrl+Tab	在打开的各个设计文档之间切换

二、原理图和 PCB 通用快捷键

原理图和 PCB 通用快捷键如附表 5-2 所示。

附表 5-2 原理图和 PCB 通用快捷键

序号	快捷键	功能	序号	快捷键	功能
1	Ctrl+Z	撤销上一次操作	21	Shift	当自动平移时,快速平移
2	Ctrl+Y	重复上一次操作	22	Shift+↑↓←→	以 10 个网格为增量,向箭头方向移动光标
3	Ctrl+A	选择全部			
4	Ctrl+S	保存当前文档	23	↑↓←→	以 1 个网格为增量,向箭头方向移动光标
5	Ctrl+C	复制			
6	Ctrl+X	剪切	24	Space	放弃屏幕刷新
7	Ctrl+V	粘贴	25	Esc	退出当前命令
8	Ctrl+R	复制并重复粘贴选中的对象	26	End	屏幕刷新
9	Delete	删除	27	Home	以光标为中心刷新屏幕
10	V+D	显示整个文档	28	PgDn,Ctrl+鼠标滚轮	以光标为中心缩小画面
11	V+F	显示所有对象			
12	X+A	取消所有选中的对象	29	PgUp,Ctrl+鼠标滚轮	以光标为中心放大画面
13	Tab	编辑正在放置对象的属性			
14	Shift+C	清除当前过滤的对象	30	鼠标滚轮	上下移动画面
15	Shift+F	可选择与之相同的对象	31	Shift+鼠标滚轮	左右移动画面
16	Y	弹出快速查询菜单	32	点击并按住鼠标右键	显示滑动小手并移动画面
17	F11	打开或关闭 Inspector 面板			
18	F12	打开或关闭 List 面板	33	点击鼠标左键	选择对象
19	Y	放置元件时,上下翻转	34	点击鼠标右键	显示弹出菜单,或取消当前命令
20	X	放置元件时,左右翻转			

续表

序号	快捷键	功能	序号	快捷键	功能
35	点击鼠标右键并选择 Find Similar	选择相同对象	37	点击并按住鼠标左键	选择光标所在处的对象并移动
			38	双击鼠标左键	编辑对象
36	点击鼠标左键并按住拖动	选择区域内部对象	39	Shift+点击鼠标左键	选择或取消选择

三、原理图快捷键

原理图快捷键如附表 5-3 所示。

附表 5-3　原理图快捷键

序号	快捷键	功能	序号	快捷键	功能
1	Alt	在水平和垂直线上限制对象移动	6	Backspace	放置电线、总线、多边形线时删除最后一个拐角
2	G	循环切换捕捉网格设置	7	点击并按住鼠标左键+Delete	删除所选中线的拐角
3	Space	放置对象时旋转 90°			
4	Space	放置电线、总线、多边形线时激活开始/结束模式	8	点击并按住鼠标左键+Insert	在选中的线处增加拐角
5	Shift+Space	放置电线、总线、多边形线时切换放置模式	9	Ctrl+点击并拖动鼠标左键	拖动选中的对象

四、浏览器快捷键

浏览器快捷键如附表 5-4 所示。

附表 5-4　浏览器快捷键

序号	快捷键	功能	序号	快捷键	功能
1	鼠标左击	选择鼠标位置的文档	4	Ctrl+F4	关闭当前文档
2	鼠标双击	编辑鼠标位置的文档	5	Ctrl+Tab	循环切换所打开的文档
3	鼠标右击	显示相关的弹出菜单	6	Alt+F4	关闭设计浏览器 DXP

五、PCB 快捷键

PCB 快捷键如附表 5-5 所示。

附表 5-5　PCB 快捷键

序号	快捷键	功能	序号	快捷键	功能
1	F→U	打印设置	30	P→W	连线
2	F→P	打开打印机	31	P→N	放置网络编号
3	F→N	新建文件	32	P→R	放置 IO 口
4	F→O	打开文件	33	P→T	放置文字
5	F→S	保存文件	34	P→D	绘图工具栏
6	F→V	打印预览	35	D→B	浏览库
7	E→U	取消上一步操作	36	D→L	增加/删除库
8	E→F	查找	37	D→M	制作库
9	E→S	选择	38	T	打开工具菜单
10	E→D	删除	39	R	打开报告菜单
11	E→G	对齐	40	W	打开窗口菜单
12	V→D	显示整个图形区域	41	Shift+R	切换 3 种布线模式
13	V→F	显示所有元件	42	Shift+E	打开或关闭电气网格
14	V→A	区域放大	43	Ctrl+G	弹出捕获网格对话框
15	V→E	放大选中的元件	44	G	弹出捕获网格菜单
16	V→P	以鼠标单击点为中心进行放大	45	N	移动元件时隐藏网状线
			46	L	镜像元件到另一布局层
17	V→O	缩小	47	Backspace	在布铜线时删除最后一个拐角
18	V→5,1,2,4	放大 50%,100%,200%,400%			
19	V→N	将鼠标所在点移动到中心	48	Shift+Space	在布铜线时切换拐角模式
20	V→R	更新视图	49	Space	布铜线时改变开始/结束模式
21	V→T	工具栏选择			
22	V→W	工作区面板选择	50	Shift+S	切换打开/关闭单层显示模式
23	V→G	网格选项			
24	C	在视图区打开工程快捷菜单	51	O+D+D+Enter	选择草图显示模式
			52	O+D+F+Enter	选择正常显示模式
25	P→B	放置总线			
26	P→U	放置总线接口	53	O+D	显示/隐藏 Preferences 对话框
27	P→P	放置元件			
28	P→J	放置接点	54	L	显示 Board Layers 对话框
29	P→O	放置电源	55	Ctrl+H	选择连接铜线

续表

序号	快捷键	功能	序号	快捷键	功能
56	Ctrl+Shift+点击鼠标左键	打断线	66	Q	公制和英制之间的单位切换
57	+(数字键盘)	切换到下一层	67	Tab	选中元件后,可以显示该元件的属性
58	-(数字键盘)	切换到上一层
59	*(数字键盘)	下一布线层	68	PgUp	以鼠标所在点为中心,放大视图
60	M+V	移动分割平面层顶点
61	Alt	在避开障碍物和忽略障碍物之间切换	69	PgDn	以鼠标所在点为中心,缩小视图
62	Ctrl	布线时临时不显示电气网格	70	Home	居中,可以从原来光标下的图纸位置,移到中心显示
63	Ctrl+M	测量距离	71	End	更新绘图区的图形
64	Shift+Space	顺时针旋转移动的对象	72	↑↓←→	逐步往各个方向移动
65	Space	逆时针旋转移动的对象